信息技术重点图书·雷达

雷达对抗原理

（第二版）

赵国庆　主编

西安电子科技大学出版社

内容简介

本书是在 1999 年出版的国家级重点教材——《雷达对抗原理》的基础上修订而成的。这次修订,不仅对原书各章内容进行了调整,而且新增了一章,即第 9 章"对雷达的反辐射攻击"。

本书系统介绍雷达对抗的基本原理、系统的组成、应用的主要技术、系统的主要战术技术指标和主要参数的设计计算等。

全书共分 10 章。第 1 章介绍雷达对抗的基本定义和分类、雷达对抗的信号环境,以及雷达侦察干扰设备的基本功能和组成;第 2、3 章分别介绍对雷达信号频率/频谱、方向的测量原理和方法,对雷达辐射源无源定位的方法;第 4 章讨论对雷达侦察信号分选和处理的方法;第 5 章讨论雷达侦察的作用距离和截获概率;第 6、7 章分别讨论对雷达的遮盖性干扰和欺骗性干扰;第 8 章讨论干扰机的空间能量和时间计算以及干扰技术;第 9 章讨论对雷达辐射源的反辐射攻击技术;第 10 章介绍对雷达的无源干扰技术。

本书可作为信息对抗技术、电子信息工程等专业的本科专业课教材,也适用于该专业方向的研究生和科技工作者参考。

图书在版编目(CIP)数据

雷达对抗原理/赵国庆主编. —2 版. —西安:

西安电子科技大学出版社,2012.9(2021.11 重印)

信息技术重点图书·雷达

ISBN 978 - 7 - 5606 - 2913 - 1

Ⅰ. ① 雷… Ⅱ. ① 赵… Ⅲ. ① 雷达对抗 Ⅳ. ① TN974

中国版本图书馆 CIP 数据核字(2012)第 198853 号

责任编辑　夏大平　阎　彬
出版发行　西安电子科技大学出版社(西安市太白南路 2 号)
电　　话　(029)88202421　88201467　　邮　编　710071
网　　址　www.xduph.com　　　　　电子邮箱　xdupfxb001@163.com
经　　销　新华书店
印刷单位　陕西天意印务有限责任公司
版　　次　2012 年 10 月第 2 版　2021 年 11 月第 10 次印刷
开　　本　787 毫米×1092 毫米　1/16　印　张　14
字　　数　322 千字
印　　数　31 001～34 000 册
定　　价　32.00 元

ISBN 978 - 7 - 5606 - 2913 - 1/TN

XDUP 3205002 - 10

前　言

本教材是在原电子工业部全国电子信息类专业教材编审出版规划制定的"九五"国家级重点教材，由电子工程专业教学指导委员会编审、推荐出版的《雷达对抗原理》(1999 年由西安电子科技大学出版社出版)的基础上加以修订而成的。

本教材由西安电子科技大学赵国庆教授修编。

本教材的内容原为 9 章，参考学时为 45～60。此次修编增加了"对雷达的反辐射攻击"一章(第 9 章)，以反映雷达对抗技术向直接攻击和杀伤发展的动向。

在本教材修编过程中，得到了中电科技集团第 29 研究所张锡祥院士、航天科工集团陆伟宁研究员等的大力支持，在此表示诚挚的感谢。

由于编者水平有限，书中难免还存在一些疏漏，殷切希望广大读者批评指正。

编　者
2012 年 6 月

第 一 版 前 言

本教材系按原电子工业部的《1996～2000 年全国电子信息类专业教材编审出版规划》，由电子工程专业教学指导委员会编审、推荐出版。本教材由西安电子科技大学赵国庆教授担任主编，主审和责任编委为电子科技大学陈天麒教授。

本教材的参考学时为 46～60，其主要内容共分为 9 章。第 1 章雷达对抗概述，介绍雷达对抗的基本概念和基本知识；第 2、3、4、5 章为雷达侦察部分，分别介绍对雷达信号频率的测量，对雷达信号方向的测量和定位，雷达侦察的信号处理，雷达侦察的作用距离和截获概率等；第 6、7、8、9 章为雷达干扰部分，分别介绍对雷达的遮盖性干扰、欺骗性干扰，干扰机的构成和干扰的能量计算与时间计算，以及对雷达的无源对抗技术。

本教材是在原西北电讯工程学院林象平等主编的《雷达对抗原理》(1985 年由西北电讯工程学院出版社出版)教材的基础上编写而成的。这次重新编写，根据近年来雷达对抗原理和技术的发展和电子工程专业教学改革的要求，对原版书进行了修改和增补，以力求反映雷达对抗的新思想、新理论、新概念和新技术，同时删除了一些有关设备的构成以及具体技术实现等细节内容。

使用本教材时应注意以"雷达原理"、"信号与系统"、"统计信号处理"或"随机信号分析"等为先修课程。

本教材由赵国庆编写第 3、4、5、7 章，张正明编写第 2、6 章，林象平教授与赵国庆、张正明共同编写了第 1、8、9 章。参加审阅工作的还有电子科技大学的杨肇基老师、西安电子科技大学的杨绍全、魏本涛、梁百川等老师，他们都为本书提出了许多宝贵意见，在此表示诚挚的感谢。

由于编写者水平有限，书中难免还存在一些缺点和错误，殷切希望广大读者批评指正。

编　者
1999 年 3 月

部分主要参数符号表

S	雷达对抗的信号环境
$s_i(t)$	信号环境中第 i 个辐射或散射源信号
$s_{i,j}(t)$	第 i 个辐射源发射的第 j 个脉冲信号
$A_{i,j}(t)$	第 i 个辐射源发射的第 j 个脉冲信号的包络函数
$t_{i,j}$	第 i 个辐射源发射的第 j 个脉冲信号的时间迟延
$\tau_{i,j}$	第 i 个辐射源发射的第 j 个脉冲信号的脉宽
$\varphi_{i,j}(t)$	第 i 个辐射源发射的第 j 个脉冲信号的相位调制函数
$P_i(R_{i,r})$	在距离 $R_{i,r}$ 处收到第 i 个辐射源发射的脉冲信号功率
$G_i(\alpha_{i,r}, \beta_{i,r})$	第 i 个辐射源在接收方向 $\alpha_{i,r}$、$\beta_{i,r}$ 的发射天线增益
$G_r(\alpha_i, \beta_i)$	接收天线在第 i 个辐射源方向 α_i、β_i 的增益
$a_i(t)$	第 i 个辐射源发射的脉冲包络形状函数
PRI	脉冲重复间隔或脉冲重复周期
$\text{PRI}_{i,j}$	第 i 个辐射源发射第 j 个脉冲信号的时间间隔
δT	重复周期抖动量
$\{n_p\}_{p=1}^n$	各脉冲重复周期/脉宽/载频的工作脉冲数
D_R	雷达侦察设备的信号检测空间
Ω_{RF}	雷达侦察设备的信号载频检测范围或工作频段，频率测量范围
Ω_{AOA}	雷达侦察设备的信号到达方向检测范围或角度工作范围
Ω_{PW}	雷达侦察设备的信号脉宽检测范围
Ω_P	雷达侦察设备的信号功率检测范围
$\Delta\Omega_{AOA}$	瞬时视野；雷达侦察设备在任一瞬间能够检测的方向范围
λ	波长；信号流密度
λ_{max}	最大波长；最大平均脉冲数
f_{ri}	辐射源（雷达）i 的脉冲重复频率
P_{ri}	辐射源（雷达）i 发射的脉冲属于 D_R 的概率；侦察系统对雷达 i 发射信号的检测概率
PDW	脉冲描述字
θ_{AOA}	信号到达角
f_{RF}	信号载频
t_{TOA}	信号到达时间
τ_{PW}	信号脉宽
A_P	信号幅度或功率
F	信号脉内调制标志
$G_1(t, f)$	t 时刻单个脉冲信号的频谱
$G_m(t, f)$	t 时刻开始 m 个脉冲信号的频谱
$\Delta\Omega_{RF}$	瞬时带宽

Δf	频率分辨力
δf	频率测量精度
Ω_{SF}	无模糊频谱分析范围
Δf_{SF}	频谱分辨力
δf_{SF}	频谱分析误差
$s_{f\min}$	频率测量和频谱分析系统的灵敏度；测频与频谱分析灵敏度
D_f	频率测量和频谱分析系统的动态范围；测频与频谱分析的动态范围
$\tau_{f\min}$	最小测频和频谱分析脉宽
t_{RF}	测频时间
t_{SF}	频谱分析时间
Δt_{SF}	时频分辨力
ω_e	等效带宽
P_{IF}	频域截获概率
T_{IF}	频域截获时间
$f_L(t)$	调谐本振频率
$E(t)$	输出视频信号包络
d_{ms}	镜像抑制比
T_f	频率搜索周期
τ_f	频率搜索窗驻留时间
T_S	雷达天线在侦察机方向的照射时间；雷达信号的连续照射时间
T_C	侦察接收机对 PDW 的检测处理时间
α	方位角；可靠系数
T_A	雷达天线的扫描周期
$\theta_{0.5}$	雷达天线的半功率波束宽度
Ω_θ	雷达天线的扫描范围
DLVA	检波/对数视放
LNA	低噪声放大
LNLA	低噪声限幅放大
STFT	短时傅立叶变换
T_c	压缩滤波器的时宽
Δf_c	压缩滤波器的带宽
$\delta\theta$	测向精度
$\Delta\theta$	测向分辨力
t_A	测向时间
P_{IA}	方向截获概率
T_{IA}	方向截获时间
$s_{A\min}$	测向灵敏度
Ω_{AOA}	测向范围
D_A	测向动态范围

Ω_{DP}	定位范围
$\Delta\Omega_{DP}$	瞬时定位范围
σ_P	定位精度
t_{DP}	定位时间
T_R	侦察天线的扫描周期
θ_a	雷达天线的波束宽度
θ_r	侦察天线的波束宽度
Ω_a	雷达天线的扫描范围
T_{sp}	对指定辐射源的信号处理时间
T_{av}	对信号环境中辐射源的平均处理时间
$\{C_j\}_{j=1}^m$	含有 m 部已知雷达的数据库
$\{D_k\}_{k=1}^n$	对未知雷达数据的 n 种分划
$PDW_{i,j}$	第 j 部或第 j 类雷达的第 i 个脉冲描述字
F_a	雷达天线的扫描方式
t_{PRI_i}	第 i 个脉冲与其下一个脉冲的间隔时间
P_{TSS}	接收机的切线灵敏度
P_{OPS}	接收机的工作灵敏度
P_{DS}	接收机的检测灵敏度
Δf_R	侦察接收机检波前的射频带宽
Δf_V	侦察接收机检波后的视频带宽
G_R	侦察接收机检波前的增益
F_R	侦察接收机检波前的噪声系数
G_V	侦察接收机检波后的增益
F_V	侦察接收机检波后的噪声系数
P_t	雷达发射脉冲功率
G_t	雷达发射天线增益
A_r	接收天线有效面积
γ_r	侦察接收天线的极化失配损耗
G_r	侦察接收天线的增益
$P_{r\,min}$	侦察接收机灵敏度
R_r	侦察探测距离
R_a	雷达探测距离
R_{sr}	侦察直视距离
$P_{a\,min}$	雷达接收机灵敏度
R_{sa}	雷达直视距离
$G_{s\,max}$	最大旁瓣电平
G_{sav}	平均旁瓣电平
P_{fa}	雷达检测的虚警概率
P_d	雷达的检测概率或发现概率

S/N	信噪比
f_{j0}	干扰的中心频率
Δf_j	干扰带宽
K_a	雷达接收机输出端的干扰压制系数
VCO	压控振荡器
DRFM	数字射频存储器
DJS	数字干扰合成器
P_f	雷达受欺骗的概率
δV_{av}	雷达对目标参数测量误差的均值
σ_V^2	雷达对目标参数测量误差的方差
ERP	有效辐射功率
P_J	干扰发射功率
G_J	干扰发射天线增益
P_{JS}	干扰发射机饱和输出功率
K_P	转发增益
Ω_{JF}	干扰的工作频率范围
δf_J	干扰的频率引导精度
t_{JF}	干扰频率引导时间
$\Omega_{J\theta}$	干扰的工作空间范围
$\Delta\theta_J$	干扰波束宽度
$\delta\theta_J$	干扰波束的指向引导精度
$t_{J\theta}$	干扰波束的指向引导时间
F_{JP}	干扰的极化方式
δP_J	干扰的极化引导精度
t_{JP}	干扰的极化引导时间
Ω_{EJ}	有效干扰空间
Δf_r	雷达接收机带宽
K_J	雷达接收机输入端的干扰压制系数
$R_{K\,max}$	反辐射武器的最大作用距离
V_K	反辐射武器的飞行速度
δR_K	反辐射武器的引导精度
r_K	反辐射武器战斗部或威胁武器的杀伤半径

目　　录

第 1 章　雷达对抗概述

电磁波具有空间传播速度快，衰减较低，受天气和气象等外界因素影响小，且便于产生、利用和控制等特点，已经成为现代社会生活和军事斗争中信息获取、信息传输、信息利用和信息控制的重要媒质。现代军事技术的一个重要特点，就是各种武器装备越来越广泛地采用和依赖于无线电电子技术。各种武器装备威力的发挥，战区的监视和警戒，诸兵种协同作战时的调配、联系、指挥和控制等，都越来越多地依赖于以电磁波为代表的信息系统的效能，特别是雷达系统的效能。

雷达是信息化战场和武器系统中目标信息获取、指挥控制、精确制导和火力打击作战体系中最重要的装备。破坏了雷达系统的正常工作，不仅会破坏作战体系重要的信息来源，也会严重影响作战体系整体的作战效能。

雷达对抗是对敌方雷达进行侦察、干扰、摧毁，以及防护敌方对我方雷达进行侦察、干扰和摧毁的电子对抗技术。雷达对抗主要包括雷达侦察，雷达干扰和摧毁，雷达防护等内容。雷达对抗的目的就是通过对敌方雷达的侦察、干扰和摧毁，获取敌方武器装备、兵力部署、作战指挥等方面的重要情报；在重要的战斗和战役进程中，使敌方的武器系统失效、指挥控制失灵、装备损失和人员伤亡，为消灭敌人、保存自己、取得战争胜利创造条件。

本书重点阐述雷达侦察、雷达干扰和摧毁的基本原理。

1.1　雷达对抗的基本概念与含义

1.1.1　雷达对抗的含义及重要性

雷达通过发射和接收电磁波获取目标信息。在现代战争中，以雷达为代表的有源探测装备是获取目标战场信息的重要手段，也是有效指挥和控制各种火力打击武器的基本保证。如图 1-1 所示的一架作战飞机，可能会受到敌方多种雷达和杀伤武器的威胁。如果它及其所在方能够及时、准确地检测识别敌方雷达和威胁态势，并且利用各种雷达对抗资源，采取相应、有效的反制措施，就可先敌发起攻击，摧毁敌方雷达和武器系统，完成预定的作战任务，同时保障己方人员和装备的安全。

雷达对抗是一切从敌方雷达及其武器系统获取信息（雷达侦察），破坏、扰乱和摧毁敌方雷达及其武器系统的正常工作（雷达干扰和摧毁）的战术、技术措施的统称。雷达对抗在现代战争中的地位和作用主要表现为以下两点。

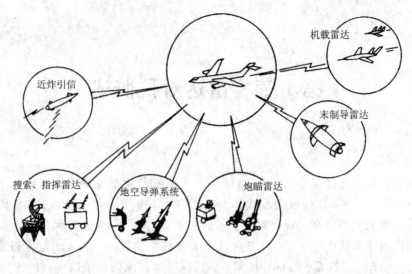

图 1-1　作战飞机面临的威胁雷达环境示意图

1. 雷达对抗是取得信息优势和军事优势的重要手段和保证

现代雷达是在全天候、大视场、复杂战场环境下，快速、准确、可靠地进行目标探测、跟踪、制导和火控的重要装备。破坏或毁伤了雷达的正常工作，也就破坏了作战系统中最重要的信息来源。特别是在信息化战场上，一旦丧失了信息获取途径，各级指挥控制中心、作战武器平台和作战人员就会成为"聋子"、"瞎子"，必将严重丧失作战能力。

第二次世界大战中的诺曼底登陆战役，英美联军通过雷达侦察，事前完全掌握了德军在战区内40多部雷达的部署、工作频率等信息，一方面进行大规模的火力轰炸，另一方面炮制假的进攻方向。战役开始后，又进行了连续不断的轰炸和干扰，使德军雷达完全陷于瘫痪，根本不能提供任何有用信息，联军参战的2127艘舰船只损失了6艘，损失率不到0.3%。

在近年来的海湾战争、科索沃战争中，以美国为首的多国部队和北约部队凭借高科技优势，从战前至整个战争过程中，都对广大战区实施了不间断的电子侦察、强大的电子干扰和精确的火力打击，使对方的雷达不能工作，无线通信中断，只能依靠电磁"静默"来维持装备和人员的安全。

2. 雷达对抗是消灭敌人、完成任务、保存自己的必要武器

雷达侦察可以全天候、安全、隐蔽地工作，在比雷达探测更大的视场范围和复杂的电磁环境中，有效获取包括雷达在内的各种辐射源信息，例如：辐射源的位置信息，工作状态信息和信号调制信息等。这些信息既可以为指挥决策提供重要的情报，也可以用来引导干扰和杀伤武器，破坏或扰乱敌方雷达及其武器系统的正常工作，甚至直接毁伤敌方装备，杀伤作战人员。在各种精确打击武器日益发展的今天，雷达及其武器系统一旦被侦察定位，将会处于十分危险的境地。目前反辐射武器的攻击误差仅几米，攻击距离可达数百公里，安装于弹道导弹、巡航导弹和长航时无人机上的反辐射武器，作战距离甚至可达数千公里。如果没有受到干扰，雷达制导的防空导弹一次齐射的目标杀伤概率在90%以上，防空火炮一次点射的目标杀伤概率在80%以上。而在越南战争中，美军综合采用了多种雷达对抗措施，曾一度使地空导弹的杀伤概率降到2%，防空火炮的杀伤概率降到0.5%以下。在海湾战争中，美军的 F-117A 隐形战斗机出动数千架次，执行防空火力最强地区的作战任务，在强大的电子干扰掩护下，竟然无一损失。

1.1.2 雷达对抗的基本原理与主要技术特点

1. 雷达对抗的基本原理

雷达对抗首先依赖于雷达的电磁辐射。为了获取目标信息，雷达需要将高功率的电磁波能量照射到目标上，由于目标的电磁散射特性，将对入射电磁波产生相应的散射和调制，雷达接收到来自目标的散射信号，再根据收发信号的相对调制关系，解调目标信息。

雷达对抗的基本原理如图 1-2 所示。在一般情况下，雷达侦察设备直接接收雷达发射的电磁波信号，检测该雷达的存在，测量其所在方向、信号频率和其它调制参数等，也可以根据已经掌握的雷达信号先验信息，判断该雷达的功能、工作状态和威胁程度等，并将各种处理结果提交各级指挥控制中心、干扰机、反辐射武器导引设备等。由此可见，实现雷达侦察的基本条件有：

（1）雷达发射电磁波；

（2）侦察机接收到足够强的雷达信号；

（3）雷达信号的调制方式和参数位于侦察机处理能力之内；

（4）侦察机能够适应其当前所在的电磁信号环境。

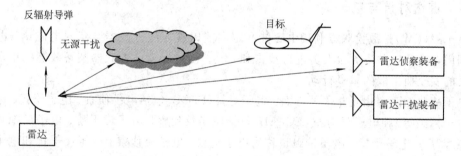

图 1-2 雷达对抗的基本原理示意图

1）雷达干扰的基本原理

雷达干扰的基本原理是：

（1）破坏雷达探测目标的电磁波传播空间特性；

（2）产生干扰信号进入雷达接收机，破坏其检测目标和测量目标信息；

（3）减小目标的雷达截面积。

2）雷达反辐射攻击的基本原理

雷达反辐射攻击的基本原理是：

（1）检测识别敌方的威胁雷达辐射源信号；

（2）锁定和跟踪该辐射源信号，实时向攻击武器飞行控制机构提供角度测量信息；

（3）引导反辐射武器不断逼近该辐射源，直到战斗部将其摧毁。

2. 雷达对抗的主要技术特点

雷达对抗的主要技术特点是：

1) 宽频带、大视场、复杂电磁信号环境

随着人类对电磁谱的不断开发和利用，特别是近 20 年来对电磁谱的极度开发和利用，各种辐射源、散射源形成的电磁波极度拥塞了时间、空间和频谱范围，每个辐射源电磁波信号的调制变化，大量辐射信号在时间、频谱、空间的密集、随机混叠，构成了极度复杂的电磁信号环境。而雷达对抗设备要在如此复杂、博大的电磁信号环境中对敌方雷达实施全面、正确、有效的侦察、干扰和攻击，就必须适应宽频带、大视场、复杂电磁信号环境的要求。这也是雷达对抗装备必须具有的显著技术特点。

2) 瞬时信号检测、测量和快速、非匹配信号处理

由于雷达信号大多为射频脉冲信号，持续时间很短，甚至仅为数十纳秒。在一般情况下，雷达侦察设备预先并不知道这些射频脉冲的入射方向、射频频谱、到达时间和各种调制特性，也无法像雷达那样设计匹配接收机和信号处理机。因此，雷达侦察接收机和信号处理机首先需要具有对射频脉冲信号的瞬时检测和对信号主要特征参数的瞬时测量能力；其次需要具有对瞬时检测脉冲信号的快速分选和对辐射源检测、识别处理的能力；然后需要具有对某些重要信号的精确分析、跟踪和处理能力。

上述特点具有极大的挑战性，带来了很高的技术难度，同时也促进了雷达对抗理论和技术长期不懈、永无止境的发展。

1.1.3 雷达对抗与电子战

电子战(EW)是敌我双方利用电磁能和定向能以破坏敌方武器装备对电磁谱、电磁信息的利用，或对敌方装备和人员进行攻击和杀伤，同时保障己方武器装备效能的正常发挥和人员的安全而采取的军事行动。

电子战包括两个相互斗争的方面：电子对抗(ECM，包括电子侦察、电子干扰、电子隐身和电子摧毁等)和电子反对抗(ECCM，包括电子反侦察、电子反干扰、电子反隐身和电子反摧毁等)。电子干扰、电子摧毁也称为电子进攻，电子反侦察、电子反干扰和电子反摧毁也称为电子防护。电子战的技术分类很多，以无线电设备或器材的功能类别进行分类是常用的方式之一，如：雷达对抗与反对抗，通信对抗与反对抗，光电对抗与反对抗，无线电引信对抗与反对抗，导航对抗与反对抗，敌我识别系统的对抗与反对抗等。

电子对抗从频域上可分为射频对抗、光电对抗和声学对抗三段，各频段的划分如图 1-3 所示。

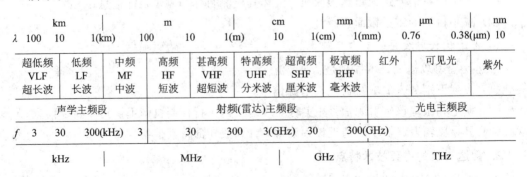

图 1-3　电子对抗的频段划分

1. 射频对抗

射频对抗的频率范围为 3 MHz～300 GHz，是雷达、通信、导航、敌我识别、无线电引信等微波电子设备工作的主要频段。

2. 光电对抗

光电对抗的频率范围在 300 GHz 以上，可进一步分为红外、可见光、激光、紫外等子频段，是精确制导和定向能武器等工作的主要频段。

3. 声学对抗

声学对抗的频率范围主要在 3 MHz 以下，是水下声呐、导航定位和制导兵器工作的主要频段。

1.2　雷达对抗的信号环境

雷达对抗的信号环境 S 是指其所在位置处各种电磁辐射、散射信号的全体：

$$S = \bigcup_{i=1}^{N} s_i(t) \tag{1-1}$$

式中，N 为电磁辐射、散射源数量，$s_i(t)$ 为其中第 i 个源的信号。

1.2.1　雷达对抗系统中信号环境的描述

1. 脉冲信号环境

对于式(1-1)中的脉冲雷达辐射信号，可展开其射频脉冲序列：

$$\begin{cases} s_i(t) = \sum_j s_{i,j}(t) \\ s_{i,j}(t) = A_{i,j}(t - t_{i,j})e^{j\varphi_{i,j}(t)} \\ A_{i,j}(t) \begin{array}{l} > 0 \quad 0 \leqslant t < \tau_{i,j} \\ = 0 \quad\quad 其它 \end{array} \end{cases} \tag{1-2}$$

式中，$s_{i,j}(t)$、$A_{i,j}(t)$、$t_{i,j}$、$\tau_{i,j}$、$\varphi_{i,j}(t)$ 分别为第 i 部雷达第 j 个射频脉冲信号以及该信号的包络函数、到达时间、脉冲宽度和相位调制函数。下面分别介绍包络函数、到达时间、脉冲宽度和相位调制。

1) 包络函数 $A_{i,j}(t)$

$$A_{i,j}(t) = P_i(R_{i,r})G_i(\alpha_{i,r},\beta_{i,r})G_r(\alpha_i,\beta_i)a_i(t,\tau_{i,j}) \tag{1-3}$$

式中，$P_i(R_{i,r})$，$G_i(\alpha_{i,r},\beta_{i,r})$，$G_r(\alpha_i,\beta_i)$，$a_i(t,\tau_{i,j})$ 分别为在距离 $R_{i,r}$ 处收到该雷达发射脉冲的功率，雷达发射天线在接收方向 $\alpha_{i,r}$、$\beta_{i,r}$ 的增益，侦察接收天线在雷达方向 α_i、β_i 的增益和归一化的脉冲形状函数。$a_i(t,\tau_{i,j})$ 可以表现出射频脉冲的振幅调制信息，有时为了简化描述，常用矩形脉冲函数近似：

$$a_i(t,\tau_{i,j}) = \text{rect}(t,\tau_{i,j}) = \begin{cases} 1 & 0 \leqslant t < \tau_{i,j} \\ 0 & 其它 \end{cases} \tag{1-4}$$

2) 到达时间 $t_{i,j}$

$$t_{i,j} = t_{i,j-1} + \text{PRI}_{i,j} \tag{1-5}$$

$\text{PRI}_{i,j}$为脉冲重复周期，也是雷达信号调制中相对变化范围最大、最容易、最快捷、最常使用的一项参数，一般表述为

$$\text{PRI}_{i,j}=\begin{cases}\text{PRI}_{i,1}+\delta T & 0\leqslant j'<n_1\\ \vdots & \vdots\\ \text{PRI}_{i,n}+\delta T & \sum_{p=1}^{n-1}n_p\leqslant j'<L-1\end{cases}$$
$$L=\sum_{p=1}^{n}n_p,\ j'=\text{mod}[j,L]$$
(1-6)

式中函数$\text{mod}[j,L]$是指对j按照L取模。n、δT、L和$\{n_p\}_{p=1}^{n}$分别称为重频参差数、抖动量、参差周期数和每种重频的脉冲数。通常，当$n>1$时，雷达称为重频参差雷达；当$n_p>1$，$\forall p\in \mathbf{N}_{n+1}^*$时，雷达称为重频成组参差雷达；当$\delta T\neq 0$时，雷达称为重频抖动雷达；当$n=1$，$\delta T=0$时，雷达称为固定重频雷达或常规重频雷达。$\mathbf{N}_{n+1}^*$表示非零非负且集序列末项为$n$的整数集，即$\mathbf{N}_{n+1}^*=\{1,2,3,\cdots,n\}$。

3) 脉冲宽度$\tau_{i,j}$

$\tau_{i,j}$与雷达的作用距离、距离分辨力、工作比等具有密切的关系，许多雷达可以在改变$\text{PRI}_{i,j}$的同时更换$\tau_{i,j}$，以保持工作比不变，并获得尽可能大的威力范围。脉冲压缩雷达经常通过选用不同的$\tau_{i,j}$来改变脉冲压缩处理增益(带宽与时宽的乘积)，以适应远程和近程不同探测任务的需要。$\tau_{i,j}$的一般表述为

$$\tau_{i,j}=\begin{cases}\tau_{i,1} & 0\leqslant j'<n_1\\ \vdots & \vdots\\ \tau_{i,n} & \sum_{p=1}^{n-1}n_p\leqslant j'<L-1\end{cases},\ L=\sum_{p=1}^{n}n_p,\ j'=\text{mod}[j,L]$$
(1-7)

式中，n、L和$\{n_p\}_{p=1}^{n}$分别称为脉宽参差数、参差周期数和每种脉宽的脉冲数。当$n>1$时，雷达称为脉宽参差雷达；当$n_p>1$，$\forall p\in\mathbf{N}_{n+1}^*$时，雷达称为脉宽成组参差雷达；当$n=1$时，雷达称为固定脉宽雷达。

4) 相位调制

由于频率是相位的时间导数，因此式(1-2)中的相位调制也包括频率调制。

Ⅰ 脉内相位调制

单个雷达信号脉冲的相位调制是脉内相位调制，主要有单载频、频率分集、频率编码、线性调频、相位编码等，其函数表述分别为：

(1) 单载频：

$$\varphi_{i,j}(t)=\omega_{i,j}t\qquad 0\leqslant t<\tau_{i,j}$$
(1-8)

(2) 频率分集：

$$\varphi_{i,j}(t)=\{\omega_{i,p}t\}_{p=1}^{n}\qquad 0\leqslant t<\tau_{i,j},\ \forall j$$
(1-9)

n、$\{\omega_{i,p}\}_{p=1}^{n}$分别为频率分集数和分集频率集合，它们是在$\tau_{i,j}$内同时发出的。

(3) 频率编码：

$$\varphi_{i,j}(t)=\begin{cases}\omega_{i,1}t & 0\leqslant t<\Delta\tau\\ \vdots & \vdots\\ \omega_{i,n}t & (n-1)\Delta\tau\leqslant t<\tau_{i,j}\end{cases},\ \Delta\tau=\frac{\tau_{i,j}}{n},\ \forall j$$
(1-10)

式中，n、$\{\omega_{i,p}\}_{p=1}^{n}$、$\Delta\tau$ 分别为编码频率数、频率集合和子码宽度，它们是在 $\tau_{i,j}$ 内顺序发出的。

（4）线性调频：

$$\varphi_{i,j}(t) = \omega_{i,j}t + \pi\mu t^2 \qquad 0 \leqslant t < \tau_{i,j} \tag{1-11}$$

式中，ω_i、μ 分别为起始频率和调频斜率，$\mu\tau_{i,j}$ 为调频带宽。

（5）相位编码：

$$\begin{cases} \varphi_{i,j}(t) = \omega_{i,j}t + \dfrac{2\pi}{q}c_p & (p-1)\Delta\tau \leqslant t < p\Delta\tau \\[2mm] c_p \in \mathbf{N}_q,\ p = 1, \cdots, n,\ \Delta\tau = \dfrac{\tau_{i,j}}{n} \end{cases} \tag{1-12}$$

式中，ω_i、q、n、$\Delta\tau$ 和 $\{c_p\}_{p=1}^{n}$ 分别为载频、分相数、码长、子码宽度和码组。常用二相编码中 $q=2$。$\mathbf{N}_q$ 表示非负且集序列末项为 $q-1$ 的整数集（自然数集），即 $\mathbf{N}_q = \{0, 1, 2, \cdots, q-1\}$。

Ⅱ　脉间相位调制

除了在脉内的相位调制以外，现代雷达信号在脉冲之间的相位调制主要有固定频率、捷变频、分组变频等。脉间的相位调制还可以与脉内的相位调制组合，形成更加复杂的雷达发射脉冲调制。例如：将脉内的单载频、线性调频、相位编码脉冲等与下面的脉间调制组合，形成的表述分别为捷变频和分组变频。

（1）捷变频：

$$\omega_{i,j} = \omega_{i,k},\ k \in \{\omega_{i,p}\}_{p=1}^{n},\ \forall\, j \tag{1-13}$$

式中，n 和 $\{\omega_{i,p}\}_{p=1}^{n}$ 分别为可捷变的频率数和频率集合。

（2）分组变频：

$$\begin{cases} \omega_{i,j} = \begin{cases} \omega_{i,1} & 0 \leqslant j' < n_1 \\ \vdots & \vdots \\ \omega_{i,n} & \sum\limits_{p=1}^{n-1} n_p \leqslant j' < L-1 \end{cases} \\[6mm] L = \sum\limits_{p=1}^{n} n_p,\ j' = \mathrm{mod}[j, L] \end{cases} \tag{1-14}$$

式中，n、$\{\omega_{i,p}\}_{p=1}^{n}$、$\{n_p\}_{p=1}^{n}$ 和 L 分别为频率数、频率集合、每种频率的脉冲数和变频周期内的脉冲总数。

根据作战功能和战术技术指标要求，雷达对抗系统对各种信号的侦收处理能力是在整个信号空间 S 中一个有限的检测空间 D_R，其典型表现形式为

$$D_R = \{\Omega_{RF} \bigcap \Omega_{AOA} \bigcap \Omega_{PW} \bigcap \Omega_P\} \tag{1-15}$$

式中，Ω_{RF}、Ω_{AOA}、Ω_{PW} 和 Ω_P 分别为雷达对抗系统对信号载频、到达方向、脉冲宽度和信号功率的检测范围，D_R 是它们需要同时满足的条件。雷达对抗系统可能检测到的全体信号 S' 只是 S 中满足 D_R 条件的子集合：

$$S' = \bigcup_{i=1}^{N} \left(\sum_j s_{i,j}(t) \,\middle|\, s_{i,j}(t) \in D_R \right) \tag{1-16}$$

雷达对抗系统的基本设计依据就是：根据任务需求分析 S 和 S'，合理地设计和实现自身能力 D_R，使系统能够满足各项战术、技术指标的要求。在一般情况下，S' 是诸多雷达辐

射脉冲信号序列的叠加,由于各辐射源之间一般是独立发射的,当 N 数量较大时,S' 近似满足统计平稳性和无后效性,在数学上可以采用泊松(Poisson)过程描述。该过程给出了在 τ 时间内到达 n 个脉冲的概率 $P_n(\tau)$ 为

$$P_n(\tau) = \frac{(\lambda\tau)^n}{n!} e^{-\lambda\tau} \qquad \tau \geqslant 0, \ n = 0, 1, \cdots \qquad (1-17)$$

式中,λ 称为 S' 的脉冲流密度,也是指单位时间($\tau=1$ s)内雷达对抗系统接收到的平均脉冲数,它与 S' 中各辐射源信号参数的关系可以表示为

$$\lambda = \sum_{i=1}^{N} f_{ri} P_{ri} \qquad (1-18)$$

其中,f_{ri} 是第 i 部雷达的脉冲重复频率,P_{ri} 为其发射脉冲特性属于 D_R 的概率。利用 S' 中各雷达工作的独立性,可求得第 k 部雷达的发射脉冲与其它雷达射频脉冲时间重叠的概率 $P_{S'}(k)$ 为

$$P_{S'}(k) = \begin{cases} 1 - \prod_{\substack{i=1 \\ i \neq k}}^{N} \left(1 - \dfrac{\tau_k + \tau_i}{\mathrm{PRI}_i}\right), & \tau_k + \tau_i \leqslant \mathrm{PRI}_i, \ \forall\, i \\ 1, & \exists\, \tau_k + \tau_i > \mathrm{PRI}_i \end{cases} \qquad (1-19)$$

式中,$\{\tau_i\}_{i=1}^{N}$ 和 $\{\mathrm{PRI}_i\}_{i=1}^{N}$ 分别为各雷达的脉宽和脉冲重复周期。该式表明,脉宽 τ_k 越宽,雷达数量 N 越大,平均工作比 τ_i/PRI_i 越高,则该雷达与其它雷达射频脉冲时间重叠的概率越大。

2. 连续波信号环境

除了脉冲雷达以外,S' 中还可能存在某些连续波雷达,它们在近距离精确测速、测高、目标照射和半主动寻的制导等方面具有重要的应用。连续波雷达信号的主要幅相调制形式有两种。

1) 正弦调幅连续波信号

$$s_i(t) = u_0(1 + m_a \cos(\Omega t + \varphi)) e^{j\omega t} \qquad (1-20)$$

式中,u_0、m_a、Ω、φ 和 ω 分别为振幅、调幅系数、调制信号频率、调制信号初相和载波频率,其中 $\Omega \ll \omega$。

2) 调频连续波信号

$$s_i(t) = u_0 e^{j(\omega t + f(t))} \qquad (1-21)$$

常用的调频函数 $f(t)$ 主要有锯齿波、三角波和正弦波等。

$$f(t') = \pi t^2 \qquad 0 \leqslant t' < T, \ t' = \mathrm{mod}[t, T] \qquad (1-22)$$

$$f(t') = \begin{cases} \pi\mu t^2 & 0 \leqslant t' < \dfrac{T}{2} \\ -\pi\mu(t-T)^2 & \dfrac{T}{2} \leqslant t' < T \end{cases}, \qquad t' = \mathrm{mod}[t, T] \qquad (1-23)$$

$$f(t) = \Delta F \sin 2\pi F t \qquad (1-24)$$

式中,T、μ 和 ΔF 分别为调频周期、调频斜率和调频宽度。

1.2.2 现代雷达对抗信号环境的特点

现代雷达对抗信号环境具有如下特点:

　　(1) 辐射源数量多，分布密度大，脉冲重频高，信号交叠严重。由于雷达和各种无线电设备的大量应用，许多雷达已经配发到单兵、单车，高价值作战平台的配置雷达数量更多。此外还有大量其它利用电磁谱的设备，使电磁辐射源的数量急剧增加。特别是在重要的军事集结地，电磁辐射源的密度可达数百个每平方公里。

　　为了获得更好的运动目标检测、识别能力和脉冲积累处理增益，脉冲多普勒雷达的脉冲重复频率已达数百千赫兹，工作比已接近 1/3，使同一时间信号交叠的情况非常普遍。此外随着信息获取和传输容量的急剧增加，许多非雷达的无线电辐射信号也越来越多，它们占用了越来越多的时间、空间和频谱范围，使雷达对抗的信号环境日益恶化。

　　(2) 信号调制复杂，参数变化范围大，且多变、快变。雷达通过信号波形的设计和变化，可以获得目标检测、识别、跟踪和抗干扰等方面的诸多利益。因此现代雷达普遍都采用多种不同调制的发射波形和很大的参数变化范围，脉内调制和脉间调制越来越复杂，变化的速度越来越快。这对于主要依靠少量、稳定、集中分布的特征参数进行辐射源检测和识别的传统雷达对抗系统，提出了严峻的挑战。

　　(3) 低截获概率雷达信号以及诱饵雷达和虚假雷达信号日渐增多，正确检测识别难度大。隐真示假是雷达反侦察、抗干扰、反摧毁的重要措施。低截获概率(LPI)雷达就是针对一般雷达对抗系统有限的检测空间 D_R，设计其作用范围之外的发射信号 $s_i(t)$，从而逃避雷达对抗系统的检测。采用稀布阵列发射，降低雷达发射信号的峰值功率，扩展发射信号的频谱，使其隐匿于噪声背景之中；缩短雷达有源工作的时间或发射脉冲宽度，使雷达对抗系统不能作出及时的反应，都是 LPI 雷达常用的发射信号形式。为了抗干扰和反摧毁，近年来出现了许多可精确模拟各种雷达发射信号的通用诱饵和可模拟某些特定雷达信号并与之协同工作的专用诱饵，它们都会降低雷达侦察系统对真实辐射源的正确检测和识别能力，大量消耗雷达对抗系统的对抗资源和反辐射攻击资源。有些雷达还可以利用自己的冗余能力发射许多虚假频率和调制的信号，而将真正的工作信号频率和调制方式隐匿在其中，造成干扰频率引导和辐射源识别的错误。雷达主动采用的上述反侦察、抗干扰措施本身的技术难度并不大，实现成本也较为低廉，但是雷达对抗系统在没有其它信息系统支援的情况下，仅凭借自身的信号检测和处理能力是很难识别的。

1.3　雷达侦察概述

1.3.1　雷达侦察的任务与分类

　　雷达侦察的任务就是从敌方雷达发射信号中获取有用信息，为指挥控制和作战决策提供支持，为雷达干扰和火力摧毁提供引导。因此按照侦察的任务，通常将雷达侦察分成以下 5 类。

1. 电子情报侦察(ELINT)

　　电子情报侦察属于战略情报侦察，它要求获得全面、广泛、准确的技术和军事情报，在平时和战时都要进行，以便为高级决策指挥机关和中心数据库提供各种详实的数据。先进的雷达情报数据库可以像天气预报一样，随时随地提供重点、热点地区各方面的雷达部署、功能和性能、信号调制参数等情报。雷达情报侦察是国防战略情报的重要组成部分，主要由侦察卫星、飞机、舰船和陆海基前沿侦察站与各级情报处理中心等共同组成。为了减轻有效载荷，许多前沿侦察设备只担任信号的截获和记录、存储、转发，而由异地的情报处理中心汇集各种 ELINT 情报来源，完成信号的综合分析处理。为了保证情报的准确性和可靠性，ELINT 允许有较长的信号分析处理时间。

2. 电子支援侦察(ESM)

电子支援侦察属于战术情报侦察，其任务是为战场指挥员和相关的作战系统提供当前战场环境中敌方电子装备的准确位置、工作状态和信号参数等信息，以便进行战场指挥、决策和控制，并将获得的信息及时上报各级指挥机关和分发到下级作战部门、武器装备。ELINT 可以作为 ESM 的先期预测和引导，以便缩短 ESM 的反应时间，提高工作效率和情报质量。电子支援侦察一般由作战飞机、舰船、车辆等机动侦察站和指控中心担任，对它的特别要求是快速、及时、有效的现场处理能力。许多 ESM 系统都有自己直接控制和管理的对抗资源(如干扰机、反辐射武器等)，它们一般接受本平台 ESM 的直接引导。在战场高速信息网络的支持下，现代 ESM 获取的信息可以与网络中的其他信息资源充分共享和融合处理，进一步提高信息获取的数量和质量。

3. 雷达告警接收机(RWR)

用于作战平台(如飞机、舰船、车辆和阵地等)的自身防护，当其检测到敌方威胁(如导弹来袭、火控和制导雷达探测跟踪等)时，及时、可靠地发出警报，并指示威胁来袭方向和威胁程度等。RWR 对威胁的检测、识别和判断依据主要依靠 ELINT 预先提供的情报支援，采用有针对性的信号检测处理方式，提高对预定威胁辐射源的反应速度。许多 RWR 还可与 ESM 和其它对抗资源(如诱饵、箔条、曳光弹、烟幕投放器等)交联使用。

4. 引导干扰

所有雷达干扰都需要有侦察设备提供引导，以便根据复杂的电磁环境和所辖的干扰资源、干扰能力，正确选择和识别若干威胁雷达，在适当的时间、空间、频谱、调制样式和参数发出干扰信号。干扰实施后，还需要不断监测威胁雷达环境和干扰对象的变化，不断调整上述干扰的方式，使有限的干扰资源能够获得最好的综合干扰效果。ESM 获取的战场信息具有良好的时效性，是干扰引导中最重要的信息来源。在战场高速信息网络的支持下，充分利用雷达侦察的广域信息获取能力，综合引导大量分布式的干扰资源协同工作，对敌方的雷达探测网实施有效干扰，是雷达对抗的重要发展方向。

5. 引导杀伤武器

检测和跟踪敌方威胁雷达辐射源信号，引导杀伤武器实施火力打击，是反辐射侦察引导的基本任务。引导杀伤武器一般分为两个阶段，首先由 ESM、RWR、ELINT 等电子侦察设备获得当前战场敌方辐射源的信息，将这些信息预先加载到反辐射武器的导引设备中，在合适的时间、空间发射反辐射攻击武器；然后由反辐射武器导引设备按照预先加载的信息检测和识别辐射源，形成对特定辐射源跟踪的误差，引导反辐射武器按照预定的飞行航路不断逼近辐射源，直至将其摧毁。随着近年来反辐射武器攻击距离和精度的不断提高，它已经越来越多地出现在现代战争中，并且发挥了十分重要的作用。由于反辐射武器的导引依赖于加载的辐射源信号特征，为了进一步改善反辐射导引抗辐射源关机和抗诱偏的性能，将它与其它制导方式综合在一起，已经成为一种重要的发展方向。

1.3.2　雷达侦察的技术特点

雷达侦察具有以下技术特点：

1. 作用距离远

雷达接收的是目标对照射信号的二次反射波，信号能量反比于距离的四次方；雷达侦察接收的是雷达的直射波，信号能量反比于距离的二次方。因此，雷达侦察机的作用距离一般都远大于雷达的作用距离，这对于目标的早期探测预警和武器引导具有非常重要的意义。

2. 安全隐蔽性好

对外辐射电磁波很容易被敌方侦收设备发现、识别和定位，不仅会造成自己信息的泄漏，还会招来强烈的干扰和致命的火力打击。从原理上说，雷达侦察只接收外来的辐射信号，本身不需要发射，因此不会被敌方检测、识别和定位，具有良好的安全隐蔽性。

3. 获取的信息多而准

雷达侦察所获得的是直接来自于雷达的发射信号，受其它环节的"污染"少，信噪比较高，便于进行准确、细致的特征分析和提取，甚至可获得不同辐射源"个体"的特征信息。雷达侦察本身的宽频带、大视场特点又广开了各种雷达发射信号的信息来源，且便于进行长期的信息积累，建立丰富的辐射源数据库和知识库。这也是雷达侦察信号处理中非常重要的信号和信息处理依据。

雷达侦察也有一定的局限性，如信息获取依赖于雷达的发射，单个侦察站不能准确测距等。出于目标信息获取的共同利益，在现代电子信息传感器中，采用有源与无源探测综合，射频与光电探测综合等手段，互相取长补短、协同工作，将是重要的发展方向。

1.3.3　雷达侦察设备的基本组成

典型雷达侦察系统的基本组成如图 1-4 所示。测向天线阵覆盖系统测向范围 Ω_{AOA}，并与测向接收机一起实现对射频脉冲信号到达角 θ_{AOA} 的实时测量。测频天线的角度覆盖范围也是 Ω_{AOA}，它与宽带侦收接收机一起，完成对脉冲载频 f_{RF}、到达时间 t_{TOA}、脉冲宽度 τ_{PW}、脉冲功率或幅度 A_P 等参数的实时测量。

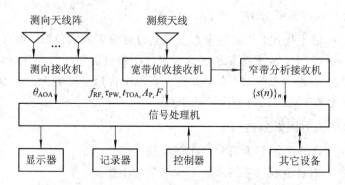

图 1-4　典型雷达侦察系统的基本组成

有些雷达侦察系统还可以实时测量射频脉冲的极化 E_P 和脉内调制类型 F，这些参数组合在一起，称为脉冲描述字（PDW）：

$$PDW_i = (\theta_{AOA_i}, f_{RF_i}, t_{TOA_i}, \tau_{PW_i}, A_{P_i}, F_i) \qquad (1-25)$$

式中的 i 为顺序收到的第 i 个脉冲信号。序列 $\{PDW_i\}_i$ 实时交付信号处理机。

信号处理机一般由若干数字信号处理器（DSP）和现场可编程门阵列（FPGA）等电路组成，先将输入的 PDW 与各种已知雷达的先验数据和先验知识进行快速的匹配比较，分门别类地装入各 PDW 缓存器，认定为无用信号的立即剔除。该过程一般称为信号预分选或信号预处理。分选中用到的已知雷达的先验数据和先验知识可以预先加载，也可以在处理过程中进行补充和修订。为了适应预处理的实时性要求，一般的预处理机主要由 FPGA 担任。从预处理后的输出缓存中进一步剔除与雷达特性不匹配的 PDW，然后对各项参数特性都满足要求的 PDW 数据进行雷达辐射源的检测、参数估计、状态识别和威胁判决等，该过程称为信号主处理，一般由高速 DSP 阵列担任。利用主处理后的结果可以引导窄带分析接收机，对特定的窄带信号进行精细的脉内和脉间调制分析处理。信号处理后的各种结果可以直接提交显示、记录、干扰控制等相关设备。

在典型情况下，PDW 的信号处理是一种大视野、大带宽、高截获概率的实时信号处理，务求不丢失任何一个射频脉冲信号，但它的测量精度和分辨能力不高。窄带分析接收机可根据侦察系统的任务要求和 PDW 信号主处理的引导，从宽带测频天线接收信号中选择特定调制特性（如频率、脉宽、脉冲重复周期等）的信号，将其变频到中频基带，经过模数变换器（ADC）输出数字波形数据 $\{s(n)\}_n$，再由窄带信号分析处理机进行脉内和脉间调制的精确分析和测量。

显示器、控制器用于侦察机的人机界面处理，记录器用于各种处理结果的长期保存。有关雷达侦察机的各种具体技术原理和技术细节将在后续章节中展开讨论。

1.4　雷达干扰概述

1.4.1　雷达干扰技术的分类

雷达干扰的基本任务是通过辐射或散射电磁波，破坏或扰乱敌方雷达的正常工作，使其不能正确地获取我方目标的信息。雷达干扰的分类方法主要有以下 4 类，如图 1-5 所示。

1. 按照干扰能量的来源分类

（1）有源（Active）干扰：干扰能量来自于其它电磁辐射源的发射，如有源干扰机等。

（2）无源（Passive）干扰：干扰能量来自于对雷达照射信号的散射，如地物、箔条等。

（3）复合干扰：也称为双弹射干扰，是指将有源干扰信号照射无源干扰物（如箔条、地海面等），再通过无源干扰物散射到雷达的干扰。

2. 按照干扰的人为因素分类

（1）有意干扰：由人为因素而有意产生的干扰。

（2）无意干扰：由自然或其它因素无意识产生的干扰。

3. 按照干扰信号的作用原理分类

（1）遮盖性干扰：也称为压制性干扰，指在雷达接收机中干扰信号与目标回波信号叠

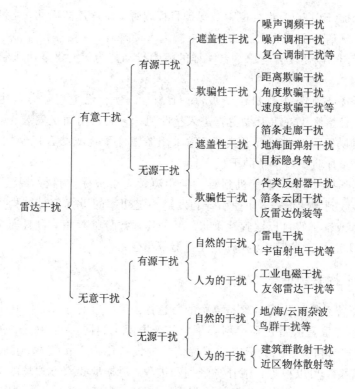

图 1-5 雷达干扰的分类

加在一起, 使雷达难以从中检测目标是否存在, 降低雷达对目标的检测概率。

(2) 欺骗性干扰: 指在雷达接收机中干扰信号与目标回波信号难以区分, 真假难辨, 以假乱真, 使雷达不能获得正确的目标信息, 虚警概率增大或对目标测量跟踪精度降低。

作战使用中, 可以对雷达的部分探测空间(如存在真实目标的空间)实施压制性干扰, 对其它探测空间(如不存在真实目标的空间)实施欺骗性干扰。

4. 按照雷达、目标、干扰机的空间位置分类

雷达干扰的目的是保护目标不受敌方雷达的检测、跟踪和威胁, 因此雷达干扰的战术应用和干扰效果与雷达、目标都具有非常密切的关系, 如图 1-6 所示, 主要分为:

(1) 远距离支援干扰(SOJ): 干扰机远离雷达和目标, 一般位于敌方火力威胁范围以外, 通过辐射强干扰信号掩护目标, 干扰信号主要是从雷达天线的旁瓣进入接收机, 一般由专用的大功率干扰发射机担任, 采用压制性干扰或密集假目标干扰。

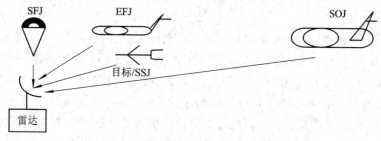

图 1-6 雷达、目标、干扰的空间位置示意图

（2）随队干扰（ESJ）：干扰机位于被保护目标附近，随行目标运动，通过辐射强干扰信号掩护目标，干扰信号主要从雷达天线的主瓣进入接收机。一般是用作战平台进行专门的干扰改造成为 ESJ，以便具有与原平台一样的战术行动能力，主要采用压制性干扰或密集假目标干扰。

（3）自卫干扰（SSJ）：干扰机位于被保护目标上，使自己免遭敌方雷达和武器系统威胁。它的干扰信号始终从雷达天线主瓣进入接收机。一般采用固定安装、可切换挂载、可即时投放拖曳和随行等多种配置形式，经常采用欺骗性干扰或结合压制性干扰，是飞机、舰船、地面重要目标防护等常备的干扰方式。

（4）近距离干扰（SFJ）：干扰机到雷达的距离领先于被保护目标，甚至尽可能抵近雷达，通过率先接收到雷达信号，快速引导和发射一定功率的干扰信号掩护后续目标。主要采用压制性干扰或密集假目标欺骗性干扰。由于其常常身临险境，自身安全难以保障，因此 SFJ 主要由投掷式干扰机和无人驾驶飞行器等担任。

1.4.2　雷达干扰系统的基本组成

现代雷达干扰系统的作战对象是复杂的雷达探测网。为了有效对抗其中的各种威胁雷达，雷达干扰系统也是由雷达侦察引导网、各级指挥控制网（指控中心）和多种干扰资源（能够按照系统控制和命令产生指定的干扰信号的设备称为干扰资源）组成的，如图 1-7 所示。这些干扰资源可以根据作战任务规划和进程，根据敌我双方战场的资源配置和兵力部署，在雷达侦察引导网、各级指控中心的统一组织协调下有序工作，各级指控中心的主要任务是制定干扰决策，分配、管理和控制干扰资源。战场高速信息网络技术的发展，为各种分布式干扰资源的实时引导和控制带来了极大的方便。

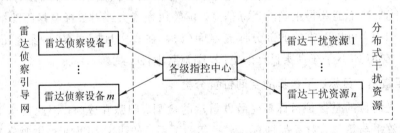

图 1-7　雷达干扰系统的基本组成

根据干扰信号的产生原理，雷达干扰的基本资源主要分为引导式、转发式与合成式等三类干扰资源，分别如图 1-8(a)、(b)、(c)所示。

1. 引导式干扰资源

引导式干扰资源的干扰信号来自于其内部的射频压控振荡器（VCO）。根据下达的干扰控制命令，干扰技术产生器生成 VCO 的频率调制信号 $F(t)$ 和调幅器的幅度调制信号 $A(t)$，常用的 $F(t)$ 信号有：幅度（调频带宽）、谱宽、分布可控的噪声，幅度（调频带宽）、波形（三角波，锯齿波，正弦波等）、周期可控的函数，以及噪声与函数的交替或叠加等，形成各种非平稳的干扰信号时频谱。$F(t)$ 也可以与被干扰的雷达脉冲重复周期同步或异步，形成同步或异步调频干扰。常用的 $A(t)$ 信号有：同步或异步的杂乱脉冲，干扰启动和关闭的控制信号等。控制接口输出的 $\theta(t)$ 数据用于设置干扰发射天线的波束指向。VCO 形成的干

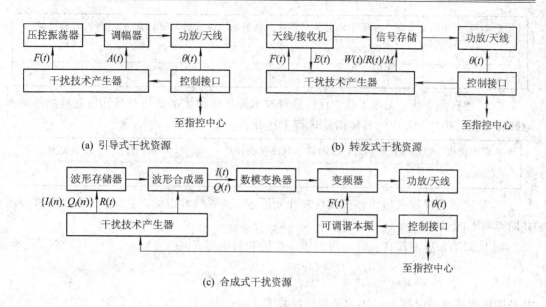

图 1-8 雷达干扰资源的基本组成

扰信号通过调幅器和功率放大，由发射天线向指定方向辐射输出。控制接口实现指控中心与干扰资源之间的信息交互。

2. 转发式干扰资源

转发式干扰资源产生的干扰信号来自于接收到的雷达发射信号，且以接收到的雷达信号包络 $E(t)$ 为同步；由干扰技术产生器输出对接收信道的频段设置信号 $F(t)$，对射频信号存储器(RFM)的写入信号 $W(t)$、读出信号 $R(t)$ 和幅相调制信号 $M(t)$，实现对指定频段内接收到的雷达信号的延迟复制和幅相调制，再通过功率放大和发射天线，辐射到指定的 $\theta(t)$ 方向。

3. 合成式干扰资源

合成式干扰主要采用数字合成技术，在干扰资源有限的条件下，以最合理的干扰样式同时干扰多部雷达。干扰技术产生器按照指控中心的命令，首先生成对雷达 i 的最佳正交干扰波形数据 $\{I_i(n), Q_i(n)\}_{i,n}$，并保存在波形存储器中。$R(t)$ 控制存储波形的输出，然后将各雷达的正交干扰波形数据按照时间、功率比 p_i^2 的关系合成为基带干扰波形数据

$$\left\{ I(n) = \sum_i p_i I_i(n), \ Q(n) = \sum_i p_i Q_i(n) \right\}_n \tag{1-26}$$

再将合成后的波形数据 $\{I(n), Q(n)\}_n$ 送交数模转换器(DAC)，生成基带干扰信号 $I(t)$，$Q(t)$，与调谐本振信号变频到指定的 $F(t)$ 频段，通过功率放大和发射天线，辐射到指定的 $\theta(t)$ 方向。

习 题 一

1. 简述雷达获取目标信息的种类和获取目标信息的基本原理；简述雷达侦察设备获取雷达信息的种类和基本条件，比较二者在下表中各方面的能力。

信息类别	距离	方向	速度	发射信号参数	辐射源工作状态	辐射源功能型号	载体类型
雷达获取							
侦察获取							

2. 简述有源干扰、无源干扰、目标隐身技术等破坏和扰乱雷达对目标信息检测的基本原理和特点，并对下表中的具体措施进行上述分类。

大功率干扰机	箔条丝，带	角形反射器	电波吸收材料	地物，海浪，云雨	高定向能微波

3. 简述雷达接收机与侦察接收机在作用原理、主要技术指标、系统组成和功能方面的共同点与不同点。

4. 已知泊松脉冲流在 τ 时间内到达 n 个脉冲的概率 $P_n(\tau)$ 为

$$P_n(\tau) = \frac{(\lambda\tau)^n}{n!}e^{-\lambda\tau} \qquad n=0,1,\cdots$$

试证明该流在单位时间内到达的平均脉冲数为 λ。

5. 根据泊松流的性质，证明任意两个相邻脉冲间隔时间的概率分布密度函数 $\omega(\tau)$ 为

$$\omega(\tau) = \lambda e^{-\lambda\tau} \qquad 0 \leqslant \tau < \infty$$

6. 已知某环境中工作的雷达及其参数如下表所示。

序号	重复周期/ms	脉冲宽度/μs	序号	重复周期/ms	脉冲宽度/μs
1	0.02	0.2	4	1.5	1
2	1	0.5	5	0.8	0.5
3	0.6	0.3	6	1.25	0.6

(1) 试求该环境的雷达信号流密度 λ；

(2) 试求各雷达的脉冲不与其它雷达脉冲发生时间重叠的概率。

第 2 章　对雷达信号的频率测量与频谱分析

2.1　概　　述

2.1.1　频率测量和频谱分析的作用与主要技术指标

1. 频率测量与频谱分析的作用

频率或频谱是电磁波信号的重要特征参数。雷达发射信号的频率或频谱不仅与其用途、功能和性能等有着非常密切的关系，而且与其采用的器件、电路和工艺技术等也都具有非常密切的关系。因此在雷达设计和研制完成以后，其频率和频谱特性的变化范围和变化能力是十分有限的。频率和频谱特性既是雷达的固有特征，也是相互之间区别的重要依据。战场电磁频谱资源和装备的合理管控，也是充分发挥各种电磁信息资源能力的重要保证。精确测量雷达信号的频率和频谱，甚至能够区分同种、同批次雷达的不同个体。在当前的复杂电磁信号环境中，研究和发展快速、准确的雷达信号频率测量和频谱分析技术，对于雷达侦察信号分选、识别和辐射源检测、识别，以及引导干扰和反辐射攻击武器都具有非常重要的作用。

对雷达信号的频率测量与频谱分析可以分为以下三种情况：

（1）对单个射频脉冲的频率测量和频谱分析；

（2）对给定时间内多个脉冲的频率测量和频谱分析；

（3）对特定辐射源连续脉冲信号的频率测量和频谱分析。

早期的雷达对抗系统主要采用模拟接收处理技术，只能测量窄带信号的中心频率（或载波）；近年来的数字接收处理技术不仅可以完成对窄带信号中心频率的测量，还可以进行高分辨能力的频谱分析，特别是以并行数字信道化检测和测量为代表的高速时频分析处理技术，可以实现近乎实时的频谱分析。

在一般雷达对抗系统中，首先完成对逐个射频脉冲信号进行频率测量和频谱分析，然后对来自同一个辐射源的若干个连续脉冲进行频率测量和频谱分析，以便得到更加准确、细致的结果，形成脉组信号的频率和频谱，再经过长时间测量分析和综合，最终得到辐射源精细的频率与频谱特性。

对单个射频脉冲信号的频率测量和频谱分析是本章的基础。

2. 雷达侦察系统中信号频率和频谱的定义

对于式（1-2）所示的窄带信号，其频率的物理定义为其相位调制函数 $\varphi(t)$ 的时间变化率

$$f(t) \overset{\text{def}}{=} \frac{\partial \varphi(t)}{2\pi \partial t} \tag{2-1}$$

它的二阶导数称为调频斜率，即

$$k_{\text{FM}}(t) \overset{\text{def}}{=} \frac{\partial^2 \varphi(t)}{2\pi \partial t^2} \tag{2-2}$$

对于单载频射频脉冲信号，在其脉冲宽度 τ_{PW} 内，

$$f(t) = f, \quad k_{\text{FM}} = 0 \qquad 0 \leqslant t \leqslant \tau_{\text{PW}} \tag{2-3}$$

相位编码调制的射频脉冲除了有限的相位跃变点以外，脉内其它时刻的频率同式 (2-3)。线性调频脉冲的频率和调频斜率分别为

$$f(t) = \frac{\mu}{2\pi} t, \qquad k_{\text{FM}}(t) = \frac{\mu}{2\pi} \qquad 0 \leqslant t \leqslant \tau_{\text{PW}} \tag{2-4}$$

对于频率分集和频率编码调制的射频脉冲信号，可以看做是若干个子信号的合成，按照每一个子信号的存在时间，可以分别计算各自信号的频率和调频斜率。一般雷达对抗系统中要求测量的信号频率和调频斜率满足式 (2-1)、(2-2) 的定义。

$[t, t+\tau_{\text{PW}}]$ 时间内出现的单个射频脉冲信号，其频谱一般定义为该信号的傅立叶变换：

$$G_1(t, f) \overset{\text{def}}{=} \int_t^{t+\tau_{\text{PW}}} s(p) \text{e}^{-\text{j}2\pi fp} \, \text{d}p = |G_1(t, f)| \text{e}^{\text{j}\varphi_1(t, f)} \tag{2-5}$$

对来自同一辐射源的 m 个射频脉冲的频谱定义为

$$G_m(t, f) \overset{\text{def}}{=} \sum_{i=1}^m \int_{t_i}^{t_i+\tau_{\text{PW}, i}} s(p) \text{e}^{-\text{j}2\pi fp} \, \text{d}p = |G_m(t, f)| \text{e}^{\text{j}\varphi_m(t, f)} \tag{2-6}$$

式中，t_i 和 $\tau_{\text{PW}, i}$ 分别是第 i 个脉冲的到达时间和脉冲宽度。显然，分析的时间越长，对信号频谱分析的精度和分辨能力越高。

3. 频率测量与频谱分析的主要技术指标

1) 频率测量范围 Ω_{RF}、瞬时带宽 $\Delta\Omega_{\text{RF}}$、频率分辨力 Δf 和频率测量精度 δf

Ω_{RF} 是指测频系统最大可测的雷达信号频率范围；$\Delta\Omega_{\text{RF}}$ 是指任一瞬间最大可测的雷达信号频率范围；Δf 是指其能够测量和区分两个同时不同频率信号间的最小频率差；δf 是指频率测量值与频率真值之间的偏差。如果 $\Omega_{\text{RF}} = \Delta\Omega_{\text{RF}}$，则系统称为频率非搜索或瞬时宽开的测频系统，$\delta f$ 常用均值 (系统误差) 和均方根值 (随机误差) 表示。

2) 无模糊频谱分析范围 Ω_{SF}、频谱分辨力 Δf_{SF} 和频谱分析误差 δf_{SF}

Ω_{SF} 是指频谱分析系统最大可无模糊分析的信号频谱范围；Δf_{SF} 是指输出相邻谱线的最小频率间隔；δf_{SF} 是指频谱分析值与频谱真值之间的偏差。

3) 测频与频谱分析灵敏度 $s_{f\min}$ 和测频与频谱分析的动态范围 D_f

$s_{f\min}$ 是指频率测量和频谱分析系统正常工作 (满足战术技术指标要求) 时所需要的最小输入信号功率；D_f 为系统正常工作时允许的最大输入信号功率 $s_{f\max}$ 与最小输入信号功率 $s_{f\min}$ 之比 (以分贝表示)：

$$D_f = 10 \lg \frac{s_{f\max}}{s_{f\min}} \quad (\text{dB}) \tag{2-7}$$

4) 最小测频和频谱分析脉宽 $\tau_{f\min}$、测频时间 t_{RF}、频谱分析时间 t_{SF} 和时频分辨力 Δt_{SF}

$\tau_{f\min}$ 是指系统可以进行测频和频谱分析的最小输入信号脉宽；t_{RF} 是指从信号输入到输

出测频结果所用的时间；t_{SF} 是指完成一次频谱分析所需要的时间；Δt_{SF} 是指相邻两次频谱分析之间的最小时间间隔。

　　5）频域截获概率 P_{IF} 和频域截获时间 T_{IF}

　　P_{IF} 是指在 T_{IF} 时间内完成对给定信号频域测量任务的概率；T_{IF} 是指对给定信号的频域测量达到指定概率 P_{IF} 所需要的时间，两者互为条件。

　　6）对同时到达信号的频率测量和频谱分析能力

　　对同时到达信号的频率测量和频谱分析能力是指在有两个或两个以上不同频率的信号同时到达测频系统时，系统能够按照上述技术指标，同时测量和分析这些信号的能力和性能。

　　除了上述主要技术指标外，还有可靠性、尺寸、重量、成本等。

2.1.2　频率测量和频谱分析技术的分类

　　对雷达信号频率测量技术的基本分类如图 2－1 所示。对雷达信号频率的测量可以采用模拟接收机、数字接收机和模拟/数字混合接收机以及信号处理技术实现。一类测频技术是直接在频域进行的，包括搜索频率窗和毗邻频率窗。搜索频率窗为一可调谐中心频率的带通滤波器，其瞬时带宽 $\Delta\Omega_{RF}$ 较小，通过 $\Delta\Omega_{RF}$ 的通带中心频率在 Ω_{RF} 内的调谐，选择和测量输入信号频率。毗邻频率窗为一组相邻的带通滤波器 $\{\Delta\Omega_{RFi}\}_i$ 覆盖 Ω_{RF}。另一类测频技术是将信号频率单调变换到相位、时间、空间等其它物理域，再通过对变换域信号的测量得到原信号频率。各种测频技术的基本指标和特点见表 2－1。

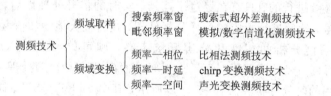

图 2－1　测频技术的分类

表 2－1　各种测频技术的典型指标和特点

指标	Ω_{RF}	$\Delta\Omega_{RF}$	Δf	δf	$s_{f\,min}$	D_f	$\tau_{f\,min}$	t_{RF}	P_{IF}	同时信号能力
单位	GHz	GHz	MHz	MHz	dBm	dB	ns	μs		
搜索频率窗	0.4～18	0.02～0.2	0.02～0.2	$\Delta f/2$	−70～−85	40～80	50～100	1～5PRI	很小	较好
毗邻频率窗	2～4	2～4	10～20	$\Delta f/2$	−70～−85	40～80	50～100	0.1～0.2	1	很好
比相法测频	0.8～16	0.8～16	无	3～5	−50～−65	40～80	50～100	0.2～0.3	1	无
chirp 变换	0.2～0.4	0.2～0.4	2～5	$\Delta f/2$	−70～−85	30～40	200～500	0.5～1	1	很好
声光变换	0.2～0.4	0.2～0.4	1～2	$\Delta f/2$	−70～−85	20～30	50～100	0.1～0.2	1	很好

　　注：PRI 为脉冲重复周期。

　　对雷达信号的频谱分析主要采用数字接收机和信号处理技术实现。由于受到采样速率和数字信号处理速率的限制，通常单路宽带数字接收机的无模糊分析处理带宽 Ω_{SF} 只有数百兆赫兹。在一般情况下，担任频谱分析任务的数字接收机无模糊分析处理带宽应该能够覆盖一般雷达射频脉冲信号的谱宽，以便能够获得该信号的完整频谱。由于 $\Omega_{SF}<\Omega_{RF}$，所以频谱分析的数字接收机一般都需要有频率引导，利用宽带测频的结果来引导 Ω_{SF} 的中心

频率，将信号分析带宽对准需要分析的频带。

图 2-2 所示为雷达信号频谱分析数字接收机的基本组成，接收天线收到的雷达信号经过低噪声放大器和带通滤波器后送给混频器，与频率为 f_L 的调谐本振信号混频，输出固定中频频率 f_i 的基带中频信号。该信号经过中放和增益控制达到合适的功率电平(信号的幅度尽可能与模数变换器(ADC)的输入动态范围一致)，分别送给包络检波/对数视放电路和 ADC 采样电路。

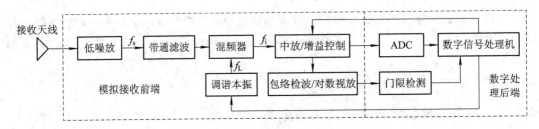

图 2-2　雷达信号频谱分析数字接收机的基本组成

ADC 具有检测采样和盲采样两种工作方式。如果在 Ω_{SF} 内对视频包络信号直接进行门限检测能够满足灵敏度 $s_{f\min}$ 的要求，则可以利用包络的门限检测输出，将有检测信号存在时的中放输出波形数据采集下来，送给数字信号处理机进行调制分析，同时也可以对包络和门限检测信号进行 t_{TOA}、τ_{PW}、A_P 的测量，交付数字信号处理。这种处理方法可以降低采集和处理的数据量，提高信号分析的工作效率，也是大多数频谱分析数字接收机的实际工作方式。

如果直接对脉冲包络信号的门限检测不能满足 $s_{f\min}$ 的要求，则 ADC 的信号采样和数字信号处理都是连续进行的；只有在经过了连续、实时的信号处理以后，才能检测和判决是否存在有用信号，然后进行相应的信号分析处理，这将极大地增加信号处理的负担。

如果对信号频谱分析的精度和分辨要求不高，则可以不做 $G_m(t,f)$ 处理，只做 $G_1(t,f)$ 处理，而且一般并不需要对每一个射频脉冲都做 $G_1(t,f)$ 处理。

频谱分析常用的时频分析算法如表 2-2 所示，其中 STFT、DFT、瞬时相位差分、瞬时自相关等算法适合于采用数字逻辑器件快速计算，广泛用于各种雷达对抗系统的实时和准实时信号处理中；周期谱估计、小波分析等需要的处理时间较长，适用于由计算机支持的非实时信号处理。

表 2-2　常用的时频分析算法与技术指标

指标	Ω_{SF}	Δf_{SF}	δf_{SF}	t_{SF}	Δt_{SF}	信噪比要求	资源占用	同时信号处理能力
单位	MHz	MHz	MHz	μs	μs			
DFT	20~1000	0.1~5	$\Delta f_{SF}/2$	$1/\Delta f_{SF}$	$(1\sim2)/\Delta f_{SF}$	较低	较多	较好
STFT	20~1000	0.1~10	$\Delta f_{SF}/2$	$1/\Delta f_{SF}$	$(1\sim2)/\Delta f_{SF}$	较低	较少	很好
相位差分	20~200	0.05~5	$\Delta f_{SF}/2$	τ_{PW}	τ_{PW}	高	少	无
自相关	20~1000	0.1~5	$\Delta f_{SF}/2$	$1/\Delta f_{SF}$	$(1\sim2)/\Delta f_{SF}$	较低	较多	差
WVD	20~1000	0.1~5	$\Delta f_{SF}/2$	$1/\Delta f_{SF}$	$(1\sim2)/\Delta f_{SF}$	较低	较多	差
周期谱估计	20~1000	0.05~5	$\Delta f_{SF}/2$	$\tau_{PW}\times10^{2\sim3}$	$\tau_{PW}\times10^{2\sim3}$	低	多	很好
小波分析	20~1000	0.05~5	$\Delta f_{SF}/2$	$\tau_{PW}\times10^{1\sim2}$	$\tau_{PW}\times10^{1\sim2}$	较低	多	很好

由于各种测量和分析技术各有所长，因此在实际工程中往往需要综合运用多种技术，

达到优势互补和系统性能最优的目的。

2.2 频率搜索测频技术

2.2.1 搜索式超外差测频技术

超外差接收机的工作原理是利用中放的高增益和优良的频率选择特性，对本振与输入信号变频后的中频信号进行检测和频率测量。由于变频后的中频信号可以保留窄带输入信号中的各种调制信息，消除了变频前输入信号载频的巨大差异，便于进行后续的各种信号处理，特别是数字信号处理，因此它被广泛地应用于各种电子战接收机中，频率搜索主要是对变频本振的调谐和控制。

1. 基本工作原理

搜索式超外差测频系统的基本组成如图 2-3 所示。雷达信号通过接收天线、低噪放进入微波预选器。信号处理机根据需要分析的输入信号频率 f_s 设置调谐本振频率 $f_L(t)$、微波预选器当前中心频率 $f_R(t)$ 和通带 $B(t)$，使它们满足下列关系：

$$\begin{cases} B(t) = \left[f_R(t) - \frac{1}{2}\Delta\Omega_{RF}, f_R(t) + \frac{1}{2}\Delta\Omega_{RF} \right] \\ f_L(t) - f_R(t) \equiv f_i, \ \forall t \end{cases} \quad (2-8)$$

式中，f_i 为中放的中心频率，$[f_i - \Delta\Omega_{RF}/2, f_i + \Delta\Omega_{RF}/2]$ 为中放带宽。如果 f_s 位于 $B(t)$ 内，则信号可以通过微波预选器、混频器、中放、包络检波和视放等环节；如果输出视频脉冲包络信号 $E(t)$ 大于检测门限，就可启动信号处理机测量信号的频率 f_{RF}，使之满足下列关系：

$$f_{RF} = f_L(t) - f_i \quad (2-9)$$

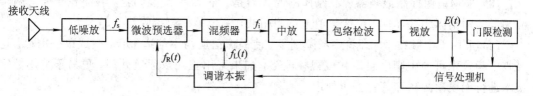

图 2-3 搜索式超外差接收机方框图

还可以启动对信号到达时间、脉冲宽度、幅度、方向等参数的测量电路，形成对单个射频脉冲检测的 PDW。如果 $f_s \notin B(t)$ 或其功率低于灵敏度，则不会发生门限检测和 PDW输出。式（2-8）中，$f_R(t)$ 与 $f_L(t)$ 保持差值恒定的方法称为频率统调，其主要作用是防止超外差接收机的寄生信道干扰。

2. 寄生信道干扰及其消除方法

混频器是一种非线性器件，在混频过程中，$f_L(t)$ 与 f_s 将发生多次差拍，只要任何一次差拍频率满足式（2-10），都将在中放形成输出。其中只有 $m=1$，$n=-1$（超外差）时的差频为正确的测频输出（也称为主信道输出），其余则称为寄生信道干扰。

$$mf_L(t) + nf_s \in \left[f_i - \frac{\Delta\Omega_{RF}}{2}, f_i + \frac{\Delta\Omega_{RF}}{2} \right], \ \forall m, n = \pm 1, \pm 2, \cdots \quad (2-10)$$

由于输入信号电平一般都远低于本振电平，所以主要考虑本振及其谐波与信号基波分量的差拍，而本振的谐波一般都远离中频，故在超外差接收信道中将 $m=-1$，$n=1$ 的寄生信道称为镜像信道。图2-4表现了超外差接收机主信道与镜像信道的关系，可见两者是以本振频率为中心，中放带宽为两边对称分布的。

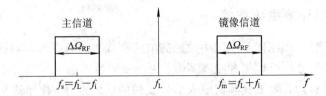

图2-4　超外差接收机主信道与镜像信道的关系

镜像信道干扰会引起频率测量错误，在超外差接收机中，常以镜像抑制比 d_{ms} 来衡量系统对镜像信道干扰的抑制能力，其定义为：在相同输入功率条件下，系统主信道输出功率 P_{so} 与镜像信道输出功率 P_{mo} 之比（以分贝表示），即

$$d_{ms} \overset{\text{def}}{=} 10 \lg \frac{P_{so}}{P_{sm}} \quad (\text{dB}) \tag{2-11}$$

为了保证镜像干扰不引起测频错误，一般要求 $d_{ms} \geqslant 60$ dB。提高 d_{ms} 的方法主要有：

(1) 采用频带对准。即在预选器和本振统调的调谐过程中，始终保持预选器通带对准侦收的主信道，阻带对准镜像信道。

(2) 采用宽带滤波和高中频接收。提高中频，可以增加主信道与镜像信道之间的频率差 $2f_i - \Delta\Omega_{RF}$；如果该频率差能够满足测频范围 $\Omega_{RF} = [f_1, f_2]$ 的要求：

$$2f_i - \Delta\Omega_{RF} > f_2 - f_1 \quad \text{或} \quad f_i > \frac{f_2 - f_1 + \Delta\Omega_{RF}}{2} \tag{2-12}$$

就能够利用混频前通带为 $[f_1, f_2]$ 的滤波器抑制镜像信道。

(3) 采用镜像抑制混频器。镜像抑制混频器是一种双平衡混频器，在主信道上，两个混频器的输出同相叠加；在镜像信道上反相相减，实现单信道接收。

(4) 采用零中频技术。即将中频降到零，使镜像信道与主信道重合，变成单一信道。这种零中频技术可使中频电路简化成视频电路，如果采用正交双通道处理，更易于采用数字技术进行无模糊测频和其它分析处理。

(5) 采用辅助信道逻辑识别技术。增设辅助信道，其本振频率与主信道本振相差 $2f_i$，且与主信道带宽重合，如图2-5所示。当两个信道均有信号输出时，可确认该信号频率属于主信道，否则分别为各信道的镜像信道。

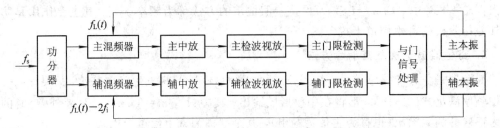

图2-5　采用辅助信道逻辑识别镜像信道干扰

2.2.2 频率搜索方式和速度的选择

按照式(2-8)设置的 $B(t)$ 与 $f_L(t)$，在测频范围 Ω_{RF} 内调谐，称为频率搜索。频率连续可变时称为连续搜索，均匀离散可变时称为步进搜索；由低至高或由高至低单方向变化称为单程搜索，双方向变化称为双程搜索。它们都要求 $\Delta\Omega_{RF}$ 在 Ω_{RF} 内任一频率处驻留足够长的时间 τ_f：

$$\tau_f \geqslant Z \cdot PRI \tag{2-13}$$

Z 为完成频率测量需要的脉冲数。随着近年来数字频率合成技术和数字信号处理技术的发展，越来越多的测频系统采用数控步进搜索，可以根据雷达信号频率的先验信息和实际检测过程中发生的后验信息，灵活而合理地控制 τ_f，在尽可能短的时间内可靠地完成频率测量和辐射源检测识别的任务。这种方式称为灵巧步进搜索。五种主要搜索方式的时频关系如图 2-6 所示。

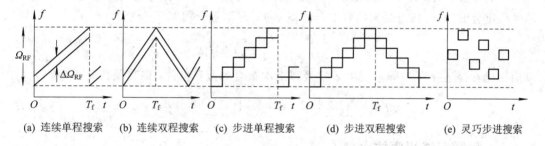

(a) 连续单程搜索　(b) 连续双程搜索　(c) 步进单程搜索　(d) 步进双程搜索　(e) 灵巧步进搜索

图 2-6　五种主要频率搜索方式的时频关系

频率搜索速度主要分为：频率慢速可靠搜索、频率快速可靠搜索、频率灵巧可靠搜索和频率概率搜索。

1. 频率慢速可靠搜索

在每个 $\Delta\Omega_{RF}$ 带内的驻留时间 τ_f 都相同，搜索 Ω_{RF} 范围的时间 T_f 不大于雷达波束在侦察机方向的照射时间 T_s，即

$$\tau_f \geqslant Z \cdot PRI, \quad T_f = \tau_f \cdot \frac{\Omega_{RF}}{\Delta\Omega_{RF}} \leqslant T_s \tag{2-14}$$

T_s 取决于侦察灵敏度与雷达天线的辐射功率，如果能够侦察到雷达的平均旁瓣辐射，则 T_s 可以不受雷达天线扫描的时间限制；如果只能侦察雷达天线的主瓣辐射，则 T_s 是雷达天线扫描在其主瓣波束宽度内的驻留时间：

$$T_s = T_A \frac{\theta_{0.5}}{\Omega_\theta} \tag{2-15}$$

式中，T_A、$\theta_{0.5}$ 和 Ω_θ 分别为雷达发射天线的扫描周期、半功率波束宽度和波束扫描范围。在满足式(2-14)的条件下，T_f 时间里能够可靠地完成对雷达信号频率的测量，故这种方式称为频率慢速可靠搜索。

2. 频率快速可靠搜索

频率搜索时间 T_f 不大于雷达的脉冲宽度 τ_{PW}，信号存在于测频系统带宽内的时间 t_d 很短，即

$$t_d = T_f \cdot \frac{\Delta\Omega_{RF}}{\Omega_{RF}} \qquad T_f \leqslant \tau_{PW} \qquad (2-16)$$

该方式适合于搜索连续波雷达或通信信号，T_f 时间里能够可靠地完成频率测量的任务，故称为频率快速可靠搜索。但对于持续时间很短的脉冲信号，由于本振调谐极快，普通电路难以响应，必须采用线性调频(Chirp)变换测频技术，参见本章 2.5 节。

3. 频率灵巧可靠搜索

这种方式是在频率慢速可靠搜索的基础上，利用搜索过程中发生的后验信息，合理地控制 τ_f。一般设 τ_f 略大于雷达的脉冲重复间隔 PRI，首先令 $Z=1$，如果在 τ_f 时间内发生了信号检测，则再逐渐增加 Z，直到任务完成；如果在一个 τ_f 的时间内没有检测到信号，则迅速结束 τ_f，以便缩短搜索时间。

4. 频率概率搜索

不满足慢、快、灵巧可靠搜索条件时均为频率概率搜索，脉冲雷达信号与频率搜索窗的平均重合时间 $\bar{\tau}$，任意时刻两者重合的概率 p，平均重合周期 $\bar{T}$ 分别为

$$\bar{\tau} = \left(\frac{1}{\tau} + \frac{1}{\tau_f}\right)^{-1}, \ p = \frac{\tau}{PRI} \cdot \frac{\tau_f}{T_f}, \ \bar{T} = \frac{\bar{\tau}}{p} \qquad (2-17)$$

以泊松过程描述在 T 时间里发生 Z 次及以上次重合的截获事件，则其截获概率为

$$P_Z(T) = \sum_{i=z}^{\infty} \frac{(T/\bar{T})^i}{i!} e^{-\frac{T}{\bar{T}}} = 1 - \sum_{i=0}^{Z-1} \frac{(T/\bar{T})^i}{i!} e^{-\frac{T}{\bar{T}}} \qquad (2-18)$$

2.2.3 射频调谐测频技术

射频调谐测频技术利用射频调谐滤波器选择特定频率的输入信号，完成对该信号频率等调制参数的测量。其基本系统组成如图 2-7 所示。

图 2-7 射频调谐测频接收机

信号处理机根据需要分析的信号频率 f_R 设置前后微波预选器的当前通带 $B(t)$：

$$B(t) = \left[f_R - \frac{1}{2}\Delta\Omega_{RF}, \ f_R + \frac{1}{2}\Delta\Omega_{RF}\right] \qquad (2-19)$$

当输入信号 S_{in} 频率 f_{RF} 位于当前通带 $B(t)$ 内时，只要其功率大于灵敏度，则经过预选器、低噪声放大器(LNA)、检波和对数视放(DLVA)的输出信号 $E(t)$ 将大于检测门限，就可启动信号处理机进行信号频率、到达时间、脉冲宽度和幅度的测量，形成单个射频脉冲检测的部分 PDW。在一般情况下 $f_s \notin B(t)$ 或其功率低于灵敏度，都不会发生门限检测和 PDW 输出。信号载频参数的估计为

$$\hat{f}_{RF} = f_R \qquad (2-20)$$

2.3 比相法测频技术

比相法测频是一种宽带、快速的测频技术，也称为瞬时测频技术(IFM)。它通过射频

延迟将频率变换成相位差，由宽带微波相关器将相位差转换成电压，再经过信号处理，输出信号频率测量值。

2.3.1　基本工作原理

比相法测频的基本工作原理如图 2-8 所示。输入信号经过功分器分成为两路，一路直接进入宽带微波相关器，另一路经过射频延迟 T 后再进入宽带微波相关器，形成两路信号的相位差：

$$\phi = \omega T \tag{2-21}$$

在宽带微波相关器中两信号经过正交相位检波，输出一对相位差信号：

$$U_I = C\cos\phi, \quad U_Q = C\sin\phi \tag{2-22}$$

利用式(2-22)可求得在$[0, 2\pi)$区间内的相位差 ϕ：

$$
\begin{cases}
\phi = \phi' + \begin{cases} 0 & U_I > 0, U_Q \geqslant 0 \\ \pi & U_I \leqslant 0 \\ 2\pi & U_I > 0, U_Q \leqslant 0 \end{cases} \\[4mm]
\phi' = \arctan\dfrac{U_Q}{U_I} \in \left[-\dfrac{\pi}{2}, \dfrac{\pi}{2}\right]
\end{cases} \tag{2-23}
$$

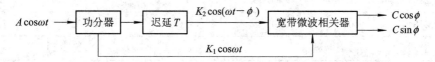

图 2-8　比相法测频的基本电路组成

由于宽带微波相关器输出信号的相位 ϕ 与被测信号频率 ω 成正比，在 T 确知的条件下，利用 U_I、U_Q 的极性和数值，只要测得 ϕ 就可确定 ω：

$$
\begin{cases}
\omega = \dfrac{\phi}{T} + \dfrac{2\pi}{T}k, \quad k = \begin{cases} k_1 & \phi \geqslant \phi_1 \\ k_1 + 1 & \phi < \phi_1 \end{cases} \\[4mm]
k_1 = \mathrm{int}\left(\dfrac{\omega_1 T}{2\pi}\right), \quad \phi_1 = \mathrm{mod}(\omega_1 T, 2\pi)
\end{cases} \tag{2-24}
$$

式中，ω_1 为测量信号频率的最小值。由于相位的无模糊测量范围仅为$[0, 2\pi)$，限制了比相法测频的无模糊测频范围：

$$\Omega_{\mathrm{RF}} \leqslant \frac{1}{T} \tag{2-25}$$

此外，为了保证信号在相关器中具有足够的相关时间，延迟时间 T 和信号处理时间 T_s 之和必须小于信号脉冲宽度 τ，即

$$T + T_s \leqslant \tau \tag{2-26}$$

比相法测频技术的信号处理有极性量化法和 AD 量化法两种。

1. 极性量化法

极性量化法是根据鉴相输出信号的正负极性进行信号频率测量和编码输出的。直接对 U_I、U_Q 进行极性量化和频率编码，只能将$[0, 2\pi)$量化为 4 个区间。为了提高量化位数，可以利用三角函数的性质，对 U_I、U_Q 进行适当的加权处理，产生各项需要的相位细分：

$$\begin{cases} U_I \cos\alpha + U_Q \sin\alpha = C\cos(\phi-\alpha) = U_I(-\alpha) \\ U_Q \cos\alpha - U_I \sin\alpha = C\sin(\phi-\alpha) = U_Q(-\alpha) \end{cases} \qquad (2-27)$$

常用的相位细分有：$\alpha=45°$，$22.5°$，$11.25°$等。细分越多，输出频率的表示精度越高。但由于细分是由高速宽带模拟电路担任的，在宽频带内，相关器的相位误差和细分电路的相位误差都会影响相位细分的精度，因此工程中常用的相位细分都不大于 $11.25°$。对 U_I、U_Q 和它们派生出来的各项相位细分信号进行极性量化（符号函数 $\mathrm{sgn}(x)$），从而可以将 $[0, 2\pi]$ 相位区间量化成更多的子区间，每个子区间分别对应于不同的输入信号频率，从而形成信号频率编码。表 2-3 是 $T=0.5\ \mathrm{ns}$，α 细分为 $45°$，$\Omega_{\mathrm{RF}}=[2\ \mathrm{GHz}, 4\ \mathrm{GHz})$，不考虑相位误差时的极性量化和频率编码的测频结果。

表 2-3 极性量化法测频的结果举例

$\phi/(°)$	$\mathrm{sgn}[U_I]$	$\mathrm{sgn}[U_Q]$	$\mathrm{sgn}[U_I(-45°)]$	$\mathrm{sgn}[U_Q(-45°)]$	f/GHz
$[0, 45)$	1	1	1	0	$[2, 2.25)$
$[45, 90)$	1	1	1	1	$[2.25, 2.5)$
$[90, 135)$	0	1	0	1	$[2.5, 2.75)$
$[135, 180)$	0	1	0	1	$[2.75, 3)$
$[180, 225)$	0	0	0	1	$[3, 3.25)$
$[225, 270)$	0	0	0	0	$[3.25, 3.5)$
$[270, 315)$	1	0	0	0	$[3.5, 3.75)$
$[315, 360)$	1	0	1	0	$[3.75, 4)$

2. AD 量化法

AD 量化法直接对信号电压 U_I、U_Q 进行数模转换（ADC），将模拟信号转换成为数字信号，再按照式（2-23）计算相位差 ϕ，按照式（2-24）计算信号频率。由于 ADC 的量化位数远高于极性量化的位数，且便于将式（2-23）和式（2-24）预先制表，甚至将电路和测量系统的偏差也预先校准后存放在表内，因此在相同条件下，AD 量化法具有较高的测频精度。

2.3.2 多路相关器的并用

在理论上，采用相位细分的极性量化或者提高 AD 量化的位数，都可以在无模糊测频范围内获得较高的测频精度，但由于宽带微波相关器本身存在一定的相位误差，相位细分不仅会沿袭该相位误差，还会在加权处理的微波电路中引入新的相位误差，使相位误差进一步增大。AD 变换的输入信号中也存在系统相位误差和噪声的影响，变换过程中还存在量化误差，它们都在一定程度上限制了测频精度的进一步提高。因此实际使用的比相法测频技术往往采用图 2-9 所示的多路相关器并用，其中最短迟延时间 T 的相关器保证无模糊测频范围，最长迟延时间 $n^{k-1}T$ 的相关器保证频率测量的精度。

假设各级相关器经过式（2-22）求得的有模糊的相位测量值输出为

$$\{\phi_i\}_{i=1}^{k}, \qquad \phi_i \in [0, 2\pi), \qquad \forall i \in \mathbf{N}_{k+1}^* \qquad (2-28)$$

则可利用相邻长短迟延相关器的各自特点，用短迟延相关器的鉴相输出求解长迟延相关器鉴相输出的模糊，用长迟延相关器解模糊后的鉴相输出校准短迟延相关器的相位测量值。

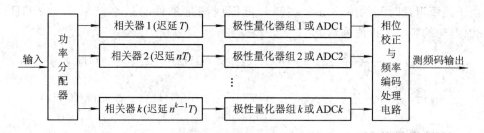

图 2-9　多路相关器的并用

式中，$\mathbf{N}_{k+1}^*$ 为非零非负整数集，集末项为 k，即 $\mathbf{N}_{k+1}^* = \{1, 2, \cdots, k\}$。假设最短迟延相关器的相位测量值 ϕ_1 没有模糊，相邻相关器的迟延时间比为 n，则逐级迭代解模糊和相位校正的计算如下：

$$\begin{cases} \hat{\phi}_{i+1} = \varphi_i + \phi_{i+1} + \begin{cases} 2\pi & \phi_{i+1} + \varphi_i - n\hat{\phi}_i \leqslant -\pi \\ -2\pi & \phi_{i+1} + \varphi_i - n\hat{\phi}_i \geqslant \pi \\ 0 & \phi_{i+1} + \varphi_i - n\hat{\phi}_i \in (-\pi, \pi) \end{cases} \\ \varphi_i = 2\pi \cdot \text{int}\left(\dfrac{n\hat{\phi}_i}{2\pi}\right), \hat{\phi}_1 = \phi_1 \qquad i \in \mathbf{N}_k^* \end{cases} \tag{2-29}$$

式中，$\{\hat{\phi}_i\}_{i=1}^k$ 即为解模糊和相位校正以后各级相关器的输出相位。可以利用最长迟延 $n^{k-1}T$ 的相关器输出 $\hat{\phi}_k$ 估计信号频率

$$\hat{f}_{\text{RF}} = \frac{\hat{\phi}_k}{2\pi n^{k-1}T} + f_0 \tag{2-30a}$$

其中，f_0 是无模糊测频范围内满足 $f_0 T$ 为正整数的最小频率。也可以利用所有相关器的相位输出对频率进行最小二乘估计，即

$$\hat{f}_{\text{RF}} = \frac{(n-1)\sum_{i=1}^k \hat{\phi}_i}{2\pi T(n^k - 1)} + f_0 \tag{2-30b}$$

在一般情况下，式(2-30b)利用了更多的测量信息，具有更高的测频精度。这种相邻迟延相关器相位校正的方法可校正的最大相位误差为 $\pm\pi/(n+1)$。由于式(2-29)和式(2-30)确立的测频算法适合于用 DSP 进行计算处理，在有些文献中也将其称为 DIFM 测频技术。

在表 2-4 的试例中，测频范围为 $[2\text{ GHz}, 4\text{ GHz}]$，最短迟延线的迟延时间为 0.5 ns，采用了 3 路相关器，$n=4$，假设输入信号频率为 2.761 GHz，表 2-4 给出了各相关器输出有模糊相位的理论值 $\{\phi_{ci}\}_{i=1}^3$、有误差的实际测量值 $\{\phi_i\}_{i=1}^3$ 和按照式(2-29)进行解模糊/相位校正的部分中间计算值 $\{\varphi_i\}_{i=1}^2$、$\{\varphi_i + \phi_{i+1} - 4\hat{\phi}_i\}_{i=2}^3$，以及各相关器无模糊的相位估计值 $\{\hat{\phi}_i\}_{i=1}^3$。为计算方便，表中所有相位均以度(°)为单位。

表 2-4　3 路相关器测频输出的试例(输入信号频率为 2761 MHz)

相关器	$\phi_{ci}/(°)$	$\phi_i/(°)$	$\varphi_i/(°)$	$(\varphi_i + \phi_{i+1} - 4\hat{\phi}_i)/(°)$	$\hat{\phi}_i/(°)$
1	136.98	166	360	—	166
2	187.92	160	1800	−144	520
3	31.68	56	—	−224	2216

由于最短迟延时间为 0.5 ns，在测频范围内满足条件的最小频率 $f_0 = 2$ GHz，式 (2-30)得到的频率估计值分别为

$$\hat{f}_{RF} = \frac{2216°}{360° \times 4^{3-1} \times 0.5}(GHz) + 2 \ (GHz) = 2.7694 \ (GHz)$$

$$\hat{f}_{RF} = \frac{(4-1) \times (166° + 520° + 2216°)}{360° \times 0.5 \times (4^3 - 1)} + 2 \ (GHz) = 2.7677 \ (GHz)$$

2.3.3 同时信号的影响

若同时存在 A，B 两个信号矢量，以强信号矢量 A 为基准，合成信号矢量相对于强信号矢量的相位将发生偏差 $\Delta\phi$，如图 2-10 所示。显然，合成信号矢量的相位偏离了其中任一信号矢量的原相位，且受两信号矢量幅度比和频率差的调制，在各路相关器中都会造成一种随机性的相位偏差，其中与强信号矢量相位的最大偏差为

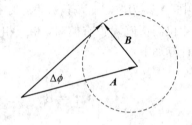

图 2-10 同时信号对测频的影响

$$\Delta\phi_{max} = \arcsin\frac{|B|}{|A|} = \arcsin\sqrt{\frac{P_B}{P_A}} \qquad (2-31)$$

式中，P_A、P_B 分别为两信号的功率。如果 $\Delta\phi$ 超过了编码器的校正能力，则将出现严重的测频错误。为此，在比相法测频接收机中还需要检测同时到达信号，以防止此时产生错误的测频输出。

图 2-11 是一种常用的同时信号检测电路，它由自差混频器、带通滤波器、检波器以及比较器构成。如果只有一个信号输入，则混频的全部谐波均来自于同一信号，它们将处于滤波器带外，检波器和比较器无输出。如果有多信号，混频后的谐波通过滤波器和检波器将有输出，一旦超过了比较器门限，比较器将产生一个同时信号的指示标志，这时的测频结果将被放弃。

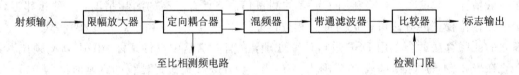

图 2-11 同时信号检测电路

输入信号中存在的噪声也相当于是一种同时存在的随机信号，同样会引起信号相位的随机偏差以及相应的测量值起伏，根据式(2-31)，在 13 dB 信噪比下，它引起的相位偏差均方根值约为 12.62°。因此为了保证测频精度，比相法瞬时测频接收机也需要有一定的检测信噪比。

完整的比相法瞬时测频接收机的组成如图 2-12 所示，输入端的限幅放大器用于保持测量信号的功率稳定，以减小输入信号功率起伏对测频结果的影响，同时信号检测电路用于防止同时多信号造成的测频错误，门限检测/定时控制电路用于产生测频启动和结果输出的控制时序，也可以用来启动对 t_{TOA}、τ_{PW}、A_P 等参数的测量电路。

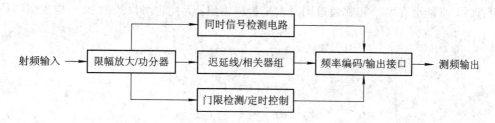

图 2 - 12　比相法测频接收机的组成

2.4　信道化测频技术

信道化测频技术是利用毗邻的滤波器组对输入信号进行频域滤波和检测的测频技术。它可以采用模拟滤波器组或数字滤波器组实现，分别称为模拟信道化测频技术和数字信道化测频技术。

2.4.1　模拟信道化测频技术

模拟信道化测频技术分为直接滤波测频和基带滤波测频两种形式。

1. 直接滤波测频

直接滤波测频也称为多波道测频。其系统的基本组成原理如图 2 - 13(a)所示，输入信号经过 n 路功分器分别馈入 n 个并行的滤波/检波/门限检测器，各滤波器的通带彼此邻接，如图 2 - 13(b)所示。其频率响应特性为

$$|H_i(\omega)| = \begin{cases} \geqslant H_p & \omega_{pi} \leqslant \omega < \omega_{pi+1} \\ < H_s & \omega < \omega_{sli} \bigcup \omega > \omega_{shi} \end{cases}, \ i \in \mathbf{N}_{n+1}^* \tag{2-32}$$

式中，$H_i(\omega)$ 为第 i 个滤波器的传输函数；H_p、H_s 分别为通带最低增益、阻带最大增益；ω_{pi}、ω_{pi+1}、ω_{sli}、ω_{shi} 分别为通带低、高边沿频率和阻带低、高边沿频率。各滤波/检波器的输出分别通过各自的门限检测器，当输出高于检测门限 U_{Ti} 时，$d_i=1$，否则为零。若第 i 个滤波器输出超过了门限检测，则以该滤波器通带中心频率形成频率估计输出：

$$\hat{\omega} = \frac{\omega_{pi} + \omega_{pi+1}}{2}, \quad d_i = 1, \quad \forall i \in \mathbf{N}_{n+1}^* \tag{2-33}$$

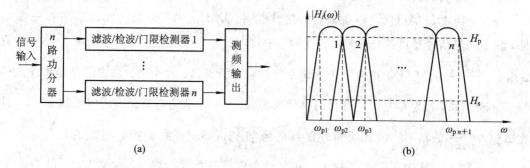

(a)　　　　　　　　　　　　　　　　(b)

图 2 - 13　直接滤波道测频系统组成与毗邻波道频率特性

检测门限 U_{Ti} 可根据各信道噪声背景的差别分别设置。当信号频率处于相邻滤波器边

沿附近时，可能会在两个相邻通道同时发生检测输出，为此也可以式(2-34)构成测频估计输出：

$$\hat{\omega} = \begin{cases} \omega_{pi} & d_{i-1} = d_i = 1 \\ \dfrac{\omega_{pi} + \omega_{pi+1}}{2} & d_i = 1, d_{i-1} = d_{i+1} = 0, \\ \omega_{pi+1} & d_i = d_{i+1} = 1 \end{cases} \quad \forall i \in \mathbf{N}_{n+1}^* \quad (2-34)$$

根据(2-34)式，由 n 个毗邻滤波器可获得 $2n-1$ 个信道分划和测频输出。通常被测信号的瞬时谱宽远小于每个滤波器的带宽，在一般情况下，单个雷达信号脉冲的频谱最多占用两个相邻信道，适于采用式(2-34)的测频估计。

随着近年来雷达成像技术的发展，其脉冲信号的频谱宽度已经达到了吉赫量级，超过了单个滤波器的带宽。由于它主要采用线性调频信号，一个脉冲信号的滤波输出会按照时间顺序分布在若干个相邻的信道中。对此可以在各滤波信道测频输出结果的二次处理中，再进行相应的检测和识别。

2. 基带滤波测频

基带滤波测频就是先将被测信号变频到特定基带再测频。其技术中常用的部件为声表(SAW)滤波器组，一些声表滤波器组集成了放大器、电声换能器、滤波器、声电换能器和包络检波器，如图 2-14 所示。输入基带信号首先经过驱动放大、电声换能器，以声波形式传播，不同频率的声波经过不同的路径汇聚在相应的输出口，再经过声电换能器恢复成基带电信号，通过包络检波器输出脉冲信号包络。典型 SAW 器件的基带频率范围为240 MHz～640 MHz，每个滤波器的通带宽度为 10～20 MHz。

图 2-14　SAW 基带滤波器组的组成

由于单个 SAW 器件的带宽有限，所以基带测频技术是通过多次变频，逐渐使宽带输入信号变频到多个并行的基带，再进行滤波测频的技术。其主要形式有：纯信道化测频和频带折叠信道化测频两种基本形式。

1) 纯信道化测频

图 2-15 为纯信道化测频系统的简化方框图。输入信号先经第一波段分路器分成 n_1 路，其中每路信号经过各自的第一级变频、中放，成为具有相同的第一中频频率 f_{I1}、带宽 $\Delta f_{r1} = \dfrac{(f_2 - f_1)}{n_1}$ 的信号，再分别送给 n_1 个第二波段分路器；每个第二波段分路器将输入信号又分成 n_2 路，每路信号经过各自的第二级变频、中放，成为具有相同的中频频率 f_{I2}、带宽 $\Delta f_{r2} = \dfrac{\Delta f_{r1}}{n_2}$ 的信号；依此类推，直到成为与基带 SAW 滤波器组适配的信号，再由 $n_1 \times n_2$ 个基带 SAW 滤波器组形成 $n_1 \times n_2 \times n_3$ 个信道进行并行滤波、检测输出，其中 n_3 为每个 SAW 滤波器组的输出信道数，最终由信号处理机完成信号中心频率、带宽和频率调制参数的测量。

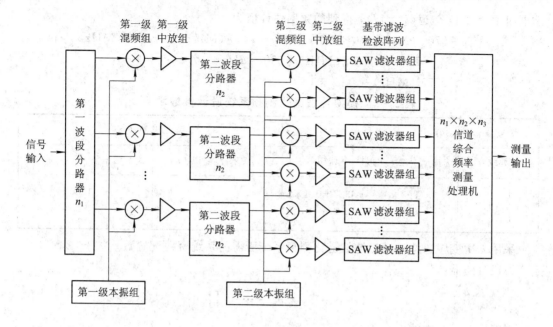

图 2-15　纯信道化测频系统简化方框图

　　为了有效抑制镜频干扰,在各级变频过程中,普遍采用高中频技术抑制镜频,因此每一次变频输出的中频频率均需要满足输入信号带宽的镜频抑制要求:

$$f_{rj} > \frac{\Delta f_{rj-1} + \Delta f_{rj}}{2}, \quad \Delta f_{rj} = \frac{\Delta f_{rj-1}}{n_j}, \quad \Delta f_{r0} = f_2 - f_1 = \Omega_{RF} \qquad j \in \mathbf{N}^* \quad (2-35)$$

按照超外差(本振频率高于信号频率)要求设计时,各级本振组信号频率为

$$\begin{cases} f_{Lj,\,i} = f_{ij-1} - \dfrac{\Delta f_{rj-1}}{2} + f_{ij} + \dfrac{\Delta f_{rj}}{2} + i \cdot \Delta f_{rj} & i \in \mathbf{N}^*,\, j \in \mathbf{N}^* \\[2mm] f_{i0} = \dfrac{f_1 + f_2}{2}, \quad \Delta f_{r0} = f_2 - f_1 \end{cases} \quad (2-36)$$

式中,$\mathbf{N}^* = \{1,\ 2,\ \cdots\}$。例如:假设 $\Omega_{RF} = 2 \text{ GHz} \sim 4 \text{ GHz}$,采用 $n_1 = 5$,$n_2 = 2$ 结构的模拟纯信道化测频技术,SAW 滤波器组的基带测频范围为 $250 \text{ MHz} \sim 450 \text{ MHz}$,$n_3 = 10 \text{ MHz}$,则各级变频器的参数设计如表 2-5 所示,该信道化测频系统可形成 $5 \times 2 \times 20 = 200$ 个并行检测和测量信道。在该例中,由于采用了两级超外差变频,变频后各级中频输出信号频率 f_{s1}、f_{s2} 与 SAW 检测信道 i_3 的关系为:$f_{s1} = f_{L1,\,i_1} - f_{RF}$,$f_{s2} = f_{L2,\,i_2} - f_{s1}$,$i_3 = \text{int}\left[\dfrac{f_{s2} - 250(\text{MHz})}{10(\text{MHz})}\right]$,由此可得到输入信号频率估计:

$$\hat{f}_{RF} = f_{L1,\,i_1} - f_{L2,\,i_2} + (i_3 + 0.5) \times 10 + 250$$
$$= f_{L1,\,0} + i_1 \cdot \Delta f_{r1} - f_{L2,\,0} - i_2 \cdot \Delta f_{r2} + (i_3 + 0.5) \times 10 + 250(\text{MHz}) \quad (2-37)$$

式中 i_1,i_2,i_3 分别为在第一级、第二级混频和 SAW 滤波器组中输出信道的编号(从 0 开始)。

　　上例中,假设输入信号频率为 2.372 GHz,则在第一级变频中,通过 0 信道($i_1 = 0$),与 3.7 GHz 本振的差频为 3.7 GHz - 2.372 GHz = 1.328 GHz;在第二级变频中,通过 0 信道($i_2 = 0$),与 1.75 GHz 本振的差频为 1.75 GHz - 1.328 GHz = 422 MHz;在 SAW 滤

波器组中通过 17 信道($i_3 = 17$)，得到的频率估计值为

$$\hat{f}_{RF} = 3700 \ (\text{MHz}) + 0 \times 400 \ (\text{MHz}) - 1750 \ (\text{MHz}) - 0 \times 200 \ (\text{MHz})$$
$$+ (17 + 0.5) \times 10 \ (\text{MHz}) + 250 \ (\text{MHz})$$
$$= 2375 \ (\text{MHz})$$

表 2 - 5　模拟纯信道化测频系统设计参数举例

第一级（GHz）					第二级（MHz）				
Δf_{r1}	要求 $f_{i1} \geqslant$	选择 f_{i1}	Δf_{r1} 通带	本振组 f_{L1, i_1}	Δf_{r2}	要求 $f_{i2} \geqslant$	f_{i2}	Δf_{r2} 通带	f_{L2, i_2}
0.4	1.2	1.5	[1.3, 1.7]	$3.7 + 0.4 \times i_1$ $i_1 = 0, \cdots, 4$	200	300	350	[250, 450]	$1750 + 0.2 \times i_2$ $i_2 = 0, 1$

采用 k 次变频滤波的模拟纯信道化测频系统所需的系统资源配置数量如下：

波段分路器：

$$1 + n_1 + n_1 \times n_2 + \cdots + \prod_{i=1}^{k-1} n_i$$

混频器/滤波/中放：

$$n_1 + n_1 \times n_2 + \cdots + \prod_{i=1}^{k} n_i \qquad (2-38)$$

各级不同频率的本振：

$$\sum_{i=1}^{k} n_i$$

SAW 滤波器组数量：

$$\prod_{i=1}^{k} n_i$$

频率分辨力和测频精度：

$$\begin{cases} \Delta f = \dfrac{f_2 - f_1}{\displaystyle\prod_{i=1}^{k+1} n_i} \\[2mm] \delta f = \dfrac{\Delta f}{2} \end{cases} \qquad (2-39)$$

利用各信道的检测输出，也可以启动对 t_{TOA}、τ_{PW}、A_P 等参数的测量，并对相邻、非相邻信道同时检测或顺序检测的输出作进一步的频率调制分析和识别处理。

2）频带折叠信道化测频

利用纯信道化测频同级变频后的输出具有相同中频带宽的特点，频带折叠信道化测频时将同一次变频放大后的中频输出分为两路：一路经过检波、门限检测，以便在频率编码时用来识别其经过的信道；另一路则送入本级中频合路器。合路后的中频信号经过滤波再送入下一次分路器，继续进行处理，如图 2-16 所示。

与纯信道化测频系统相比，频带折叠信道化测频系统虽然增加了若干合路器，各级不同频率的本振数量与纯信道化测频系统的相同，但大大减少了纯信道化测频系统的设备量，且变频次数越多，每次的分路数越多，减少的效果越明显，以至于最终折叠到一个 SAW 滤波器组。

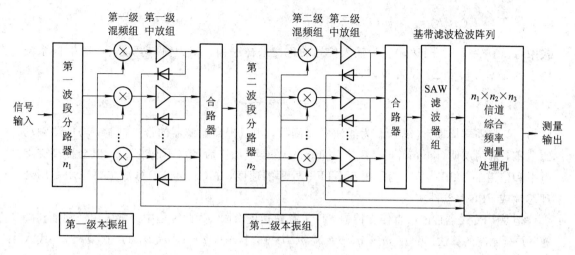

图 2-16　频带折叠信道化测频系统简化方框图

具有相同测频精度的 k 次变频频带折叠信道化测频系统资源配置数量如下：

$$\begin{cases} 分路器 / 合路器：k \\ 混频器 / 滤波 / 中放：\sum_{i=1}^{k} n_i \\ SAW 滤波器组数量：1 \end{cases} \tag{2-40}$$

频带折叠信道化测频的缺点是降低了对同时到达信号的分辨能力。当有不同频率的信号同时到达时，可能会在同一级变频的若干信道中产生输出，再合路到下一次进行分路变频或检测时也会在若干信道中产生输出。在进行频率编码处理时，多信道检测会引起组合模糊。对此，频带折叠信道化测频除了进行门限检测以外，还需要测量各信道信号的到达时间、脉宽或幅度，通过引入其它参数相关的方法进行信道配对，解组合模糊。此外，频带折叠信道化测频的合路器也合成了各信道的噪声，使它的测频灵敏度有所降低。

2.4.2　数字信道化测频技术

数字信道化测频是利用宽带数字接收机和数字信号处理技术测量和分析输入信号频率的技术。由于直接进行数字处理的射频带宽有限，数字信道化测频前都需要通过图 2-2 所示的模拟接收前端，将需要处理的射频信号变频到一定的基带 $[f_1, f_2]$，再经过模数转换（ADC）成为基带数字信号。为了扩展处理带宽，通常采用图 2-17 所示的零中频正交双通道处理技术。如果有门限检测信号支持，则数字信道化测频仅在包络时间内进行，否则必须全时进行。

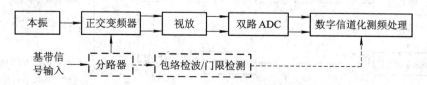

图 2-17　零中频正交双通道处理系统组成

基本的数字信道化测频主要采用加窗短时傅立叶变换（STFT）算法：

$$F(n, k) = \sum_{i=0}^{N-1} w(i)s(n+i)e^{-j\frac{2\pi ik}{N}} \qquad k = -\frac{N}{2}, \cdots 0, \cdots, \frac{N}{2} - 1 \qquad (2-41)$$

式中，$\{s(n) = I(n) + jQ(n)\}_n$ 为输入信号的正交采样序列；N 为窗口宽度，一般根据系统要求的频率分辨力 Δf 设置 N，即

$$N = \frac{1}{\Delta f \cdot T} \qquad (2-42)$$

式中，T 为采样周期。$\{w_i\}_{i=0}^{N-1}$ 为滤波器窗函数，用以提高滤波器的带外抑制，增加测频动态范围，常用汉明(hamming)、汉宁(hanning)窗等。加窗后虽然不改变 Δf，但会提高交点电平和信道的 3 dB 带宽。为了提高 STFT 处理的速度，式(2-41)的算法主要采用专用处理芯片或 FPGA 器件实现。

但是 FPGA 器件能够直接支持的 STFT 算法速度有限，为此工程中经常采用一种抽样降速、并行滤波的算法。设 $i = mj + q$，$p = N/m$，$j = 0, 1, \cdots, p-1$，$q = 0, 1, \cdots, m-1$，代入式(2-41)，可得

$$
\begin{cases}
F(n, k) = \sum_{q=0}^{m-1} \sum_{j=0}^{p-1} s(mj + q + n)w_{mj+q}W_N^{(mj+q)k} \\
\quad = \sum_{q=0}^{m-1} \sum_{j=0}^{p-1} s(mj + q + n)w_{mj+q}W_p^{jk}W_N^{qk} = \sum_{q=0}^{m-1} F(q, n, k)W_N^{qk} \\
F(q, n, k) = \sum_{j=0}^{p-1} s(mj + q + n)w_{mj+q}W_p^{jk} \\
F(n, k+lp) = \sum_{q=0}^{m-1} F(q, n, k)W_N^{q(k+lp)} \\
l = 0, 1, \cdots, m-1, \ k = 0, 1, \cdots, p-1
\end{cases} \qquad (2-43)
$$

该算法首先对输入信号进行 m 路抽取，然后对 m 路抽取信号做并行 p 点的 STFT 加窗滤波，再对 m 路并行滤波输出进行去混叠滤波。由式(2-43)得到的滤波器结构如图 2-18。例如，$N = 256$，$m = 4$，则 $p = 64$，第一组抽样取 0，4，$\cdots$，252 等数据，第二组抽样取 1，5，$\cdots$，253 等数据，第三组抽样取 2，6，$\cdots$，254 等数据，第四组抽样取 3，7，$\cdots$，255 等数据。抽样数据按照预定窗函数加权，然后分别通过各自 64 点 FFT(通常采用 FPGA 中的串行 FFT 运算核)形成 4 列有频谱混叠的滤波输出，再经过去混叠滤波后得到 4 列无混叠的滤波输出：$F(n, k)$，$F(n, k+64)$，$F(n, k+128)$，$F(n, k+192)$，$k = 0, \cdots, 63$。该算法

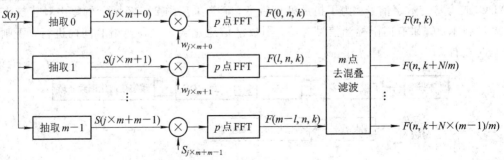

图 2-18　采用抽样降速/并行滤波的 STFT 滤波器结构

的主要优点是通过抽取降低了 STFT 运算处理的速度，便于 FPGA 实现。目前常用数字信道化测频的瞬时带宽约为 1 GHz，频率分辨力为 10 MHz，时间分辨力为 0.1 μs。

STFT 滤波后形成了 N 个信道的滤波输出，再对每个信道的输出信号功率进行门限检测，以判决此时该信道是否存在信号，并在判为有信号存在的情况下，估计信号频率：

$$d_k(n) = \begin{cases} 1 & |F(n,k)|^2 \geqslant V_k \\ 0 & |F(n,k)|^2 < V_k \end{cases}, \quad k = -\frac{N}{2}, \cdots, 0, \cdots \frac{N}{2}-1 \quad (2-44)$$

$$f_{\mathrm{RF}} = \frac{k}{TN} \quad -\frac{N}{2} < k < \frac{N}{2}, d_k(n)=1 \quad (2-45)$$

式中，V_k 为信道 k 的检测门限，可以根据装备进入阵地后，对所在环境中各个频段内外噪声的情况进行预先标定，也可以在对当前实际信号环境统计分析后实时标定。

STFT 的处理结果不仅用于测频，还用于形成 PDW。假设上一次处理时刻为 $n-p$，则

$$\begin{cases} t_{\mathrm{TOA}}(k) = nT, \ S_{\mathrm{P}}(k) = |F(n,k)|^2 & d_k(n-p)=0 \text{ 且 } d_k(n)=1 \\ S_{\mathrm{P}}(k) = S_{\mathrm{P}}(k) + |F(n,k)|^2 & d_k(n-p)=1 \text{ 且 } d_k(n)=1 \\ t_{\mathrm{E}}(k) = nT & d_k(n-p)=1 \text{ 且 } d_k(n)=0 \\ -\frac{N}{2} < k < \frac{N}{2} \end{cases} \quad (2-46)$$

它表明，对于任何一个信道，如果本次新发生检测，则计取其到达时间和能量初值；如果连续发生检测，则只做能量累计；如果本次发生结束，则计取其结束时间，形成 PDW 输出。这里一般不做脉宽和功率计算的原因主要是为了缩短计算处理的时间和节省逻辑电路的资源。各信道形成的 PDW 经过缓存进入信号处理机，进行多信道的综合处理。

1. 数字信道化的时间分辨力

图 2-19 为数字信道化滤波处理电路的组成。输入数据经过数据分配器提供给若干个 STFT 滤波器组，每个滤波器组之间的数据时间差为 pT，N 路滤波器的输出经过式 (2-44) 进行功率计算和当前门限检测，本次检测结果与检测结果寄存器提供的上次检测结果进行逻辑判决，输出检测信道标号 k，并按照式 (2-46)，将时间计数器提供的时间数据按时写入到达时间和结束时间锁存器；在写入结束时间后，再将 $(k, t_{\mathrm{TOA}}, t_{\mathrm{E}}, S_{\mathrm{P}})$ 写入 PDW 缓存。本次 STFT 结束后，将本次检测结果 $d_k(n)$ 送给检测结果寄存器。

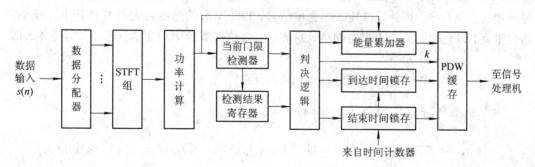

图 2-19　数字信道化滤波处理电路组成

每个滤波器组之间的数据时间差 pT 既表现出对采样数据的分段方式，也是数字信道化测频系统的时间分辨力。通常有以下三种情况：

1) $p > N$

只对部分数据进行数字信道化处理，通常发生在宽脉冲、大数据量、处理速度有限的场合，对于窄脉冲信号有可能发生信号漏失。

2) $p = N$

每个采样数据都只进行一次数字信道化测频处理，信号出现在两次分段之间时会发生检测灵敏度损失。

3) $p < N$

常用 $p = \dfrac{N}{2}$，每个采样数据都进行两次数字信道化测频处理。$p = 1$ 时，称为逐点数字信道化测频处理，具有最高的时间分辨力 T。

2. 多信道 PDW 的综合处理

数字信道化测频系统中的信号处理机主要进行多信道 PDW 的综合处理，包括相邻信道同时和顺序 PDW 的综合处理，非相邻信道同时和顺序 PDW 的综合处理等。

1) 相邻信道同时 PDW 的综合处理

同时 PDW 是指各信道 PDW 中的到达和结束时间近似相同。在一般情况下，发生相邻信道同时 PDW 的主要原因是信号频率位于两个滤波器交叠处或强信号造成多信道同时过检测门限。因此，将其归并为单信号，以最大能量所在信道估计中心频率、脉宽、到达时间和平均信号功率

$$\begin{cases} f_{RF} = \dfrac{k}{NT}, \ \tau_{PW} = t_E(k) - t_{TOA}(k), \ t_{TOA} = t_{TOA}(k), \ A_P = \dfrac{S_P(k)}{\tau_{PW}} \\ S_P(k) = \max_{k_1 \leqslant k \leqslant k_2} \{ S_P(k) \}, \ t_{TOA}(k) \approx t_{TOA}(k_1 \sim k_2), \ t_E(k) \approx t_E(k_1 \sim k_2) \end{cases}$$

$$(2-47)$$

式中，k_1，k_2 分别为相邻信道中的最低和最高信道标号。

2) 相邻信道顺序 PDW 的综合处理

顺序 PDW 是指各 PDW 中的到达和结束时间依次包容。在一般情况下，发生相邻信道顺序 PDW 的主要原因是宽带线性调频信号，其瞬时频率依次经过多个滤波器，造成多信道顺序过检测门限。因此，将其归并为单信号，以 k_1，k_2 信道的占据带宽估计中心频率和信号带宽，以它们的最大占据时间估计脉宽，以各信道能量平均和估计平均信号功率，即

$$\begin{cases} f_{RF} = \dfrac{k_1 + k_2}{2NT}, \ t_{TOA} = \min_{k_1 \leqslant k \leqslant k_2} \{ t_{TOA}(k) \} \\ \tau_{PW} = \max_{k_1 \leqslant k \leqslant k_2} \{ t_E(k) \} - t_{TOA}, \ A_P = \dfrac{1}{\tau_{PW}} \sum_{k=k_1}^{k_2} S_P(k) \\ t_{TOA}(k) \in (t_{TOA}(k \pm 1), t_E(k \pm 1)), \ t_E(k) \in (t_{TOA}(k \pm 1), t_E(k \pm 1)) \end{cases}$$

$$(2-48)$$

3) 非相邻信道同时 PDW 的综合处理

发生非相邻信道同时 PDW 的主要原因很可能是频率分集信号，并且每一个分集频率还可能占用若干相邻信道。因此，对此类 PDW 可以首先按照式(2-47)进行相邻信道的归

并，然后再对归并后的各 PDW 进行频率分集信号归并 $\{PDW_i\}_i$。

4）非相邻信道顺序 PDW 的综合处理

发生非相邻信道顺序 PDW 的主要原因很可能是频率编码信号，并且每一个分集频率还可能占用若干相邻信道。因此，对此类 PDW 可以首先按照式(2-47)进行相邻信道的归并，然后再对归并后的各 PDW 进行频率编码信号归并 $\{PDW_i\}_i$。

图 2-17 中数字信道化测频处理可以由门限检测器启动，只在检测有效的时间里启用上述处理，这有利于减小处理数据量。但由于门限检测发生在信道化滤波、检测之前，信号带宽大，会限制测频系统的灵敏度。如果不采用门限检测启动，则 ADC 和信道化滤波、检测必须全时运行，处理数据量大、速度快，但有利于提高测频系统的灵敏度，也是许多数字信道化测频处理的主要工作方式。

目前在雷达对抗常用的数字信道化测频系统中，STFT 算法较为简便、通用，一般都采用高速 FPGA 器件实现。

2.5　线性调频变换测频技术

线性调频(Chirp)变换测频的基本原理是：首先利用快速调频的本振将单频信号扩展成宽带、相对大时宽的线性调频脉冲信号，再利用与此线性调频信号相配的滤波器将大时宽的线性调频脉冲信号压缩成为窄脉冲信号，它相对于调频本振调谐起始时间的迟延正比于原信号频率，实现了频率—迟延时间的变换，通过测量迟延时间确定信号频率。利用 Chirp 变换原理实现测频的系统也称为压缩接收机测频系统。

2.5.1　线性调频变换原理

信号 $s(t)$ 的频谱 $F(\omega)$ 定义为

$$F(\omega) \overset{\text{def}}{=} \int_{-\infty}^{\infty} s(t) e^{-j\omega t}\, dt \tag{2-49}$$

若令 $F(\omega)$ 中的 $\omega = \mu\tau$，且 μ 为常数，τ 为时间，则信号 $s(t)$ 的 Chirp 变换可定义为

$$F(\mu\tau) \overset{\text{def}}{=} \int_{-\infty}^{\infty} s(t) e^{j\frac{\mu(t-\tau)^2 - \mu t^2 - \mu\tau^2}{2}}\, dt = e^{-j\frac{\mu}{2}\tau^2} \int_{-\infty}^{\infty} \left[s(t) e^{-j\frac{\mu t^2}{2}} \right] e^{j\frac{\mu(t-\tau)^2}{2}}\, dt \tag{2-50}$$

它表明信号的频谱可以通过一组线性调频分析得到：首先将输入信号乘以线性调频因子 $e^{-j\frac{\mu}{2}t^2}$（混频），再使其通过传输函数为 $e^{j\frac{\mu}{2}t^2}$ 的匹配滤波器（卷积，也称为压缩滤波器），最后与 $e^{-j\frac{\mu}{2}t^2}$ 相乘（混频），完成相位校正。如果我们只关心信号的振幅谱，则可以不作相位校正，只需要对卷积后的输出信号进行振幅检波，就可以得到信号 $s(t)$ 的振幅谱为

$$|F(\mu\tau)| = \left| \int_{-\infty}^{\infty} \left[s(t) e^{-j\frac{\mu t^2}{2}} \right] e^{j\frac{\mu(t-\tau)^2}{2}}\, dt \right| \tag{2-51}$$

上式的频谱分析是在无穷时域的 Chirp 变换，而工程中实用的 Chirp 变换是在有限时域 $2T_c$ 内进行的，T_c 称为压缩滤波器的时宽，且变换的频谱范围受到压缩滤波器带宽 Δf_c 的限制，因此，实际的 Chirp 变换振幅谱分析也是一种时频谱分析

$$|F(t, \mu\tau)| = \left| \int_{-T_c}^{T_c} \left[s(t+s) e^{-j\frac{\mu s^2}{2}} \right] e^{j\frac{\mu(t-s)^2}{2}}\, ds \right| \tag{2-52}$$

其中，$\mu = 2\pi \dfrac{\Delta f_c}{T_c}$，它表现了信号 $s(t)$ 在 $[t - T_c, \; t + T_c]$ 时间段、带宽仅为 Δf_c 内的有限频谱特性。假设 $t = 0$，对于该时间、频段内频率为 f 的信号 $s(t)$，经式(2-52)处理后的窄脉冲峰值迟延时间 τ 为

$$\tau = \frac{(f - f_1)T_c}{\Delta f_c} \qquad f_1 \leqslant f \leqslant f_1 + \Delta f_c \qquad (2-53)$$

式中，f_1 是压缩滤波器工作的最低信号频率，也是输入被测信号的最低频率。

2.5.2 压缩接收机测频系统的基本组成

压缩接收机测频系统的基本组成如图 2-20 所示。

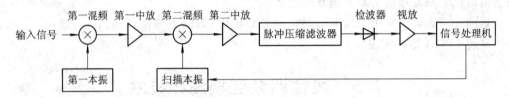

图 2-20 压缩接收机测频系统的基本组成

图中，压缩滤波器的通带是 $[f_1, \; f_1 + \Delta f_c]$，输入信号经过第一次变频、中放和滤波后的输出频率范围限定为 $f_s \in [f_i, \; f_i + \Delta f_c]$，$t = -T_c$ 时线性调频本振开始扫频，输出本振频率 $f_L(t)$ 为

$$f_L(t) = f_i + f_1 + \Delta f_c + \frac{\Delta f_c}{T_c}t \qquad |t| \leqslant T_c \qquad (2-54)$$

采用超外差混频后的输出信号频率为

$$f_L(t) - f_s = f_i + f_1 + \Delta f_c - f_s + \frac{\Delta f_c}{T_c}t \qquad |t| \leqslant T_c, \; f_s \in [f_i, \; f_i + \Delta f_c]$$

$$(2-55)$$

第二中放的通带与压缩滤波器通带一致。如果输入信号为固定频率的连续波，则第二中放输出信号是脉宽为 T_c、调频斜率为 $\dfrac{\mu}{2\pi}\dfrac{\Delta f_c}{T_c}$、初始迟延时间为 Δt 的线性调频脉冲，其中，

$$\Delta t = (f_s - f_i)\frac{T_c}{\Delta f_c} - T_c \qquad f_i \leqslant f_s \leqslant f_i + \Delta f_c \qquad (2-56)$$

该宽脉冲经过压缩滤波器，在其后沿时刻(具有固定迟延 T_c)形成宽度为 t_c 的窄脉冲，

$$t_c = \frac{1}{\Delta f_c} \qquad (2-57)$$

因此相对于当前时刻 $t = 0$ 的频率 f_s 迟延 τ 为

$$\tau = \Delta t + T_c = (f_s - f_i)\frac{T_c}{\Delta f_c} \qquad f_i \leqslant f_s \leqslant f_i + \Delta f_c \qquad (2-58)$$

根据测得的时间迟延 τ，也可以估计信号频率

$$f_s = \tau \frac{\Delta f_c}{T_c} + f_i \qquad 0 \leqslant \tau \leqslant T_c \qquad (2-59)$$

图 2-21 分别给出了 $f_s = f_i$ 和 $f_s = f_i + \Delta f_c$ 时的主要信号波形关系。压缩滤波器输出

的窄脉冲信号经过检波、视放后送给信号处理机，在 $[-T_c, T_c]$ 时间里以采样周期 T 对包络信号高速采样，从而获得该时间段内的信号振幅谱

$$\{|F(t, n)|\}_{n=-N}^{N}, \quad N = \text{int}\left(\frac{T_c}{T}\right) \tag{2-60}$$

信号振幅谱经过门限检测、综合测量，可以得到信号中心频率、带宽等估计，也可以 $2T_c$ 为时间单位，通过连续的测频、频谱分析，估计信号的到达时间和脉宽等。根据脉冲压缩原理，该测频系统的频率分辨力为

$$\Delta f = \frac{1}{T_c} \tag{2-61}$$

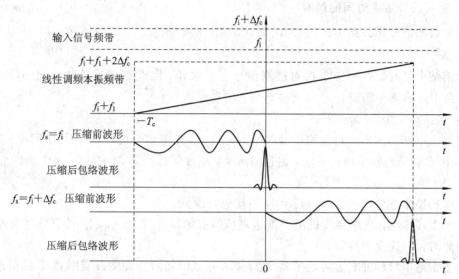

图 2-21　压缩接收机的主要信号波形关系

2.5.3　压缩接收机的测频误差

根据式(2-59)，对于标定的参数 f_i，Δf_c，T_c，压缩接收机的测频误差来源于对 τ 的测量误差，并与压缩滤波器带宽与时宽的比值成正比，即

$$\delta f_s = \frac{\Delta f_c}{T_c} \delta \tau \tag{2-62}$$

造成测时误差的主要原因有以下三点。

1. 对输出包络最大值的检测偏差

根据匹配滤波器脉冲压缩原理，包络时宽近似为 $1/\Delta f_c$，由于数字检测时的包络采样周期为 T，这就存在 $\delta \tau_{max} = \pm T$ 的测时误差。为了有效捕获包络的最大值，应要求：

$$T < \frac{1}{(3 \sim 5)\Delta f_c}, \quad \delta f_{max} < \frac{1}{(3 \sim 5)T_c} \tag{2-63}$$

2. 输入信号到达时间的影响

上述分析是以连续波信号为基础的，如果输入信号的出现时间滞后于扫描本振的初始时间 $\Delta \tau_s$，则会发生以下三种情况：

1) $\Delta\tau_s \leqslant \Delta t$

滞后时间没有影响扫描本振对被测信号完整取样,实际取样时间 $T_c' = T_c$,因此将同连续波情况一样,完全不影响测频输出。

2) $0 \leqslant \Delta\tau_s - \Delta t < T_c$

滞后时间使扫描本振对被测信号取样不完整,压缩前信号的实际取样时间 $T_c' = T_c + \Delta t - \Delta\tau_s$,压缩后信号峰值位置不变,但包络展宽,幅度降低。

3) $\Delta\tau_s \geqslant T_c + \Delta t$

本次扫描未发生测频取样,$T_c' = 0$,不能进行测频。

3. 输入信号结束时间的影响

假设被测信号比扫描本振提前 $\Delta\tau_e$ 时间结束,则会发生以下三种情况:

1) $\Delta\tau_e \leqslant T_c - \Delta t$

提前结束没有影响扫描本振对被测信号完整取样,因此将同连续波情况一样,$T_c' = T_c$,完全不影响测频输出。

2) $0 \leqslant 2T_c - \Delta\tau_e - \Delta t < T_c$

提前结束使扫描本振对被测信号取样不完整,压缩前信号的取样宽度为 $T_c' = 2T_c - \Delta t - \Delta\tau_e$,压缩后信号峰值位置不变,但包络展宽,幅度降低。

3) $\Delta\tau_e \geqslant 2T_c - \Delta t$

本次扫描未发生测频取样,$T_c' = 0$,不能进行测频。

由于上述影响,压缩接收机用于雷达对抗时必须减小 $T_c \approx \tau_{pw\,min}$,使其能够对窄脉冲信号测频时做到完全取样。

由于雷达信号脉冲宽度可能窄到 $0.2 \sim 0.4\ \mu s$,因而对压缩滤波器时宽 T_c 的要求会过于苛刻。因此,压缩接收机主要用于对通信、连续波雷达等信号的测频,而较少用于对脉冲雷达信号的测频。

2.6　声光变换测频技术

声光变换测频首先是将被测信号变频到特定的基带频率范围,再通过电声换能器转换成超声波,利用定向超声波的频率引起激光在传输介质中发生相应的干涉效应,形成部分激光能量的偏转调制,通过测量激光偏转的角度确定基带信号的频率。

2.6.1　基本工作原理

1. 声光调制器

声光调制器是声波与激光发生干涉效应,引起激光发生偏转调制的关键器件,图 2-22 为体波声光调制器的示意图。图中电声换能器的声口径为 W,末端敷以吸声材料,保证声通道工作在行波传输状态。激光束以场强 $E_m e^{-j\omega_0 t}$ 均匀照射在 $x-y$ 平面上,其光口径为 D。

当被测信号 $s(t) = A\cos(\omega_s t + \phi_i)$ 加入换能器时,便在介质材料中激励起超声波,引起介质材料对入射激光的折射率发生周期性变动,形成干涉光栅,实现声波对光束的调

相，产生调相衍射光。其中 ϕ_i 为被测信号的初相位。光波的相位调制函数为

$$\phi(x) = \omega_0 W \left[\eta_0 + \eta_m \cos\left(\omega_s \frac{x}{v_s} + \phi_i \right) \right] \tag{2-64}$$

式中，η_0、η_m、ω_0、v_s 分别为折射率的平均值、峰值、光波角频率和声波在介质中的传播速度。若调整入射光与 z 轴的夹角 θ_i，则可使衍射光最强。此时的 θ_i 称为布喇格角，它同衍射光与 z 轴的夹角 θ_d 有如下关系：

$$\theta_i + \theta_d = 2 \arcsin \frac{\omega_s}{2\omega_0 v_s} \tag{2-65a}$$

由于激光频率远大于被测信号频率，上式可以近似为

$$\theta_i + \theta_d \approx \frac{\omega_s}{\omega_0 v_s} \tag{2-65b}$$

可见，对于给定的 θ_i、ω_0、v_s，衍射光的偏转角与被测信号的频率成正比。若再用透镜汇聚衍射光，将不同偏转角的衍射光汇聚后呈现在相应的光电检测器阵列上，实现空间傅立叶变换，便完成了频率测量和频谱分析的任务。因此声光调制器也称为声光偏转器或布喇格器件。

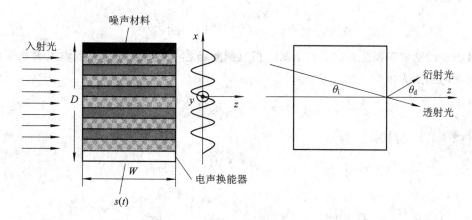

图 2-22　体声波光调制器示意图

　　在输入信号功率一定的条件下，调制器的衍射效率与带宽乘积为一常数。要扩展调制器的带宽，势必减小声口径，导致衍射效率降低，这时就要用提高输入信号功率的方法来弥补。但过高的声功率密度会招致不良的非线性影响，甚至损坏换能器。此外，声口径越小，声辐射导纳越低，会使匹配网络复杂化。如果既要求宽频带，又要求高的衍射效率，则必须采用复杂的换能器结构，目前典型的单路声光调制器工作带宽为 200～400 MHz。

2. 空间傅立叶变换原理

　　傅立叶光学指出，FT 透镜输出焦面 (ξ, η) 上的光幅分布与输入焦面 (x, y) 上的空间调制函数 $f(x, y)$ 亦存在傅立叶变换关系：

$$E(\xi, \eta) = K_1 \iint_D f(x, y) \exp\left[-j \frac{2\pi}{\lambda_0} \left(\frac{\xi}{R} x + \frac{\eta}{R} y \right) \right] dx dy \tag{2-66}$$

如图 2-23 所示，R 为透镜中心到输出焦平面上点的距离，λ_0 为光波长。光以场强 $E_m e^{-j\omega_0 t}$ 均匀照射在 x-y 平面上，其光口径为 D。

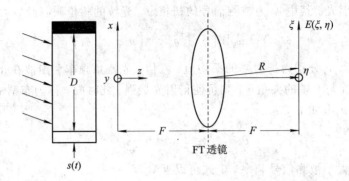

图 2-23　空间傅立叶变换示意图

设 F 为透镜焦距。对于小衍射角，$R \approx F$，令 $\omega_x = \dfrac{2\pi}{\lambda_0 F}\xi$，$\omega_y = \dfrac{2\pi}{\lambda_0 F}\eta$ 为空间频率，则

$$E(\omega_x, \omega_y) = K_1 \iint\limits_D f(x, y)\exp[-\mathrm{j}(\omega_x x + \omega_y y)]\mathrm{d}x\mathrm{d}y \tag{2-67}$$

对于一维情况：

$$E(\omega_x) = K_2 \int_{-\frac{D}{2}}^{\frac{D}{2}} f(x)\exp(-\mathrm{j}\omega_x x)\mathrm{d}x \tag{2-68}$$

当信号 $s(t)$ 激励电声换能器时，如果忽略相位调制函数中的偏置量 ϕ_0，则输入聚焦平面上的空间调制函数为

$$f(x) \approx 1 + \mathrm{j}\phi_\mathrm{m}\cos\left(\frac{\omega_\mathrm{s}x}{v_\mathrm{s}}\right) \tag{2-69}$$

代入式(2-67)，得到：

$$
\begin{aligned}
E(\omega_x) &= K_2 \int_{-\frac{D}{2}}^{\frac{D}{2}}\left[1 + \mathrm{j}\phi_\mathrm{m}\cos\left(\frac{\omega_\mathrm{s}x}{v_\mathrm{s}}\right)\right]\exp\{-\mathrm{j}\omega_x x\}\mathrm{d}x \\
&= \frac{D}{2}\frac{\sin\omega_x}{\omega_x} + \mathrm{j}\frac{D\phi_\mathrm{m}}{4}\frac{\sin\left(\omega_x + \dfrac{\omega_\mathrm{s}}{v_\mathrm{s}}\right)}{\omega_x + \dfrac{\omega_\mathrm{s}}{v_\mathrm{s}}} + \mathrm{j}\frac{D\phi_\mathrm{m}}{4}\frac{\sin\left(\omega_x - \dfrac{\omega_\mathrm{s}}{v_\mathrm{s}}\right)}{\omega_x - \dfrac{\omega_\mathrm{s}}{v_\mathrm{s}}} \\
&= A_0 + A_{+1} + A_{-1} \tag{2-70}
\end{aligned}
$$

式中，$A_0 = \dfrac{D}{2}\dfrac{\sin\omega_x}{\omega_x}$，为零阶光（未调光）分量；$A_{\pm 1} = \mathrm{j}\dfrac{D\phi_m}{4}\dfrac{\sin\left(\omega_x \pm \dfrac{\omega_s}{v_s}\right)}{\omega_x \pm \dfrac{\omega_s}{v_s}}$，为一阶光（受调

光）分量，绘制于图 2-24 上，成为空间频谱在 ω_x 轴上的光幅分布。设声光调制器的时宽为 $T = D/v_\mathrm{s}$，则汇聚光束在 ξ 轴上的相对位移 $|\xi_{\pm 1}|$ 与被测信号频率 f_s 成正比：

$$|\xi_{\pm 1}| = \frac{F\lambda_0 T}{D}f_\mathrm{s} \tag{2-71}$$

若将光电检测器阵列布放在 ξ 轴上，就可以检测输入信号频率。实际输出中，除一阶光带以外，还有高阶光带，其位移为

$$|\xi_{\pm n}| = \pm n\frac{F\lambda_0 T}{D}f_\mathrm{s} \tag{2-72}$$

为了避免高阶光带空间位移引起的检测模糊,测频范围只能小于一个倍频程。

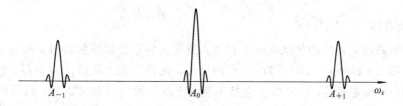

图 2 - 24　空间频率上的光幅分布

2.6.2　声光变换测频系统的组成

根据声光变换测频的原理,声光变换测频系统的组成如图 2 - 25 所示,即该系统由射频接收前端、光学系统和信号处理三部分组成。输入信号经过低噪声放大(LNA)、混频、中放和驱动,输出与声光调制器工作频带和功率范围一致的中频信号,送给声光调制器。

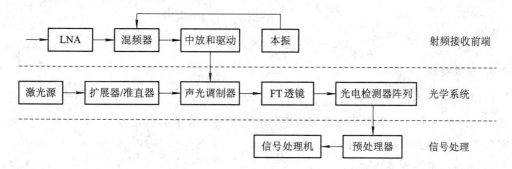

图 2 - 25　声光变换测频系统的组成

激光器输出的光束经过扩展器和准直器成为口径 D 的平行光,以 θ_i 角进入声光调制器。FT 透镜将声光调制器输出的一阶衍射光汇聚到光电检测器阵列上,每一路检测器相当于一个频域滤波信道,检测阵列形成毗邻滤波器组,覆盖声光调制器的测频范围,产生并行输出。

预处理器对每一路检测器的输出进行放大和门限检测,输出该信道信号的频率、到达时间、脉冲宽度和脉冲幅度,交付信号处理机进行相邻信道的归并检测和辐射源检测处理。该过程类似于信道化测频的信号处理,不再赘述。

2.6.3　测频误差、输出波形和主要特点

1. 测频误差

根据声光变换测频的原理,声光变换测频系统的频率分辨力 Δf 取决于输入信号脉宽 τ 和声光调制器时宽 T,即

$$\Delta f = \max\left\{\frac{1}{\tau}, \frac{1}{T}\right\} \tag{2-73}$$

如果 $\tau \geqslant T$,则表示相位光栅充满整个调制器,经过透镜的汇聚光斑直径最小,分辨力最高;反之,则光栅不完全,光斑直径变大,分辨力降低。因此一般以 Δf 的一半作为测频误差的度量值,即

$$\delta f = \frac{\Delta f}{2} \tag{2-74}$$

2. 输出波形

由于声波在调制器中的传播有一个过程，当输入为矩形射频脉冲时，检测器输出的信号波形将如图 2-26 所示。图(a)为 $\tau \geqslant T$ 的情况，随着声波逐渐进入调制器，检测信号幅度线性增加；光栅充满后，信号幅度保持不变；声波逐渐离开调制器后，信号幅度线性减小。图(b)为 $\tau < T$ 的情况，原理与图(a)类似。可见声光变换测频的输出信号脉宽会有较大的失真。

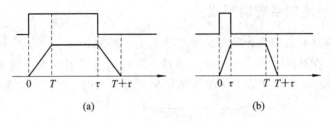

图 2-26 光电检测器输出信号波形

3. 主要特点

1）灵敏度较高

因为射频前端仍为窄带超外差接收机，声光变换等效于信道化测频，每个检测信道的带宽仅为 Δf，因此可以具有很高的灵敏度。

2）同时信号处理能力强

在限定的激励功率下，声光调制器对输入信号为线性器件，信号间不发生相互作用，仅按照其频谱分离到不同的检测器，因此适用于同时信号并行处理。

3）线性动态范围较小

声光变换测频系统的上限功率主要受限于调制器激励的线性工作区，下限功率主要受限于背景光，一般只有 30 dB～40 dB。

4）光学集成要求高

声光变换测频的光学系统有立体光学系统和集成光学系统两种，前者主要采用分立、精确、稳固安装的立体元件，体积和重量较大；集成光学系统采用平面元件，光束受内部全反射制约，使它在薄波导中传播。激光源的光束耦合进入光波导，经平面元件处理后再通过光波导送达光电检测器阵列。全部集成的光学系统还具有较大的难度。

2.7 对雷达信号的时频分析技术

对雷达信号的时频分析是为了进一步细致地研究和掌握雷达信号的时频调制特征，以便于分析和判断雷达的功能和性能，分选和识别雷达辐射源，甚至识别雷达个体。由于这些特征与雷达的技术能力、技术水平、发展使用，甚至是军队的部署和调动等都具有非常密切的关系，因此近年来受到了越来越多的重视。

　　时频分析技术主要采用图 2-2 所示的数字接收机完成。由于采用宽带测频系统的引导，信号分析接收机的带宽通常只需要覆盖单部雷达信号的瞬时带宽，一般在 20 MHz 以内，但某些调频测距雷达和成像雷达的信号带宽可能达到数百兆赫、甚至千兆赫。为了提高无模糊分析处理的信号带宽，在宽带数字接收机中普遍采用零中频正交双通道分析处理技术。在宽带信号检测能够满足系统检测灵敏度要求的情况下，由图 2-2 中的包络检波、对数视放和门限检测信号启动 ADC，正交模拟信号经过双路 ADC 进入数据缓存区，供 DSP 进行分析处理。通常分析处理的时间较长，当缓存区已经存满，而处理尚未结束时，系统会暂停 ADC 采样，直到处理完当前缓存区的数据，才重新启动对下一时间段信号的 ADC 采样、缓存和信号分析处理。

　　对雷达信号的时频分析技术主要分为对单个射频脉冲信号脉内时频调制信息的分析技术和对脉组信号时频调制信息的分析技术等。

2.7.1　单个射频脉冲信号脉内时频调制信息的分析

　　单个射频脉冲信号脉内调制信息主要包括脉冲频谱信息、脉内时频谱信息、脉内瞬时相位、瞬时频率信息等。

1. 脉冲频谱分析

　　对于离散信号，式(2-5)的频谱定义可以采用式(2-75)或式(2-76)的 DFT 算法：

$$G(\omega) = \sum_{n=0}^{N-1} s(n) e^{-j\omega n} \qquad 0 \leqslant \omega < 2\pi \tag{2-75}$$

$$G(k) = \sum_{n=0}^{N-1} s(n) e^{-j\frac{2\pi}{M}kn} \qquad M = 2^m \geqslant N, \ k \in \mathbf{N}_M \tag{2-76}$$

式中，N 为单个脉冲采样的数据长度。式(2-75)是将式(2-74)中的 ω 取值在离散频率集合 $\left\{\frac{2\pi k}{M}\right\}_{k=0}^{M-1}$ 上，它的频率分辨力为 $2\pi/M$。当 M 为 2 的整次幂时，式(2-75)成为 FFT 算法，适合于快速计算。

　　式(2-75)和(2-76)也可以分别采用式(2-77)和(2-78)的并行迭代计算：

$$\begin{cases} G(\omega_i) = G_{N-1}(\omega_i) e^{-j\omega_i N} \\ G_j(\omega_i) = \left[G_{j-1}(\omega_i) + s(j)\right] e^{j\omega_i}, \ G_0(\omega_i) = s(0) e^{j\omega_i} \\ j \in \mathbf{N}_N^*, \qquad i \in \mathbf{N}_M \end{cases} \tag{2-77}$$

$$\begin{cases} G(k) = G_{N-1}(k) e^{-j\frac{2\pi}{M}kN} \\ G_j(k) = \left[G_{j-1}(k) + s(j)\right] e^{j\frac{2\pi}{M}k}, \ G_0(k) = s(0) e^{j\frac{2\pi}{M}k} \\ j \in \mathbf{N}_N^*, \qquad k \in \mathbf{N}_M \end{cases} \tag{2-78}$$

　　该算法适合于采用图 2-27 的数字逻辑电路实现，实时采样数据 $s(j)$ 同时激励 N 个滤波器，在全部数据输入结束后并行输出频谱分析的结果，从而可以实现实时频谱分析。

　　对 $\{G(\omega_i)\}_{i=0}^{N-1}$，$\{G(k)\}_{k=0}^{N-1}$ 的进一步处理主要包括：

1) 最大值检测($G_{\max}$，$\omega_{i'}$)

$$\begin{cases} G_{\max} = \left|G(\omega_{i'})\right|^2 = \max_{0 \leqslant i \leqslant N-1} \left\{\left|G(\omega_i)\right|^2\right\} \\ G_{\max} = \left|G(k')\right|^2 = \max_{0 \leqslant k \leqslant N-1} \left\{\left|G(k)\right|^2\right\} \end{cases} \tag{2-79}$$

由此得到该脉冲频谱的最大值 G_{max} 和最大值频率 ω_i 或最大值数字频率 k'。

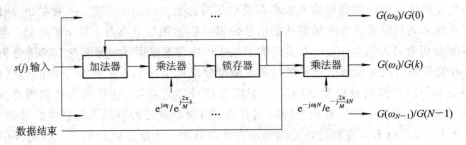

图 2-27 采用数字逻辑电路实现的脉冲频谱分析计算

2）等效带宽 ω_e

$$\begin{cases} \omega_e = \dfrac{\sum\limits_{i=0}^{N-1}\left|G(\omega_i)\right|^2}{G_{max}} \\[4mm] \omega_e = \dfrac{\sum\limits_{k=0}^{N-1}\left|G(k)\right|^2}{G_{max}} \end{cases} \tag{2-80}$$

3）归一化功率谱密度 $p(\omega_i)$ 和 $p(k)$

$$\begin{cases} p(\omega_i) = \dfrac{\left|G(\omega_i)\right|^2}{\sum\limits_{i=0}^{N-1}\left|G(\omega_i)\right|^2} \\[4mm] p(k) = \dfrac{\left|G(k)\right|^2}{\sum\limits_{k=0}^{N-1}\left|G(k)\right|^2} \end{cases} \tag{2-81}$$

4）均值 $\bar{\omega}$ 和方差 σ_ω^2

$$\begin{cases} \bar{\omega} = \sum\limits_{i=0}^{N-1}\omega_i p(\omega_i), \quad \bar{\omega} = \sum\limits_{i=0}^{N-1}k p(k) \\[4mm] \sigma_\omega^2 = \sum\limits_{i=0}^{N-1}(\omega_i-\bar{\omega})^2 p(\omega_i), \quad \sigma_\omega^2 = \sum\limits_{i=0}^{N-1}(k-\bar{\omega})^2 p(k) \end{cases} \tag{2-82}$$

可见，对于 $\{G(\omega_i)\}_{i=0}^{N-1}$，$\{G(k)\}_{k=0}^{N-1}$ 的进一步处理可以获得更多、更加细致的信息。由于它们都是建立在信号频谱分析的基础上，因此对于同类辐射源的同类信号具有较好的稳健性。

2. 脉内时频谱分析

脉内时频谱分析的目的是进一步获取脉冲信号内部的时频调制特征。由于受到处理时间的限制，目前主要采用式(2-83)的 STFT 算法和式(2-83)的 WVD 算法：

$$\begin{cases} G(m,k) = \sum\limits_{i=0}^{n-1}s(m+i)w_i e^{-j\frac{2\pi}{n}ki} \\ n < N, m \in \mathbf{N}_N, k \in \mathbf{N}_n \end{cases} \tag{2-83}$$

$$\begin{cases} W(m,\,k)=\displaystyle\sum_{i=0}^{N-1}s(m+i)s^{*}(m+i+k)\mathrm{e}^{-\mathrm{j}\frac{2\pi}{N}ki} \\ m\in\mathbf{N}_{N},\,k\in\mathbf{N}_{n} \end{cases} \qquad (2-84)$$

由于扩展了时间维，它的计算量远大于脉冲的频谱分析，主要依靠 DSP 等进行处理，仍然使用两者的振幅谱或功率谱。

脉内时频分析的优点是能够反映信号频率在脉内随时间的变化，以单载频、线性调频、相位编码脉冲信号为例，它们的三种功率谱分别如图 2-28(a)、(b)、(c) 所示。需要特别说明的是，STFT 为线性计算，能够适用于同时多信号的场合，而 WVD 为非线性计算，在同时多信号环境下会形成严重的交调项。

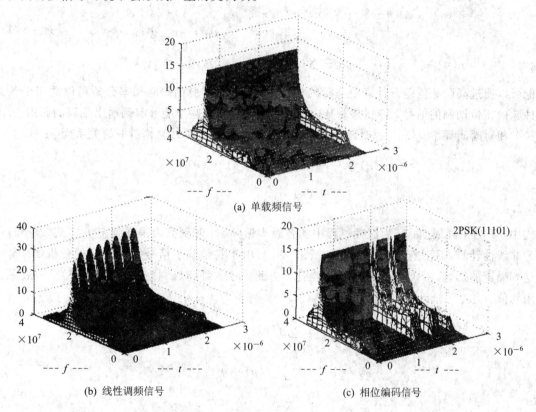

(a) 单载频信号

(b) 线性调频信号

(c) 相位编码信号

图 2-28　三种典型信号的时频谱

3. 脉内瞬时相位和瞬时频率分析

对于输入的正交采样序列 $\{s(n)=I(n)+\mathrm{j}Q(n)\}_{n}$，脉内瞬时相位的计算式为

$$\phi(n)=\arctan\frac{Q(n)}{I(n)}+\begin{cases} 0 & I(n)\geqslant 0 \\ \pi & I(n)<0;\ Q(n)\geqslant 0,\ n\in\mathbf{N}_{N} \\ -\pi & I(n)<0;\ Q(n)\leqslant 0 \end{cases} \qquad (2-85)$$

通过式 (2-85) 的变换，得到在区间 $[-\pi,\pi]$ 分布的有模糊瞬时相位序列 $\{\phi(n)\}_{n}$。显然，该相位误差中包含了接收系统中 $\{I(n),Q(n)\}_{n}$ 的相位不平衡误差，噪声引起的误差和量化误差等。

根据式 (2-1) 瞬时频率的定义，可以采用相位差分算法。对 $\{\phi(n)\}_{n}$ 求一阶相位差分

$\{\phi'(n)\}_n$，可以估计信号的瞬时频率 $\{f(n)\}_n$：

$$\begin{cases} \phi'(n) = \phi(n+1) - \phi(n) + \begin{cases} 0 & |\phi(n+1) - \phi(n)| \leqslant \pi \\ 2\pi & |\phi(n+1) - \phi(n)| < -\pi \\ -2\pi & |\phi(n+1) - \phi(n)| > \pi \end{cases} \\ f(n) = \dfrac{\phi'(n)}{2\pi T}, \qquad n \in \mathbf{N}_{N-1} \end{cases} \qquad (2-86)$$

式中 T 为采样时钟周期。通过二阶相位差分 $\{\phi''(n)\}_n$ 可以估计瞬时线性调频斜率 $\{\mu(n)\}_n$：

$$\begin{cases} \phi''(n) = \phi'(n+1) - \phi'(n) + \begin{cases} 0 & |\phi'(n+1) - \phi'(n)| \leqslant \pi \\ 2\pi & |\phi'(n+1) - \phi'(n)| < -\pi \\ -2\pi & |\phi'(n+1) - \phi'(n)| > \pi \end{cases} \\ \mu(n) = \dfrac{\phi''(n)}{T}, \qquad n \in \mathbf{N}_{N-2} \end{cases} \qquad (2-87)$$

也可以通过高阶相位差分计算更高阶的相对相位变化率。脉内瞬时频率分析可以适用于各种脉内相位调制的信号，特别是对脉内相位编码的信号，甚至能够解调输出编码的码组。

相对瞬时频率 $f(n)$、瞬时调频斜率与真实瞬时频率、瞬时调频斜率的关系为

$$\begin{cases} f(n) = \dfrac{f_L \pm f'(n)}{T} = f_L \pm f'(n) \cdot f_{ck} \\ k_{FM}(n) = \dfrac{f'(n) \cdot f_{ck}}{T} \end{cases} \qquad (2-88)$$

式中，T 为采样周期；f_L 为混频过程中的各级本振频率，其倒数为采样频率 f_{ck}。式(2-85)为非线性计算，不适于同时多信号的情形，并且由于它是基于信号瞬时波形的分析，容易受到噪声的影响，一般需要较高的信噪比。为此，对序列 $\{f(n)\}_{n=0}^{N-2}$，$\{k_{FM}(n)\}_{n=0}^{N-3}$ 一般采用均值、方差等统计判决处理。

$$\begin{cases} \bar{f} = \dfrac{1}{N-1} \sum_{n=0}^{N-2} f(n) \\ \sigma_f^2 = \dfrac{1}{N-1} \sum_{n=0}^{N-2} [f(n) - \bar{f}]^2 \\ \bar{k}_{FM} = \dfrac{1}{N-2} \sum_{n=0}^{N-3} k_{FM}(n) \\ \sigma_{k_{FM}}^2 = \dfrac{1}{N-2} \sum_{n=0}^{N-3} [k_{FM}(n) - \bar{k}_{FM}]^2 \end{cases} \qquad (2-89)$$

几种典型相位调制信号的判别依据如表 2-6 所示。

表 2-6　几种典型相位调制信号的判别

判别内容	单载频	线性调频	非线性调频	相位编码
$\dfrac{\bar{f}}{\sigma_f}$	很大	较小	较小	较大
$\dfrac{k_{FM}}{\sigma_{k_{FM}}}$	较小	较大	较小	较大

2.7.2 脉组信号时频调制信息的分析

雷达信号在脉间的时频调制主要分为频率捷变和非捷变调制两类。由于频率捷变信号在脉间的相位已经不连续(去相关),因此对它的脉间时频调制分析相当于是对各个脉冲信号的时频调制分析,而在现代雷达中,相参脉冲串之间的射频信号相位是连续、稳定的,因此对这类信号的长时间频谱分析具有重要的意义。

对于长时间信号的频谱分析主要采用 FFT 算法:

$$G(k) = \sum_{n=0}^{M-1} s(n) e^{-j\frac{2\pi}{M}kn} \qquad k = 0, \cdots, M-1 \qquad (2-90a)$$

其中,MT 为连续分析的时间,其倒数对应于系统要求的频率分辨能力。它与式(2-75)的主要差异是:分析数据长度增加到 M,没有信号存在时的数据 $s(n)$ 全部补零。假设在 MT 时间内共发生了 m 次检测,第 i 次采样数据的起始和结束时间分别为 n_{si}、n_{ei},则式(2-90a)也可表示为

$$G(k) = \sum_{i=1}^{m} \sum_{n=n_{si}}^{n_{ei}} s(n) e^{-j\frac{2\pi}{M}kn} \qquad k = 0, \cdots, M-1 \qquad (2-90b)$$

长时间频谱分析的精度对雷达侦察系统自身的频率稳定度也应具有很高的要求,并会受到雷达与侦察平台之间的距离运动、雷达天线波束形状和扫描特性的影响。由于该频谱中具有丰富的信号频谱细节和良好的稳健性,已经成为辐射源分选识别、个体识别的重要特征。高速 FPGA 和 DSP 技术的发展为其工程实现奠定了良好的基础,因此对长时间射频脉冲串信号频谱的分析已经越来越多地出现在雷达对抗系统中,其频率分辨力逐渐从数百千赫兹发展到了赫兹,甚至亚赫兹。

习 题 二

1. 已知雷达天线转速 $n_a = 12$ r/min,天线波束宽度 $\theta_a = 5°$,脉冲重复频率为 2000 Hz,脉冲宽度 $\tau_{PW} = 1$ μs;侦察天线为全向天线,侦察范围为 2 GHz,测频只要一个脉冲。现要求在一个脉冲群内,以全概率截获雷达信号,当采用慢速可靠搜索时,频率搜索周期至少为多少?此时频率分辨力为多少?若采用快速可靠搜索,则频率搜索周期至少为多少?此时的频率分辨力为多少?

2. 题 2 图所示为搜索式超外差接收机原理图,其侦察频段为 1000~2000 MHz,中放带宽为 $\Delta f_r = 2$ MHz。现有载频为 1200 MHz、脉宽为 1 μs 的常规雷达脉冲进入接收机。

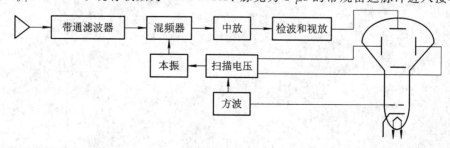

题 2 图

（1）画出频率显示器上画面及信号波形，并说明波形包络及宽度与哪些因素有关；

（2）中频频率 f_i 及本振频率 f_L 应取多大？为什么？

（3）画出接收机各部分频率关系图。

3. 现有一个由三路鉴相器并行工作的数字式瞬时测频接收机，其最短迟延时间为 0.2 ns，相邻迟延比为 4，若输入信号频率为 3.125 GHz，

（1）求另外两路迟延线的迟延时间和该接收机的相位误差校正能力；

（2）求没有相位误差时，各鉴相器输出的无模糊相位和有模糊相位；

（3）如果各鉴相器输出的相位误差分别为：$\Delta\phi_1 = 23°$，$\Delta\phi_2 = -15°$，$\Delta\phi_3 = -20°$，进行解模糊和相位校正计算；

（4）按照最长迟延鉴相输出和最小二乘法估计信号频率。

4. 若有 12 个混频器、中放、本振和检波器组，试设计一个 $2\sim4$ GHz 的频道折叠信道化接收机，并求一频率为 2.45 GHz 的信号经过该接收机的情况和频率估值。

5. 压缩接收机是如何把频率量变成时间量的？试证明 $D_E = T_E \Delta f_E = 4D_c = 4T_c \Delta f_c$。如果接收机测频范围为 $f_1 \sim f_2 = 1 \sim 2$ GHz，示样脉冲 $t_{SA} = T_c = 1$ μs，那么频率为 1.45 GHz 的信号经过接收机的延时时间是多少？

6. 在声光接收机中，FT 透镜的后聚焦平面上的一阶光特性与输入信号频率间有何关系？现有一脉冲宽度 $\tau = 2$ μs 的雷达信号，加到 $D = 3.25$ mm，声波传播速度 $v_s = 0.65$ mm/μs 的声光偏转器上。试计算该接收机的频率分辨力和该信号的输出脉冲宽度。

7. 总结和比较搜索式接收机、瞬时测频接收机、信道化接收机、压缩接收机和声光接收机的性能，并指出其应用场合。

第 3 章　对雷达信号方向的测量和定位

3.1　概　　述

雷达信号的来波方向和位置是雷达对抗中非常重要的信息。对雷达信号的测向就是测量雷达辐射电磁波信号的等相位波前方向，对雷达信号的定位就是确定其发射天线及雷达系统在空间中的地理位置。

3.1.1　测向定位的作用与分类

1. 测向定位的作用

雷达侦察系统测向定位的主要作用是：

1）信号分选和识别

在雷达对抗工作的信号环境中存在着大量的辐射源和散射源，各种源的来波方向是彼此区分的重要依据之一，且受外界的影响小，具有相对的时间稳定性，因此辐射源方向一直是雷达侦察系统中信号分选和识别的重要参数。

2）引导干扰方向

由于大部分雷达收发共用天线或收发天线间距很近，为了将干扰功率集中到需要干扰的敌方雷达方向，首先需要测量该雷达方向，再引导干扰发射天线波束对准该方向。

3）引导武器系统攻击

根据所测出的敌方威胁雷达方向和位置，引导反辐射导弹、无人机和其它火力攻击武器对其实施杀伤。

4）提供告警信息

为作战人员和系统提供威胁告警，指示威胁方向和威胁程度等，以便采取战术机动或其它应对措施。

5）提供辐射源，方向和位置情报

提供信号环境中大量辐射源方向和位置的情报，辅助战场指挥和决策。

2. 测向的分类

雷达侦察测向是利用测向天线的方向性，即对不同方向到达电磁波的振幅、相位或时间响应特性，并依此分为振幅法测向、相位法测向和时差法测向。在测向工作时，一般测向天线的孔径都远小于它与辐射源的距离，到达天线的电磁波近似满足平面波前的条件。

在一般情况下，雷达侦察测向主要测量来波的方位，只有少量侦察系统能够同时测量方位和仰角。如果不加特别说明，本章的测向主要是指测量来波的方位角。

雷达侦察系统采用的测向方法分为 3 种。

1）振幅法测向

振幅法测向是根据测向天线接收信号的相对幅度大小来确定信号的到达方向。主要的测向方法有：最大信号法、比较信号法和等信号法。最大信号法通常采用波束扫描体制，以接收信号功率最强的方向估计来波方向。比较信号法通常采用多个不同指向的波束覆盖一定的方向范围，根据各波束接收同一信号的相对幅度估计来波方向。等信号法主要用于对辐射源的跟踪，力求将接收信号振幅相等的方向指向辐射源方向。等信号法测向的测角范围较小，但测角精度较高。常用的振幅法测向技术有波束搜索法测向、全向振幅单脉冲测向和多波束测向等。

2）相位法测向

相位法测向是根据测向天线阵接收同一信号的相位差来确定信号的到达方向。由于相位差与信号频率具有非常密切的关系，因此相位法测向往往需要测频辅助。按照天线阵型主要分为一维线阵干涉仪测向、二维线阵干涉仪测向、平面圆阵干涉仪测向、相关干涉仪测向和其它阵型的相位法测向等。

3）时差法测向

时差法测向是根据测向天线阵接收同一信号的时间差来确定信号的到达方向。由于时间差与信号频率无关，因此它适合于宽带测向。按照天线阵型主要分为：一维线阵时差测向和二维线阵时差测向等。

3. 定位的分类

对雷达辐射源的定位是在一定的地理条件下，利用接收站自身的位置、运动及其与辐射源信号的相对关系，通过对同一辐射源的多个测量方向，对同一个辐射源信号的多个到达时间差、对同一个辐射源信号的相对频率差等，确定辐射源在平面或空间中的位置。

按照参与定位的接收站数量分为单站定位和多站定位。

1）单站定位

只用一个接收站的定位。一般需要以特定的地理环境或接收站的运动为辅助定位条件。主要有：飞越定位，方位—仰角定位，测向—方向变化率定位和测向—相位差变化率定位等。

2）多站定位

需要多个接收站协同的定位，各站间的距离称为基线。多站协同具有良好的定位能力，但对协同性能具有较高的要求。

按照定位采用的测量信息，主要分为以下 3 类。

（1）测向交叉定位：利用不同位置接收站测得的同一辐射源方向，确定辐射源位置。

（2）测向—时差定位：利用不同位置接收站测得同一辐射源方向、同一信号的时间差，确定辐射源位置。

（3）测时差定位：利用不同位置接收站测得的同一信号的时间差，确定辐射源位置。

3.1.2　测向定位的主要技术指标

1. 测向系统的主要技术指标

1）测向范围 Ω_{AOA} 和瞬时视野 $\Delta\Omega_{AOA}$

Ω_{AOA} 是指测向系统最大可测的来波信号方向范围，$\Delta\Omega_{AOA}$ 是指任一时刻最大可测的来波信号方向范围。$\Delta\Omega_{AOA} < \Omega_{AOA}$ 时，测向系统需要 $\Delta\Omega_{AOA}$ 扫描才能覆盖 Ω_{AOA}，因此称为搜索法测向；$\Delta\Omega_{AOA} = \Omega_{AOA}$ 时不需要扫描，称为非搜索法测向或方向宽开测向。

2）测向精度 $\delta\theta$ 和测向分辨力 $\Delta\theta$

$\delta\theta$ 一般以测向误差的均值（系统误差）和均方根值（随机误差）表示。系统误差主要是由系统失调引起的，在一定的条件下，可以通过系统的多维参量标校而降低。随机误差主要是由系统的内外噪声引起的，测向时应尽可能提高信噪比。$\Delta\theta$ 是指能够被区分开的两个同时不同方向来波间的最小方向差。

3）测向时间 t_A、方向截获概率 P_{IA} 和方向截获时间 T_{IA}

t_A 是来波到达侦察接收机至接收机输出测向值所用的时间；P_{IA} 是指在 T_{IA} 时间内完成对给定信号方向测量任务的概率；T_{IA} 为对给定信号的方向测量达到指定概率 P_{IA} 需要的时间，两者互为条件。

4）测向灵敏度 s_{Amin} 和测向动态范围 D_A

s_{Amin} 是指侦察接收机完成测向任务所需要的最小输入信号功率，D_A 是指允许的最大输入信号功率 s_{Amax} 与 s_{Amin} 之比（以分贝表示），即

$$D_A = 10 \lg \frac{s_{Amax}}{s_{Amin}} \quad \text{(dB)} \tag{3-1}$$

除了上述指标外，测向系统本身也具有一定的时间和频率响应特性要求，如：Ω_{RF}、$\Delta\Omega_{RF}$、τ_{min} 等，由于它们已在第 2 章列入和说明，本章不再重列。各种主要测向技术的典型技术指标和特点见表 3-1。

表 3-1　各种测向技术的典型技术指标和特点

技术指标	波束搜索法	单脉冲比幅	多波束	线阵干涉仪	圆阵干涉仪	线阵时差
Ω_{AOA}	0°～360°	0°～360°	60°～120°	±60°	0°～360°	±60°
$\Delta\Omega_{AOA}$	5°～30°	0°～360°	60°～120°	±60°	0°～360°	±60°
$\Delta\theta$	5°～30°	360°/n	$\Delta\Omega_{AOA}/n$	不能分辨	不能分辨	不能分辨
$\delta\theta$	1.7～10°	20～50°/n	$\Delta\Omega_{AOA}/2n$	0.3°～2°	0.5°～3°	0.5°～3°
t_A	Z·PRI	300 ns～500 ns	50 ns～100 ns	300 ns～500 ns	300 ns～500 ns	100 ns～300 ns
P_{IF}	很小	1	1	1	1	1
T_{IF}	很长	300 ns～500 ns	50 ns～100 ns	300 ns～500 ns	300 ns～500 ns	100 ns～300 ns
主要特点	截获概率低	使用简便	测角范围较小	不能测同时信号		

2. 定位系统的主要技术指标

1) 定位范围 Ω_{DP}、瞬时定位范围 $\Delta\Omega_{DP}$ 和定位精度 δP

Ω_{DP} 是指定位系统最大可定位的辐射源所在平面、球面或空间范围，$\Delta\Omega_{DP}$ 是指任一时刻最大可定位的范围。$\Delta\Omega_{DP} < \Omega_{DP}$ 时，一般定位系统需要通过运动才能达到覆盖 Ω_{DP}。δP 一般以圆概率误差半径表示。

2) 定位时间 t_{DP}

t_{DP} 是指完成一次辐射源定位所需要的时间。

由于对辐射源的定位是在已经完成辐射源检测和信号参数测量的基础上进行的，许多技术要求已在前面列出，此处只给出与定位关系密切的主要参数。

3.2 振 幅 法 测 向

3.2.1 波束搜索法测向

波束搜索法测向的原理和系统组成如图 3-1 所示。搜索测向天线在系统控制下以波束宽度 θ_r、扫描速度 v_r 在测向范围 Ω_{AOA} 内连续扫描；接收通道可以采用超外差、射频调谐或数字接收方式。当接收机输出的雷达信号幅度 $A_m[\theta(t_1)]$ 首次高于检测门限 A_T，且高于消隐天线和接收通道提供的消隐信号电平 $A_a[\theta]$ 时，记下此时的天线指向 $\theta(t_1)$，当 $A_m[\theta(t)]$ 即将低于 A_T，且高于 $A_a[\theta]$ 时，记下此时的天线指向 $\theta(t_2)$，信号处理以其平均值作为 $[t_1, t_2]$ 时间内雷达辐射源所在角度的估计 $\hat{\theta}$：

$$\hat{\theta} = \frac{\theta(t_1) + \theta(t_2)}{2} \tag{3-2}$$

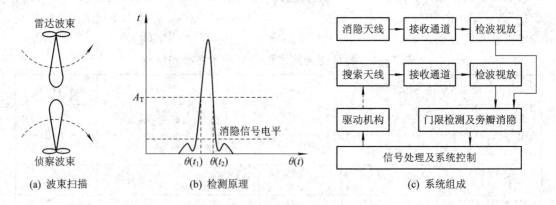

(a) 波束扫描　　　　　　(b) 检测原理　　　　　　(c) 系统组成

图 3-1　波束搜索法测向

消隐天线一般为非搜索的全向天线或宽波束天线，其接收通道提供的消隐信号电平高于搜索天线的最大旁瓣电平，目的是防止强信号造成搜索天线旁瓣的测向错误。在搜索过程中，雷达发射波束和侦察波束都会在对方的方向上驻留一定的时间；如果需要双方波束互指足够的时间才能达到测向灵敏度和测向时间的要求，则搜索法测向是一个随机事件。

为了提高截获概率，侦察天线必须尽可能利用雷达的各种先验信息，并由此制定合适的搜索方式和搜索参数。

1. 方位慢速可靠搜索

设雷达天线的波束宽度、扫描速度、扫描范围、扫描周期分别为 θ_a、v_a、Ω_a、$T_A=\Omega_a/v_a$，侦察天线的扫描范围、扫描周期分别为 Ω_{AOA}、$T_R=\Omega_{AOA}/v_r$，侦察机测量雷达方向需要 Z 个连续脉冲，则满足下列条件的搜索方式称为方位慢速可靠搜索：

(1) 在雷达天线扫描一周的时间内，侦察天线最多只扫描一个波束宽度；

(2) 在雷达天线指向侦察机的时间内，至少接收到 Z 个连续的雷达发射脉冲，即

$$T_R\frac{\theta_r}{\Omega_{AOA}} \geqslant T_A,\ \text{且}\ T_A\frac{\theta_a}{\Omega_a} \geqslant ZT_r \tag{3-3}$$

式中，T_r 为雷达的脉冲重复周期。典型的 Z 为 $3\sim5$。该式表明在侦察天线扫描一周的时间 T_R 里能够以 $P_{IA}=1$ 测量雷达信号的到达方位。方位慢速可靠搜索的主要缺点是所需的时间 T_R 较长，一般主要用于搜索天线转速较高的雷达。

2. 方位快速可靠搜索

方位快速可靠搜索需要满足的条件是：

(1) 在雷达天线扫描一个波束宽度的时间内，侦察天线至少扫描一周；

(2) 在侦察天线指向雷达的时间内，至少接收到 Z 个连续的雷达发射脉冲，即

$$T_A\frac{\theta_a}{\Omega_a} \geqslant T_R,\ \text{且}\ T_R\frac{\theta_r}{\Omega_{AOA}} \geqslant ZT_r \tag{3-4}$$

该式表明，在雷达天线扫描一周的时间 T_A 里，能够以 $P_{IA}=1$ 测量雷达信号的到达方位。方位快速可靠搜索的主要缺点是对搜索速度要求较高，为了检测到足够的雷达脉冲，有时必须提高侦察波束宽度 θ_r，以至于影响测向精度和分辨力，一般主要用于搜索天线转速较慢的雷达。

3. 方位概率搜索

不满足方位慢速和快速可靠搜索条件的搜索法测向称为方位概率搜索。其方向截获时间和截获概率近似满足几何概率条件。设两天线的互指时间分别为

$$\tau_R = T_R\frac{\theta_r}{\Omega_{AOA}} \geqslant ZT_r,\ \tau_a = T_A\frac{\theta_a}{\Omega_a} \geqslant ZT_r \tag{3-5}$$

则平均互指时间 τ 为

$$\tau = \left(\frac{1}{\tau_R} + \frac{1}{\tau_a}\right)^{-1} \tag{3-6}$$

任意时刻两天线的互指概率 P 为

$$P = \frac{\tau_R}{T_R} \cdot \frac{\tau_a}{T_A} = \frac{\theta_r}{\Omega_{AOA}} \cdot \frac{\theta_a}{\Omega_a} \tag{3-7}$$

发生两天线的互指事件的平均周期 T 与上述两者的关系为

$$T = \frac{\tau}{P} \tag{3-8}$$

采用泊松过程描述两天线的互指事件，则在 t 时间内发生 n 次互指的概率为

$$P_n(t) = \frac{\left(\frac{t}{T}\right)^n}{n!}\mathrm{e}^{-\frac{t}{T}} \qquad n = 0,1,\cdots;\ t \geqslant 0 \tag{3-9}$$

由于该事件只要发生一次就可完成对该雷达辐射源的搜索测向，故 T_{IA} 时间内的方向截获

概率为

$$P_{IA}(t) = 1 - P_0(t) = 1 - e^{-\frac{T_{IA}}{T}} \qquad T_{IA} \geqslant 0 \tag{3-10}$$

需要说明的是：如果 $\tau_R < ZT_r$ 或 $\tau_a < ZT_r$，则都将由于互指时间过短而不能测向。

4. 旁瓣侦收

如果在雷达天线任意旁瓣指向侦察机方向时就能够达到侦察测向灵敏度，则称为雷达侦察的旁瓣侦收。此时无论雷达天线指向何方，只要侦察天线满足 $\tau_R \geqslant ZT_r$，则其搜索一周都可以 $P_{IA} = 1$ 完成对雷达信号的侦察测向，这也是雷达侦察系统提高截获概率、减小截获时间的重要措施。实现旁瓣侦收的主要措施是提高侦察测向灵敏度，对此将在第 5 章中讨论。

5. 测向精度和分辨力

搜索法测向的误差有系统误差和随机误差，其中系统误差主要来源于测向天线的安装误差，波束畸变和非对称误差等，它们可以通过各种系统标校予以减小。这里主要分析随机误差。

测向系统的随机误差主要来自于系统中的噪声。如图 3-2 所示，由于噪声的影响，使门限检测的方向 $\theta(t_1)$、$\theta(t_2)$ 出现了偏差 $\Delta\theta_1$、$\Delta\theta_2$，通常其均值为零。由于 t_1、t_2 的时间间隔较长，可认为 $\Delta\theta_1$、$\Delta\theta_2$ 是互相独立、同分布的，代入式(3-2)，则方向测量均值 $\hat{\theta}$ 是无偏的，数学期望为

$$E[\hat{\theta}] = \bar{\theta} = E\left[\frac{1}{2}(\theta(t_1) + \Delta\theta_1 + \theta(t_2) + \Delta\theta_2)\right] = \frac{1}{2}(\theta(t_1) + \theta(t_2)) \tag{3-11}$$

测量方差为

$$\sigma_{\hat{\theta}}^2 = E[(\hat{\theta} - \bar{\theta})^2] = \frac{1}{2}E(\Delta\theta^2) = \frac{1}{2}\sigma_{\theta}^2 \tag{3-12}$$

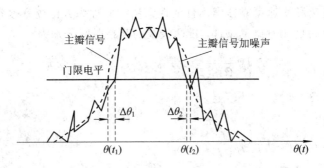

图 3-2 噪声对测向误差的影响

设噪声电压均方根为 σ_n，天线波束斜率为 A_T/θ_r，将噪声电压转换成角度误差的均方根值：

$$\sigma_{\theta} = \frac{\sigma_n}{A_T}\theta_r = \frac{\theta_r}{\sqrt{S/N}}, \qquad \frac{A_T^2}{\sigma_n^2} = \frac{S}{N} \tag{3-13}$$

式中，S、N 分别为信号功率、噪声功率。代入式(3-12)，可得

$$\sigma_{\hat{\theta}}^2 = \frac{\theta_r^2}{2(S/N)} \tag{3-14}$$

可见最大信号法测向的方差与波束宽度的平方成正比，与检测门限处的信噪比成反比。

搜索法测向的方向分辨力主要取决于测向天线的波束宽度，而波束宽度主要取决于天线口径。根据瑞利光学分辨力准则，当信噪比高于 10 dB 时，方向分辨力为

$$\Delta\theta = \theta_r \approx \frac{70\lambda}{d} \quad (°) \tag{3-15}$$

3.2.2　全向振幅单脉冲测向技术

全向振幅单脉冲测向采用 N 个相同方向图 $F(\theta)$ 的天线，均匀布设在 $360°$ 方位内，相邻天线的张角 $\theta_s = 360°/N$，各天线的方位指向分别为

$$F_i(\theta) = F(\theta - i\theta_s), \quad i \in \mathbf{N}_N \tag{3-16}$$

式中，$\mathbf{N}_N$ 为集合末项为 $N-1$ 的非负整数集，即 $\mathbf{N}_N = \{0, 1, 2, \cdots, N-1\}$。

图 3-3 以四天线和宽带滤波、放大、检波的接收通道为例，给出了测向原理的示意图。每个天线接收的信号经过幅度增益为 k_i 的接收通道输出包络的对数放大信号

$$s_i(t, \theta) = 10 \lg[k_i F(\theta - i\theta_s)A(t)] \quad (dB), \quad i = 0, 1, \cdots, N-1 \tag{3-17}$$

式中，$A(t)$ 为雷达信号的脉冲包络。该信号送给测向信号处理机，产生该信号的方向估计值 $\hat{\theta}$。常用的信号处理方法有相邻比幅法和全方向比幅法。

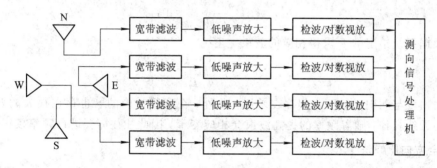

图 3-3　四天线全向振幅单脉冲测向示意图

1. 相邻比幅法

假设方向图函数 $F(\theta)$ 在区间 $[-\theta_s, \theta_s]$ 内具有对称性和单调性：

$$\begin{cases} F(\theta) = F(-\theta) \\ F(\theta_1) > F(\theta_2), \ \forall |\theta_1| < |\theta_2|, \ \forall \theta, \theta_1, \theta_2 \in [-\theta_s, \theta_s] \end{cases} \tag{3-18}$$

$s_i(t, \theta)$，$s_{i+1}(t, \theta)$ 分别是 t 时刻最强的波束输出和相邻波束中较强一个的输出。相邻比幅法首先确认信号的到达方向位于两相邻波束的张角之间，然后再根据它们的输出电压差 R 估计信号方向：

$$R = s_i(t) - s_{i+1}(t) = 10 \lg \frac{k_i F(\theta - i\theta_s)}{k_{i+1} F(\theta - (i+1)\theta_s)} \tag{3-19}$$

如果 $F(\theta)$ 以高斯函数近似，半功率波束宽度为 θ_r，则有

$$F\left(\frac{\theta_r}{2}\right) = \frac{1}{\sqrt{2}}, \ F(\theta) = e^{-1.3863\left(\frac{\theta}{\theta_r}\right)^2} \tag{3-20}$$

代入式(3-19)，当接收支路振幅响应一致时，$k_i = k_{i+1}$，可得电压差与方向的关系为

$$R = \frac{6\theta_s}{\theta_r^2}[(i+1)\theta_s - 2\theta] \quad (dB) \tag{3-21}$$

由式(3-21)得到方向估计为

$$\hat{\theta} = \left(i + \frac{1}{2}\right)\theta_s - \frac{\theta_r^2}{12\theta_s}R, \quad \theta \in [i\theta_s, (i+1)\theta_s] \tag{3-22}$$

式(3-22)可作为其它天线函数进行相邻比幅测向时的参考。对 θ_s, θ_r, R 求全微分可以得到系统测向误差为

$$d\hat{\theta} = \left(i + \frac{1}{2}\right)d\theta_s + \frac{\theta_r^2 R}{12\theta_s^2}d\theta_s - \frac{\theta_r R}{6\theta_s}d\theta_r - \frac{\theta_r^2}{12\theta_s}dR \tag{3-23}$$

式(3-23)表明：首先应尽可能减小天线波束的指向误差 $d\theta_s$，其次应减小波束宽度 θ_r 和波束宽度的变化 $d\theta_r$，减小多通道间的幅度不平衡 dR。如果采用窄波束 $\theta_r < \theta_s$，则总是有利于减小测向误差的，但在相邻波束交点方向(等信号方向)，由于天线增益较低，会损失测向灵敏度。该方向增益与最大增益方向增益的比值称为波束交点损失 L，一般以 dB 为单位，即

$$L = 20\lg\left(\frac{F(\theta_s/2)}{F(0)}\right) \quad (\text{dB}) \tag{3-24}$$

对于式(3-20)的高斯天线方向图，可以求得

$$L = -3\left(\frac{360°}{N\theta_r}\right)^2 \quad (\text{dB}) \tag{3-25}$$

也可以根据系统给定的 L 求得相应的波束宽度为

$$\theta_r = \theta_s\sqrt{\frac{-3}{L}} \tag{3-26}$$

可见测向精度与测向灵敏度之间存在矛盾。此外，在宽频带内的 θ_r 也存在很大的变化，对于给定的天线孔径，随着频率的提高波束会相应变窄，因此往往需要进行频率校正。

2. 全方向比幅法

全方向比幅也称为 NABD 测向，它是利用全体天线接收信号的输出 $\{s_i(t)\}_{i=0}^{N-1}$ 进行到达方向的估计。其基本原理是：对称天线方向图函数可展开为傅氏级数：

$$\begin{cases} F(\theta) = \sum_{k=0}^{\infty} a_k \cos k\theta, \quad a_k = 2\int_0^\pi F(\theta)\cos k\theta\, d\theta \quad k = 0, 1, \cdots \\ F_i(\theta) = F(\theta - i\theta_s) = \sum_{k=0}^{\infty} a_k \cos k(\theta - i\theta_s) \quad i \in \mathbf{N}_N \end{cases} \tag{3-27}$$

用权值 $\cos(i\theta_s)$，$\sin(i\theta_s)$，$i \in \mathbf{N}_N$ 对各天线输出信号取如下的加权和：

$$C(\theta) = \sum_{i=0}^{N-1} F_i(\theta)\cos(i\theta_s)$$

$$= \frac{N}{2}\sum_{i=0}^{\infty} a_{iN+1}\cos(iN+1)\theta + \frac{N}{2}\sum_{i=1}^{\infty} a_{iN-1}\cos(iN-1)\theta \tag{3-28a}$$

$$S(\theta) = \sum_{i=0}^{N-1} F_i(\theta)\sin(i\theta_s)$$

$$= \frac{N}{2}\sum_{i=0}^{\infty} a_{iN+1}\sin(iN+1)\theta - \frac{N}{2}\sum_{i=1}^{\infty} a_{iN-1}\sin(iN-1)\theta \tag{3-28b}$$

当天线数较大时，天线函数的高次展开系数很小，此时(3-28)式近似为

$$\begin{cases} C(\theta) \approx \dfrac{N}{2} a_1 \cos\theta \\[2mm] S(\theta) \approx \dfrac{N}{2} a_1 \sin\theta \end{cases} \tag{3-29}$$

利用式(3-29)可进行全方位无模糊测向,

$$\hat{\theta} = \arctan \frac{S(\theta)}{C(\theta)} \tag{3-30}$$

在原理上,全方向比辐只需要对各天线接收通道输出信号的包络做一次采样就可以完成测向了,但在实际工程中,如果能够利用脉冲包络期间的多次采样数据进行统计平均后再作测向处理,则有利于降低各通道中噪声的影响,提高方向估计的精度。假设每个接收通道在门限检测后都进行了 m 次包络采样,则式(3-30)可修改为

$$\begin{cases} \hat{\theta} = \arctan \dfrac{\displaystyle\sum_{i=0}^{N-1} \bar{s}_i \sin i\theta_s}{\displaystyle\sum_{i=0}^{N-1} \bar{s}_i \cos i\theta_s} \\[6mm] \bar{s}_i = \displaystyle\sum_{n=0}^{m-1} s_i(nT), \qquad i \in \mathbf{N}_N \end{cases} \tag{3-31}$$

图 3-4(a)、(b)分别为高斯和半余弦天线方向图函数下六元阵的理论测向误差曲线。由于高斯函数的级数展开项收敛快,所以其测向误差较小;而在相同的天线方向图函数下,较宽波束的天线方向图函数级数展开项收敛快,所以其测向误差也比较小。因此,NABD 测向需要选择级数展开项收敛快的天线方向图函数形式和波束宽度。

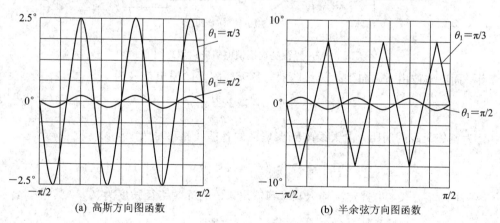

(a) 高斯方向图函数　　　　　　　　(b) 半余弦方向图函数

图 3-4　全方向比幅法的理论测向误差

全方向比幅法的测向精度较高,对不同天线方向图函数的适应能力较强,但信号处理略复杂,不能分辨同时多信号。

3.2.3　多波束测向

多波束测向系统由 N 个同时的相邻窄波束覆盖测向范围,如图 3-5 所示。多波束的形成主要分为:由微波馈电网络形成,由空间分布馈电形成和由数字波束形成等。

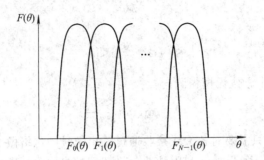

图 3-5 多波束测向的原理示意图

1. 罗特曼（Rotman）透镜多波束

罗特曼透镜是一种典型的微波馈电网络构成的多波束天线阵，如图 3-6 所示。它由天线阵、变长馈线（Bootlace 透镜区）、聚焦区和输出口（输出阵和波束口）等组成，每一个天线阵元都是宽波束的，由天线阵元输入口到波束输出口之间的部分组成罗特曼透镜，其中包括两个区域：聚焦区和 Bootlace 透镜区。

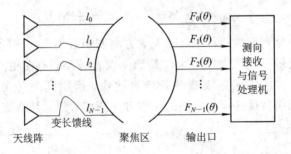

图 3-6 罗特曼透镜馈电多波束原理图

当平面电磁波由 θ 方向到达天线阵时，各天线阵元的输出信号为

$$s_i(t) = s(t)\mathrm{e}^{\mathrm{j}\phi(\theta)}, \ \phi(\theta) = \frac{2\pi d}{\lambda}\sin\theta \qquad i \in \mathbf{N}_N \qquad (3-32)$$

式中 d 为相邻天线的间距。由天线阵到聚焦区的各馈线相移量为

$$\psi_i = \frac{2\pi}{\lambda_g}l_i \qquad i \in \mathbf{N}_N \qquad (3-33)$$

λ_g 为馈线中的相波长。由聚焦区输入口 i 到输出口 j 的等效路径长度为 $d_{i,j}$，其相移量为

$$\phi_{i,j} = \frac{2\pi}{\lambda_m}d_{i,j} \qquad i,j \in \mathbf{N}_N \qquad (3-34)$$

λ_m 为聚焦区中的相波长。罗特曼透镜通过对测向系统参数 d、N、$\{l_i\}_{i=0}^{N-1}$、$\{d_{i,j}\}_{i=0,j=0}^{N-1,N-1}$ 的设计和调整，使输出口 j 的天线振幅方向图近似为

$$F_j(\theta) = \left| \sum_{i=0}^{N-1} \mathrm{e}^{\mathrm{j}\phi(\theta)+\psi_i+\phi_{i,j}} \right| \approx \left| \frac{\sin\dfrac{N\pi}{\lambda}(\theta-\theta_i)}{\dfrac{\pi}{\lambda}(\theta-\theta_i)} \right| \qquad j \in \mathbf{N}_N \qquad (3-35)$$

从而使各输出口具有个不同的波束指向 $\{\theta_j\}_{j=0}^{N-1}$，测向接收系统通过检测和比较各波束口的输出信号幅度 $\{F_j(\theta)\}_{j=0}^{N-1}$，就能够实现对接收信号的测向：

$$\hat{\theta} = \theta_j, \quad F_j(\theta) \geqslant F_i(\theta) \qquad i \in \mathbf{N}_N \tag{3-36}$$

雷达侦察中多波束测向的难点主要是宽带特性，要求波束的指向尽可能不受频率的影响。罗特曼透镜的测向范围有限，一般在天线阵面±60°范围内，由于它具有一定的增益，也适于用作干扰发射天线。

2. 空间馈电的多波束

典型空间馈电的多波束阵列天线阵如图 3-7 所示，不同方向入射的平面电磁波经过赋形反射面汇聚到不同的波束口输出。由于波束的汇聚主要是通过入射方向、反射面与波束口之间的自然空间路径形成的，因此各波束指向受频率的影响较小。

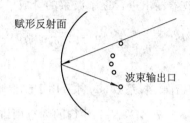

图 3-7　空间馈电的多波束阵列天线示意图

3. 数字波束合成的多波束

数字波束合成(DBF)技术在雷达、通信系统中已经得到了广泛的应用，它通过数字信号处理合成空间的同时多波束，对于已知频率的窄带信号，其合成算法较为简捷。数字波束合成技术用于雷达侦察测向，主要需要解决在宽频带内，对未知频率信号的波束合成技术。假设天线与接收机阵列如图 3-8 所示，每个阵元的方向图函数为 $F(\theta)$，相邻阵元间距为 d，当波长为 λ 的电磁波从 θ 方向入射时，各阵元接收到的信号为

$$s_k(t) = s(t)F(\theta)\mathrm{e}^{\mathrm{j}\frac{2\pi}{\lambda}kd\,\sin\theta} \qquad k \in \mathbf{N}_N \tag{3-37}$$

式中 $s(t)$ 为接收到的射频信号。该信号经过与同一本振信号混频、中放、增益控制和模数转换(ADC)后而成为正交基带数字信号：

$$s_k(n) = s'(n)F(\theta)\mathrm{e}^{\mathrm{j}\frac{2\pi}{\lambda}kd\,\sin\theta}, \quad n \in \mathbf{N}_M, \qquad k \in \mathbf{N}_N \tag{3-38}$$

其中，$\{s'(n)\}_{n=0}^{M-1}$ 为 $s(t)$ 变到中频后的脉内采样序列，与信号的来波方向无关。N 路接收天线和信道的脉内采样数据 $\{s_k(n)\}_{n=0,k=0}^{M-1,N-1}$ 送交数字波束合成处理，输出对脉冲信号来波方向 θ 等的估计。

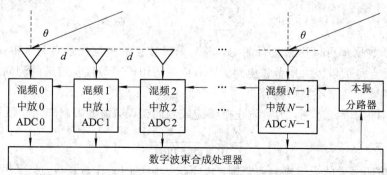

图 3-8　数字波束合成多波束示意图

鉴于雷达侦察宽带数字波束合成的约束条件，主要采用宽带数字信道化与数字波束合成组合、预先频率引导的数字波束合成等信号处理技术。

1）宽带数字信道化与数字波束合成组合的信号处理技术

该技术的处理过程是：首先对各接收信道的采样数据进行数字信道化滤波，形成若干个已知中心频率的窄带信号，再对各窄带信号分别进行已知信号频率的数字波束合成。

假设数字波束合成需要的频率分辨力为 $2\pi/M$，则各信道数字信道化滤波输出为

$$G_k(n)=\sum_{i=0}^{M-1}s_k(i)\mathrm{e}^{-\mathrm{j}\frac{2\pi}{M}in} \qquad n=-\frac{M}{2}, \cdots, 0, \cdots, \frac{M}{2}-1; k\in\mathbf{N}_N \qquad (3-39)$$

再对 N 个信道相同频率的滤波器输出进行逐个波束的合成

$$F(\theta_i, n)=\sum_{k=0}^{N-1}G_k(n)w_k\mathrm{e}^{-\mathrm{j}\frac{2\pi kd}{\lambda_n}\sin\theta_i} \qquad n=-\frac{M}{2}, \cdots, 0, \cdots, \frac{M}{2}-1; i\in\mathbf{N}_N$$

$$(3-40)$$

式中，$\{\theta_i\}_{i=0}^{N-1}$ 为各合成波束的指向，权系数 $\langle w_k\rangle_{k=0}^{N-1}$ 用于改善波束的旁瓣特性。式(3-40)构建了频谱和空间的两维滤波器，形成 $M\times N$ 个并行的频空两维输出 $\{F(\theta_i, n)\}_{n=-\frac{M}{2}, i=0}^{\frac{M}{2}-1, N-1}$，通过对两维输出信号功率的检测，同时得到来波方向 θ 和频率 f_{RF} 的测量值为

$$\hat{\theta}=\theta_i, f_{\mathrm{RF}}=f_L\pm\frac{n}{MT}, |F(\theta_i, n)|^2\geqslant P_T \qquad (3-41)$$

式中，f_L、P_T 分别为变频本振频率和检测门限，$\pm$ 则取决于本振与信号频率的变频方向，超外差时取负号，低外差时取正号。发生频率和波束相邻信道同时检测输出时，可以参照最大值检测的方法，取最大值所在信道的检测结果输出。宽带数字信道化与数字波束合成组合的信号处理技术的优点是：便于采用数字逻辑硬件电路实现，处理速度快，可以完成信号到达时间、频率、方向等特征参数的同时检测和测量。但对电路资源的需求量大，瞬时处理带宽有限。

2）预先频率引导的数字波束合成处理技术

虽然数字波束合成处理需要已知被测信号频率，但是测频并不需要每个接收通道都重复进行，如果通过其它技术措施已经获知了被测信号频率，则可以直接进行数字波束合成处理

$$\begin{cases} F(\theta_i, n)=\sum_{k=0}^{N-1}s_k(n)w_k\mathrm{e}^{-\mathrm{j}\frac{2\pi kd}{\lambda_n}\sin\theta_i} \\ \\ F(\theta_i)=\frac{1}{m}\sum_{n=0}^{m-1}F(\theta_i, n) \qquad i\in\mathbf{N}_N \end{cases} \qquad (3-42)$$

且每一个采样数据都可以用来进行测向，多个采样数据的平均处理有利于提高测量精度。这种方法的优点是可以极大地节省电路资源，特别适用于窄带接收信道的测向或对波束合成过程中频率校准要求不高的场合。

对于均匀测向天线阵列，为了防止栅瓣造成测向错误，需要限制阵元间距

$$\frac{d}{\lambda}<\frac{1}{1+\sin\theta_{\max}} \qquad (3-43)$$

式中，$\theta_{\max}$ 为单侧最大的无模糊测向范围。由于雷达侦察的工作带宽很宽，采用固定间距的阵列天线很难满足在频段的高、低端同时满足无模糊测向的要求，因此也可以采用非均匀

的天线阵列或可变间距的天线阵列。数字波束合成多波束对多接收通道的幅相一致性有较高的要求，一般需要经过预先校准。

3.3 相位法测向

相位法测向是利用阵列天线各单元接收同一信号的相位差测量来波方向的。根据阵列天线单元的布局，主要分为线阵天线和圆阵天线。

3.3.1 线阵干涉仪测向

1. 一维线阵干涉仪测向

一维线阵干涉仪测向系统的组成如图 3-9 所示。当平面电磁波从 θ 方向入射到线阵时，各阵元接收到的信号为

$$s_k(t) = s(t)F(\theta)e^{j\frac{2\pi}{\lambda}d_k\sin\theta} \qquad k \in \mathbf{N}_N \qquad (3-44)$$

式中，$\{d_k\}_{k=1}^{N-1}$ 为各天线阵元至 0 阵元的距离，也称为基线长度。

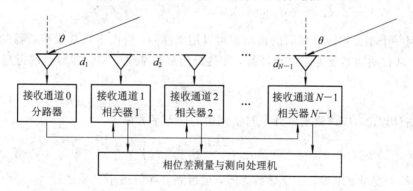

图 3-9　一维线阵相位干涉仪测向系统示意图

接收通道 0 的输出信号分配给其它各通道的相关器，每个相关器输出该阵元接收信号与 0 阵元接收信号的正交相位差信号 $\{I_k(t), Q_k(t)\}_{k=1}^{N-1}$，送至相位差测量与测向处理机

$$\begin{cases} I_k(t) = \mathrm{Re}[cs_k(t)s_0^*(t)] = c(t,\theta)\cos\left[\frac{2\pi}{\lambda}d_k\sin\theta\right] \\ Q_k(t) = \mathrm{Im}[cs_k(t)s_0^*(t)] = c(t,\theta)\sin\left[\frac{2\pi}{\lambda}d_k\sin\theta\right] \\ k \in \mathbf{N}_N, c(t,\theta) = c|s(t)F(\theta)|^2 \end{cases} \qquad (3-45)$$

相位差测量与测向处理机首先测量各基线在 $[-\pi, \pi)$ 区间内有模糊的相位差 $\{\phi_k(t)\}_{k=1}^{N-1}$，

$$\phi_k(t) = \arctan\frac{Q_k(t)}{I_k(t)} + \begin{cases} 0 & I_k(t) \geqslant 0, k \in \mathbf{N}_N \\ \pi & I_k(t) < 0, Q_k(t) \geqslant 0, k \in \mathbf{N}_N \\ -\pi & I_k(t) < 0, Q_k(t) \leqslant 0, k \in \mathbf{N}_N \end{cases} \qquad (3-46)$$

然后再利用长短基线相关器输出信号的相位关系，对 $\{\phi_k(t)\}_{k=1}^{N-1}$ 解模糊和相位校正，计算信号的到达方向 θ。假设最短基线长度 d_1 与单侧最大测向范围 $\theta_{\max}$ 满足式（3-47）的条件：

$$\phi_1(t) = \frac{2\pi}{\lambda} d_1 \sin\theta_{\max} < \pi \qquad\qquad (3-47)$$

则相位差 ϕ_1 与方向 θ 具有单调对应关系,可以通过下式唯一地求解信号的到达方向:

$$\theta = \arcsin \frac{\phi_1 \lambda}{2\pi d_1} \qquad\qquad (3-48)$$

由于长基线解模糊后的相位误差较小,可由短基线求得的无模糊相位逐级求解长基线的无模糊相位 $\{\hat{\phi}_k(t)\}_{k-1}^{N-1}$,并进行相位校正:

$$\begin{cases} \hat{\phi}_{i+1} = \varphi_i + \phi_{i+1} + \begin{cases} 2\pi & \phi_{i+1} + \varphi_i - n\phi_i \leqslant -\pi \\ -2\pi & \phi_{i+1} + \varphi_i - n_i\phi_i \geqslant \pi \\ 0 & \phi_{i+1} + \varphi_i - n\phi_i \quad \in (-\pi, \pi) \end{cases} \\ \varphi_i = 2\pi \cdot \mathrm{int}\left(\frac{n_i \hat{\phi}_i}{2\pi}\right), \ n_i = \frac{d_{i+1}}{d_i}, \ \hat{\phi}_1 = \phi_1 \\ i \in \mathbf{N}_{N-1} \end{cases} \qquad (3-49)$$

解模糊后的相位 $\{\hat{\phi}_k\}_{k=1}^{N-1}$ 都与来波方向具有唯一对应的关系:

$$\hat{\phi}_k = \frac{2\pi}{\lambda} d_k \sin\theta \ \text{或} \ \sin\theta = \frac{\lambda \hat{\phi}_k}{2\pi d_k} \qquad k \in \mathbf{N}_N \qquad (3-50)$$

原理上任何一个相关器解模糊后的输出都可以用来测向,但由于长基线相关器的输出精度高,许多干涉仪测向系统为了简化计算,往往只用最长基线的相关器输出进行测向

$$\theta = \arcsin \frac{\lambda \hat{\phi}_{N-1}}{2\pi d_{N-1}} \qquad\qquad (3-51)$$

根据最优估计理论,应该要求估计量与实测值的误差平方最小,即

$$\min_\theta \sum_{k=1}^{N-1} \left(\frac{2\pi d_k}{\lambda} \sin\theta - \hat{\phi}_k\right)^2 \qquad\qquad (3-52)$$

对式(3-52)中变量 θ 求导,并令导数为零,可得到方向的最小二乘估计

$$\theta = \arcsin \frac{\lambda \sum\limits_{k=1}^{N-1} \hat{\phi}_k}{2\pi \sum\limits_{k=1}^{N-1} d_k} \qquad\qquad (3-53)$$

对式(3-50)中的各参量求全微分,可得到它们对测向误差的影响:

$$\partial\theta = \frac{\lambda}{2\pi d_k \cos\theta}\left(\hat{\phi}_k \frac{\partial\lambda}{\lambda} - \frac{\hat{\phi}_k}{d_k}\partial d_k + \partial\hat{\phi}_k\right) \qquad (3-54)$$

它表明:在基线方向($\theta = \pm\pi/2$)误差发散,不能测向;d_k/λ 越大,误差越小;此外,应尽可能减小频率抖动、基线抖动和系统的相位误差。

由式(3-49)的相邻解模糊和相位校正算法可见,短基线的相位误差会被放大相邻基线比后进入相邻长基线的解模糊计算。如果放大后的上级相位误差与本级相位误差的和达到 π 以上,就会发生解模糊错误,而且会传递到下一级。因此,要求各级的相位误差必须满足:

$$\frac{d_{k+1}}{d_k}|\delta\phi_k| + |\delta\phi_{k+1}| < \pi \qquad k \in \mathbf{N}_{N-1} \qquad (3-55a)$$

假设各级相关器的相邻基线比和最大相位误差都一致($d_{k+1}/d_k = n$, $\delta\phi_{k\max} = \delta\phi_{\max}$, $\forall k$),

则式(3-55a)可简化为

$$| \delta\phi_{\max} | < \frac{\pi}{n+1} \tag{3-55b}$$

在实际系统设计中，应按照系统能够达到的相位误差 $\delta\phi_{\max}$ 来选择合适的相邻基线比 n。

如果最短基线不满足式(3-47)，则需要通过其它基线进行解模糊处理。假设最短的两条基线分别为 d_1、d_2，且 $d_2 = d_1 + \Delta d$，如图 3-10 所示，则接收机输出信号的无模糊理论相位值 $\hat\phi_1$、$\hat\phi_2$ 为

$$\begin{cases} \hat\phi_1 = \dfrac{2\pi}{\lambda} d_1 \sin\theta = 2\pi k_1 + \phi_1 \\[2mm] \hat\phi_2 = \dfrac{2\pi}{\lambda} d_2 \sin\theta = \hat\phi_1 + \dfrac{2\pi\Delta d}{\lambda}\sin\theta = 2\pi k_2 + \phi_2 \\[2mm] \phi_1,\ \phi_2 \in [-\pi,\ \pi) \end{cases} \tag{3-56}$$

其中，ϕ_1、ϕ_2 是直接测量得到的余数。假设 $\Delta d < \lambda/2$，$p = 1 + \Delta d/d$，解模糊处理后

$$k_1 = \begin{cases} \dfrac{\phi_2 - p\phi_1}{2\pi(p-1)} \geqslant 0 & k_2 = k_1,\ \theta \geqslant 0,\ \ \pi > \phi_2 - \phi_1 > 0 \\[3mm] \dfrac{2\pi + \phi_2 - p\phi_1}{2\pi(p-1)} \geqslant 0 & k_2 = k_1 + 1,\ \theta \geqslant 0,\ -\pi < \phi_2 - \phi_1 \\[3mm] \dfrac{\phi_2 - p\phi_1}{2\pi(p-1)} \leqslant 0 & k_2 = k_1,\ \theta \leqslant 0,\ \ -\pi < \phi_2 - \phi_1 < 0 \\[3mm] \dfrac{\phi_2 - p\phi_1 - 2\pi}{2\pi(p-1)} \leqslant 0 & k_2 = k_1 - 1,\ \theta \leqslant 0,\ \phi_2 - \phi_1 > \pi \end{cases} \tag{3-57a}$$

$\hat\phi_1$、$\hat\phi_2$ 为

$$\hat\phi_1 = 2k_1\pi + \phi_1,\ \hat\phi_2 = 2k_2\pi + \phi_2 \tag{3-57b}$$

该式不仅要解测量的数值模糊，同时还要解到达方向的模糊。根据式(3-56)，正确解模糊的条件是：

$$\left| \frac{2\Delta d}{\lambda}\sin\theta_{\max} \right| < 1 \tag{3-58}$$

利用两条最短基线解模糊后的其它长基线接收信道处理同无模糊测向的情况相同，不再赘述。

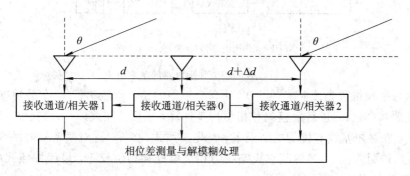

图 3-10　干涉仪最短基线有模糊测向示意图

图 3-9 中的接收通道、相关器、相位差测量与测向处理主要分为微波相关处理技术和数字相关处理技术两种形式。

1) 微波相关处理技术

微波相关处理是干涉仪测向中最早使用的技术，其中采用模拟信号处理技术的电路组成如图 3-11(a)所示。各天线接收的信号经过低噪声限幅放大器进入微波相关器，与基准天线 0 接收的信号进行微波相关，输出式(3-45)描述的一对正交视频信号 $\{I_k(t), Q_k(t)\}_{k=1}^{N-1}$。通过式(3-59)的相位细分电路可以得到多路并行相移输出。如：$\alpha=45°$ 时，有 4 路输出；$\alpha=45°$、$22.5°$ 时，有 6 路输出等。这些输出经过极性量化器形成多位有模糊的相位编码：

$$\begin{cases} I_k(t)\cos\alpha + Q_k(t)\sin\alpha = c(t, \theta)\cos(\phi_k - \alpha) \\ Q_k(t)\cos\alpha - I_k(t)\sin\alpha = c(t, \theta)\sin(\phi_k - \alpha) \\ \phi_k = \dfrac{2\pi d_k}{\lambda}\sin\theta, \; k \in \mathbf{N}_N \end{cases} \qquad (3-59)$$

最后由数字逻辑组成的方向编码电路进行解模糊和测向处理，形成测向输出。图 3-11(b) 是一种改进的微波相关处理技术，它对 $\{I_k(t), Q_k(t)\}_{k=1}^{N-1}$ 直接进行模数转换，在信号持续期间内形成一组长度为 M 的采样数据 $\{I_k(n), Q_k(n)\}_{n=0, k=1}^{M-1, N-1}$。对于脉内单频信号，在大信噪比下的相位差是稳定信号，可以采样数据的平均值进行测向

$$I_k = \frac{1}{M}\sum_{n=0}^{M-1} I_k(n), \; Q_k = \frac{1}{M}\sum_{n=0}^{M-1} Q_k(n) \qquad (3-60)$$

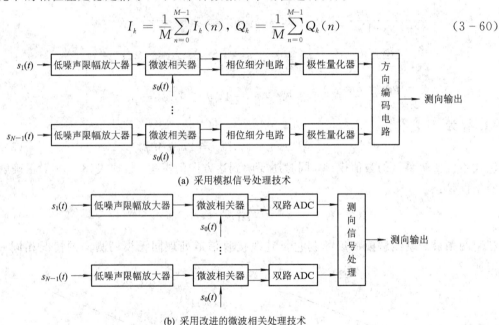

(a) 采用模拟信号处理技术

(b) 采用改进的微波相关处理技术

图 3-11 微波相关处理电路的基本组成

测向信号处理机首先按照式(3-46)计算有模糊的相位差 $\{\phi_k\}_{k=1}^{N-1}$，在最短基线无模糊的情况下按照式(3-49)进行解模糊和相位校正计算，最后按照式(3-51)或式(3-53)计算信号到达方向。在最短基线有模糊的情况下，首先按照式(3-57)先对两条最短基线进行解模糊处理，然后按照式(3-49)解其它长基线的相位模糊和相位校正，最后按照式(3-51)或(3-53)计算信号到达方向。

微波相关处理技术的特点是：接收通道简洁，测向频带宽，测向灵敏度较低，模拟信号处理技术的测向时间短，受噪声影响大，但精度较差；数字测向处理技术具有较好的噪声抑制能力，测向精度较高，但测向时间略长。

2) 数字相关处理技术

由于数字处理的无模糊带宽有限，数字相关处理技术是将射频输入信号变频到特定的中频基带，再进行模数变换和测向处理，其典型系统组成如图 3-12 所示。各天线输入信号经过低噪声放大，与同一本振信号混频，输出确定频率的中频信号，经过限幅中放保持原信号相位，按照同一个采样时钟进行模数转换，成为数字信号，再经过数字正交下变频器(DDC)输出一对正交中频数字信号 $\{I_k(n), Q_k(n)\}_{n=0,\,k=0}^{M-1,\,N-1}$，它仍然保留了原射频信号的相位信息，$M$ 仍为在信号脉内的采样点数。由 $\{I_k(n), Q_k(n)\}_{n=0,\,k=0}^{M-1,\,N-1}$ 计算有模糊相位差可以采用式(3-61)的互相关算法和式(3-62)的相位变换算法：

$$
\begin{cases}
\phi_k(n) = \arctan\dfrac{Q_{k0}(n)}{I_{k0}(n)} + \begin{cases} 0 & I_{k0}(n) \geqslant 0 \\ \pi & I_{k0}(n) < 0,\ Q_{k0}(n) > 0 \\ -\pi & I_{k0}(n) < 0,\ Q_{k0}(n) < 0 \end{cases} \\[4mm]
I_{k0}(n) = I_k(n) I_0(n) + Q_k(n) Q_0(n) \\[2mm]
Q_{k0}(n) = Q_k(n) I_0(n) - I_k(n) Q_0(n) \\[2mm]
n \in \mathbf{N}_M,\ k \in \mathbf{N}_N
\end{cases}
\tag{3-61}
$$

$$
\begin{cases}
\phi_k(n) = \phi_k'(n) - \phi_0'(n) + \begin{cases} 0 & |\phi_k'(n) - \phi_0'(n)| \leqslant \pi \\ 2\pi & \phi_k'(n) - \phi_0'(n) < -\pi \\ -2\pi & \phi_k'(n) - \phi_0'(n) > \pi \end{cases} \\[4mm]
\phi_k'(n) = \arctan\dfrac{Q_k(n)}{I_k(n)} + \begin{cases} 0 & I_k(n) \geqslant 0 \\ \pi & I_k(n) < 0,\ Q_k(n) > 0 \\ -\pi & I_k(n) < 0,\ Q_k(n) < 0 \end{cases} \\[4mm]
\phi_0'(n) = \arctan\dfrac{Q_0(n)}{I_0(n)} + \begin{cases} 0 & I_0(n) \geqslant 0 \\ \pi & I_0(n) < 0,\ Q_0(n) > 0 \\ -\pi & I_0(n) < 0,\ Q_0(n) < 0 \end{cases} \\[4mm]
n \in \mathbf{N}_M,\ k \in \mathbf{N}_N
\end{cases}
\tag{3-62}
$$

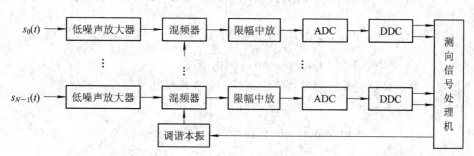

图 3-12 数字相关处理电路的基本组成

对于脉内单频信号，有模糊相位差在脉内是稳定的，可以取相位差的脉内平均值进行后续的测向处理

$$
\phi_k = \frac{1}{M} \sum_{n=0}^{M-1} \phi_k(n)
\tag{3-63}
$$

利用 $\{\phi_k\}_{k=1}^{N-1}$ 可以进行解模糊、相位校正和测向估计。数字相关处理技术可以获得很高的测向精度和测向灵敏度，但受处理无模糊带宽的限制，瞬时带宽偏窄，处理时间略长。

2. 二维线阵干涉仪测向

二维线阵干涉仪测向系统的典型组成为对称 L 阵列天线，如图 3-13 所示，当平面电磁波从方位角 θ、高低角 β 方向入射到线阵左右和上下阵元时，各阵元接收到的信号为

$$\begin{cases} s_k^{\mathrm{H}}(t) = s(t)F(\theta, \beta)\mathrm{e}^{\mathrm{j}\frac{2\pi}{\lambda}d_k^{\mathrm{H}}\sin\theta\cos\beta} \\ s_k^{\mathrm{E}}(t) = s(t)F(\theta, \beta)\mathrm{e}^{\mathrm{j}\frac{2\pi}{\lambda}d_k^{\mathrm{E}}\cos\theta\cos\beta} \\ k \in \mathbf{N}_N \end{cases} \qquad (3-64)$$

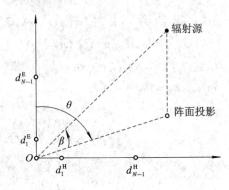

图 3-13　二维线阵干涉仪测向示意图

式中，$\{d_k^{\mathrm{H}}\}_{k=1}^{N-1}$、$\{d_k^{\mathrm{E}}\}_{k=1}^{N-1}$ 分别为两维天线各阵元至 0 阵元的距离。它们与接收通道 0 相关后的正交输出信号为

$$\begin{cases} I_k^{\mathrm{H}}(t) = \mathrm{Re}[cs_k^{\mathrm{H}}(t)s_0^*(t)] = c(t, \theta, \beta)\cos\left(\frac{2\pi}{\lambda}d_k^{\mathrm{H}}\sin\theta\cos\beta\right) \\ Q_k^{\mathrm{H}}(t) = \mathrm{Im}[cs_k^{\mathrm{H}}(t)s_0^*(t)] = c(t, \theta, \beta)\sin\left(\frac{2\pi}{\lambda}d_k^{\mathrm{H}}\sin\theta\cos\beta\right) \\ I_k^{\mathrm{E}}(t) = \mathrm{Re}[cs_k^{\mathrm{E}}(t)s_0^*(t)] = c(t, \theta, \beta)\cos\left(\frac{2\pi}{\lambda}d_k^{\mathrm{E}}\cos\theta\cos\beta\right) \\ Q_k^{\mathrm{E}}(t) = \mathrm{Im}[cs_k^{\mathrm{E}}(t)s_0^*(t)] = c(t, \theta, \beta)\sin\left(\frac{2\pi}{\lambda}d_k^{\mathrm{E}}\cos\theta\cos\beta\right) \\ k \in \mathbf{N}_N, c(t, \theta, \beta) = c\,|s(t)F(\theta, \beta)|^2 \end{cases} \qquad (3-65)$$

相位差测量与测向处理机首先测量每一维基线的各有模糊相位差（2π 的余数）

$$\begin{cases} \phi_k^{\mathrm{H}} = \arctan\dfrac{Q_k^{\mathrm{H}}(t)}{I_k^{\mathrm{H}}(t)} + \begin{cases} 0 & I_k^{\mathrm{H}}(t) \geqslant 0 \\ \pi & I_k^{\mathrm{H}}(t) < 0, Q_k^{\mathrm{H}} > 0 \\ -\pi & I_k^{\mathrm{H}}(t) < 0, Q_k^{\mathrm{H}}(t) < 0 \end{cases} \\ \phi_k^{\mathrm{E}} = \arctan\dfrac{Q_k^{\mathrm{E}}(t)}{I_k^{\mathrm{E}}(t)} + \begin{cases} 0 & I_k^{\mathrm{E}}(t) \geqslant 0 \\ \pi & I_k^{\mathrm{E}}(t) < 0, Q_k^{\mathrm{E}}(t) > 0 \\ -\pi & I_k^{\mathrm{E}}(t) < 0, Q_k^{\mathrm{E}}(t) < 0 \end{cases} \\ k \in \mathbf{N}_N \end{cases} \qquad (3-66)$$

每一维中的最短基线可以设置为无模糊或有模糊的，参照一维相位干涉仪在两种条件下的

解模糊算法，得到每一维相位干涉仪解模糊后的相位测量值 $\{\hat{\phi}_k^{\mathrm{H}}\}_{k=1}^{N-1}$，$\{\hat{\phi}_k^{\mathrm{E}}\}_{k=1}^{N-1}$。

两维相位干涉仪能够很好地实现全方位内的测向，其中利用两条最长基线相位差测角的估计和利用全体基线相位差测角的最小二乘估计分别为

$$\hat{\theta} = \arctan \frac{d_{N-1}^{\mathrm{E}} \hat{\phi}_{N-1}^{\mathrm{H}}}{d_{N-1}^{\mathrm{H}} \hat{\phi}_{N-1}^{\mathrm{E}}} \tag{3-67}$$

$$\hat{\theta} = \arctan \frac{1}{N-1} \sum_{k=1}^{N-1} \frac{d_k^{\mathrm{E}} \hat{\phi}_k^{\mathrm{H}}}{d_k^{\mathrm{H}} \hat{\phi}_k^{\mathrm{E}}} \tag{3-68}$$

对仰角 β 的测量可以采用式(3-69)的两条最长基线估计或式(3-70)的最小二乘估计：

$$\hat{\beta} = \arccos \frac{\lambda}{2\pi} \sqrt{\frac{(\hat{\phi}_{N-1}^{\mathrm{H}})^2 + (\hat{\phi}_{N-1}^{\mathrm{E}})^2}{(d_{N-1}^{\mathrm{H}})^2 + (d_{N-1}^{\mathrm{E}})^2}} \tag{3-69}$$

$$\hat{\beta} = \arccos \frac{\lambda}{2\pi(N-1)} \sum_{k=1}^{N-1} \sqrt{\frac{(\hat{\phi}_k^{\mathrm{H}})^2 + (\hat{\phi}_k^{\mathrm{E}})^2}{(d_k^{\mathrm{H}})^2 + (d_k^{\mathrm{E}})^2}} \tag{3-70}$$

3.3.2　圆阵干涉仪测向

圆阵干涉仪也称为线性相位多模圆阵，它的 N 元天线均匀分布在半径为 R 的圆周上，利用各阵元输出信号的空间傅立叶变换测量来波方向。圆阵干涉仪是一种全方位的相位法测向系统，它最初的系统组成大量采用宽带微波器件和电路，主要由圆阵天线、馈电网络（巴特勒(Butler)矩阵）、鉴相器、极性量化器、编码和校码等电路组成，如图 3-14 所示。

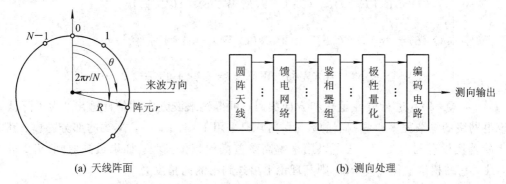

(a) 天线阵面　　　　　　　　　　　　　　　(b) 测向处理

图 3-14　线性相位多模圆阵测向原理

假设以阵元 0 与圆心的方向为参考方向，当平面电磁波从 θ 方向到达天线阵时，在各阵元上激励的电压为

$$U_r = U\mathrm{e}^{\mathrm{j}\varphi_r}, \quad \varphi_r = \frac{2\pi R}{\lambda}\cos\left(\theta - \frac{2\pi r}{N}\right) \qquad r \in \mathbf{N}_N \tag{3-71}$$

式中 U 为接收到的信号。对式(3-71)中的天线阵输出信号 $\{U_r\}_{r=0}^{N-1}$ 进行空间傅立叶变换：

$$\begin{cases} F_k(\theta) = \sum_{r=0}^{N-1} U_r \mathrm{e}^{\mathrm{j}\frac{2\pi r}{N}k} = U\sum_{r=0}^{N-1} \mathrm{e}^{\mathrm{j}\left(\frac{2\pi r}{N}k + W\cos\left(\theta - \frac{2\pi r}{N}\right)\right)} \\ W = \frac{2\pi R}{\lambda}, \ k = -\frac{N}{2}+1, \cdots, 0, \cdots, \frac{N}{2} \end{cases} \tag{3-72}$$

$F_k(\theta)$ 也称为 k 阶模。将贝塞尔函数 $\mathrm{e}^{\mathrm{j}x\cos y} = \mathrm{J}_0(x) + 2\sum_{m=1}^{\infty} \mathrm{j}^m \mathrm{J}_m(x)\cos(my)$ 代入上式，可得

$$\begin{cases} F_k(\theta) = U\sum_{r=0}^{N-1} e^{j\frac{2\pi r}{N}k}\left\{ J_0(W) + 2\sum_{m=1}^{\infty} j^m J_m(W)\cos\left[m\left(\theta - \frac{2\pi r}{N}\right)\right]\right\} \\ \qquad = U\left[J_0(W)S_0 + \sum_{m=1}^{\infty} j^m J_m(W) e^{jm\theta}S_1 + \sum_{m=1}^{\infty} j^m J_m(W) e^{-jm\theta}S_2\right] \qquad (3-73) \\ S_0 = \sum_{r=0}^{N-1} e^{j\frac{2\pi r}{N}k} = \begin{cases} N & k=0 \\ 0 & k\neq 0 \end{cases} \end{cases}$$

式中

$$\begin{cases} S_1 = \sum_{r=0}^{N-1} e^{j\frac{2\pi r}{N}(k-m)} = \begin{cases} N & m=nN+k, n=0,1,\cdots \\ 0 & \text{其它} \end{cases} \\ S_2 = \sum_{r=0}^{N-1} e^{j\frac{2\pi r}{N}(k+m)} = \begin{cases} N & m=nN-k, n=1,2,\cdots \\ 0 & \text{其它} \end{cases} \end{cases} \qquad (3-74)$$

根据贝塞尔函数性质，$J_m(W)$ 随着 m 的增大而迅速减小，当 $N \gg k$ 时，式(3-74)近似为

$$\begin{cases} F_0(\theta) = UN J_0(W) \\ F_k(\theta) \approx UN j^k J_k(W) e^{jk\theta} \qquad k = -\frac{N}{2}+1, \cdots, 0, \cdots, \frac{N}{2} \end{cases} \qquad (3-75)$$

从 $\{U_r\}_{r=0}^{N-1}$ 到式(3-75)的输出是由图 3-14 中的微波馈电网络完成的，它的 i 阶输出信号相位中 $i\theta$ 部分恰好为到达方向的 i 倍，且与信号频率无关。若以 0 阶模为基准与其它各阶模进行鉴相，可得到正交的各阶差模输出：

$$\begin{cases} I_k(\theta) = \mathrm{Re}\left[F_0(\theta)F_k^*(\theta)\right] = c(k, W)\cos\left[\left(\theta + \frac{\pi}{2}\right)k\right] \\ Q_k(\theta) = \mathrm{Im}\left[F_0(\theta)F_k^*(\theta)\right] = c(k, W)\left[\sin\left(\theta + \frac{\pi}{2}\right)k\right] \\ c(k, W) = |NU|^2 J_0(W)J_k(W), k = -\frac{N}{2}+1, \cdots, 0, \cdots, \frac{N}{2} \end{cases} \qquad (3-76)$$

对 $\{I_k(\theta), Q_k(\theta)\}_k$ 进行极性量化和方向编码，可得到来波方向的估计输出。为了降低微波馈电网络的复杂程度和鉴相器的数量，通常只采用 1, 2, 4, $\cdots$, $N/2$ 的部分差模，其中的 1 阶差模没有测向模糊，还可以用来解高阶差模的相位模糊。如果最高取到 $N/2$ 阶差模，且对它的相位量化为 m bit，则其理论上可达到的测向精度为

$$\delta\theta = \frac{2\pi}{N2^m} \qquad (3-77)$$

图 3-15 是对线性相位多模圆阵测向的一种改进，它对鉴相后的输出信号 $\{I_k(\theta), Q_k(\theta)\}_k$ 进行模数变换(ADC)和数字信号处理，并且只选择了以 2 为底的整次幂。假设各阶差模的脉内采样序列为

$$\{I_{2^k}(n), Q_{2^k}(n)\}_{n=0, k=0}^{M-1, L}, \qquad L = \mathrm{lb}N - 1 \qquad (3-78)$$

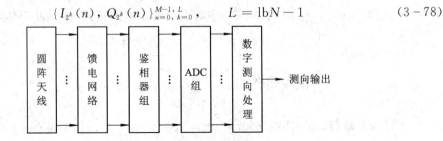

图 3-15 线性相位多模圆阵测向的改进

M 为脉内采集的样点数。其信号处理过程是：

(1) 参照式(3-60)对脉内数据取平均，输出 $\{I_{2^k}, Q_{2^k}\}_{k=0}^L$。

(2) 按照式(3-79)得到有模糊的相位，并去除其中的固定相位项。

$$
\begin{cases}
\phi'_{2^k} = \arctan \dfrac{Q_{2^k}}{I_{2^k}} + \begin{cases} 0 & I_{2^k}(t) \geqslant 0 \\ \pi & I_{2^k}(t) < 0,\ Q_{2^k}(t) \geqslant 0,\ k \in \mathbf{N}_{L+1} \\ -\pi & I_{2^k}(t) < 0,\ Q_{2^k}(t) \leqslant 0 \end{cases} \\[4mm]
\phi_{2^0} = \phi'_{2^0} - \dfrac{\pi}{2} + \begin{cases} 0 & \phi'_{2^0} \geqslant -\dfrac{\pi}{2} \\[2mm] 2\pi & \phi'_{2^0} < -\dfrac{\pi}{2} \end{cases} \\[6mm]
\phi_{2^1} = \phi'_{2^1} - \pi + \begin{cases} 0 & \phi'_{2^1} \geqslant 0 \\ 2\pi & \phi'_{2^1} < 0 \end{cases} \\[4mm]
\phi'_{2^k} = \phi'_{2^k},\ k \in \{2, 3, \cdots, L\}
\end{cases}
\tag{3-79}
$$

(3) 按照式(3-80)进行解模糊和相位校正。

$$
\begin{cases}
\hat{\phi}_{2^{k+1}} = \varphi_{2^k} + \phi_{2^{k+1}} + \begin{cases} 2\pi & \phi_{2^{k+1}} + \varphi_{2^k} - 2\phi_{2^k} \leqslant -\pi \\ -2\pi & \phi_{2^{k+1}} + \varphi_{2^k} - 2\phi_{2^k} \geqslant \pi \\ 0 & \phi_{2^{k+1}} + \varphi_{2^k} - 2\phi_{2^k} \in (-\pi, \pi) \end{cases} \\[6mm]
\varphi_{2^k} = 2\pi \cdot \mathrm{int}\left(\dfrac{\hat{\phi}_{2^k}}{\pi}\right), \qquad \hat{\phi}_1 = \phi_1 \\[4mm]
k \in \mathbf{N}_L
\end{cases}
\tag{3-80}
$$

(4) 得到式(3-81)最高阶差模的测向估计或式(3-82)各阶差模的最小二乘测向估计。

$$
\hat{\theta} = \frac{\hat{\phi}_{2^L}}{2^L}
\tag{3-81}
$$

$$
\hat{\theta} = \frac{1}{L+1} \sum_{k=0}^{L} \frac{\hat{\phi}_{2^k}}{2^k}
\tag{3-82}
$$

由于圆阵干涉仪测向的主要技术难度在于宽带微波 FFT 馈电网络和宽带高精度的微波相关器组，因此近年来已经开始将其数字化，成为数字圆阵干涉仪测向。其基本系统组成同图 3-12，只是各接收通道分别连接对应的圆阵列天线。在各接收通道幅相一致的条件下，ADC 输出的各阵元接收信道脉内采样数据为

$$
u_r(n) = U_s(n)\cos(\omega_i nT + \varphi_r) \qquad n \in \mathbf{N}_M,\ r \in \mathbf{N}_N
\tag{3-83}
$$

式中，T、ω_i、M、$U_s(n)$ 分别为采样周期、信号中频、脉内采样点数和中频信号脉冲包络的采样值。该信号经过数字下变频(DDC)输出一对正交基带信号：

$$
\begin{cases}
I_r(n) = U_s(n)\cos(\omega_b nT + \varphi_r),\ Q_r(n) = U_s(n)\sin(\omega_b nT + \varphi_r) \\
n \in \mathbf{N}_M,\ r \in \mathbf{N}_N
\end{cases}
\tag{3-84}
$$

式中 ω_b 为 ω_i 与 DDC 中数控振荡器(NCO)差频后的基带中心频率。对各阵元的正交基带输出进行空间离散傅立叶变换：

$$\begin{cases} F_0(n) = \sum_{r=0}^{N-1} \left[I_r(n) + jQ_r(n) \right] \\ F_{2^k}(n) = \sum_{r=0}^{N-1} \left[I_r(n) + jQ_r(n) \right] e^{j\frac{2\pi r}{N}2^k} \approx U_s(n) N j^{2^k} J_{2^k}\left(\frac{2\pi R}{\lambda}\right) e^{j2^k\theta} \\ n \in \mathbf{N}_M, \quad k \in \mathbf{N}_N \end{cases} \quad (3-85)$$

以 $F_0(n)$ 为参考,通过数字相关得到各阶差模,并对脉内数据进行平均:

$$\begin{cases} I_{2^k} = \sum_{n=0}^{M-1} \mathrm{Re}\left[F_0(\theta, n) F_{2^k}^*(\theta, n) \right] \\ Q_{2^k} = \sum_{n=0}^{M-1} \mathrm{Im}\left[F_0(\theta, n) F_{2^k}^*(\theta, n) \right] \\ k \in \mathbf{N}_{L+1} \end{cases} \quad (3-86)$$

则后续处理同式(3-79)~(3-82),最终输出信号方向的估计。

数字圆阵干涉仪解决了宽带馈电网络、宽带微波相关的技术难点,有利于发挥圆阵干涉仪测向与频率无关性的特点,允许对中频信号欠采样,从而保持了较大的瞬时处理带宽。但在实际工程中由于受到电路和器件频率特性的影响,一般还需要采用一定的测频和频率校正技术,以便达到较高的测向精度。

3.4 短基线时差测向

时差法测向是利用阵列天线各单元接收同一信号的时间差来测量来波方向的。由于时间差测量没有模糊,通常只需要用两元或三元天线就可以进行一维或二维方向的测向。

3.4.1 两元天线的一维时差测向

两元天线一维时差测向的基本原理和系统组成如图 3-16 所示,对于 θ 方向的来波,两天线输出信号的时间差为

$$\Delta t = k \sin\theta \qquad \theta \in \left[-\pi, \pi\right] \quad (3-87)$$

式中,$k = \dfrac{d}{c}$ 为波数,c 为电波传播速度。测得了时间差 Δt 也就唯一确定了信号的到达方向 θ,

$$\theta = \arcsin\frac{\Delta t}{k} \qquad \theta \in \left[-\pi, \pi\right] \quad (3-88)$$

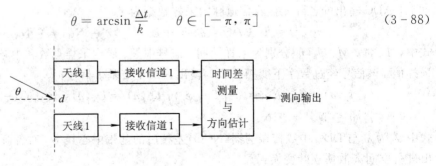

图 3-16 时差测向原理示意图

对式(3-87)求全微分，可得

$$\partial\theta = \frac{\partial\Delta t}{k\cos\theta} - \tan\theta\frac{\partial k}{k} \qquad (3-89)$$

该式表明：时差测向也需要采用尽可能长的基线 d，减小测时误差，保持基线的相对稳定，且在基线的延伸方向($\theta=\pm\pi/2$)不能测向。

图 3-16 中的接收通道用于完成对输入信号的滤波、放大，对于宽带测向系统，可以直接对放大后的信号进行包络检波和对数视放，输出视频包络信号 $s_1(t)$，$s_2(t)$。对于窄带测向系统，一般需要经过变频、滤波和中频放大，然后进行包络检波，输出视频包络信号 $s_1(t)$，$s_2(t)$。如果两接收信道振幅—时延特性一致，且忽略两信道噪声的影响，则有

$$s_2(t) = s_1(t - \Delta t) \qquad (3-90)$$

只要测量 $s_1(t)$，$s_2(t)$ 的时间差 Δt，就可以估计来波方向。Δt 的测量方法主要有：时域测量、时间—电压变换测量和时间—相位变换测量等。

1. 时域测量

时域测量的基本原理如图 3-17 所示，包络信号经过门限检测触发锁存器，分别将两信号过门限的时间保存到锁存器中，通过减法器输出 Δt。该方法的时间测量精度主要取决于时间计数器的分辨力，目前高速时间计数器的时间分辨力已经小于 0.5 ns。该方法实现简单，测时迅速，但测量精度低，最大测量误差可达 1 个计数时钟周期，且易受信道中噪声的影响。

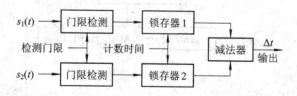

图 3-17　时域测量电路

2. 时间—电压变换

时间—电压变换电路如图 3-18 所示，假设信号到达前两路储能电容上的电压均为 0。各信道门限检测的输出启动各自的充电开关和共用的定时器，对各储能电容大电流恒流充电，定时器经过时间 t_g(检测信号结束前)同时关闭充电开关，并启动模数转换器(ADC)，将储能电容两端的电压差 ΔV 量化成时间差数据 $n_{\Delta t}$，

$$\begin{cases} \Delta V = \dfrac{I_{c_1} t_g}{c_1} - \dfrac{I_{c_2}(t_g - \Delta t)}{c_2} \\ n_{\Delta t} = \text{int}\left(\dfrac{\Delta V}{V_{max}} 2^B\right) \end{cases} \qquad (3-91)$$

式中，I_{c_1}、I_{c_2}、c_1、c_2 分别为两路的充电电流和电容量；V_{max}、B 分别为 ADC 的输入动态范围、量化位数。如果校准后，$I_{c_1}/c_1 = I_{c_2}/c_2 = k$，则式(3-91)简化为

$$n_{\Delta t} = \text{int}\left(\frac{k\Delta t}{V_{max}} 2^B\right) \qquad (3-92)$$

测量结束后，由放电开关迅速泄放两路存储电荷，等待再次测量。该电路能够达到的测量精度约为 0.1 ns。

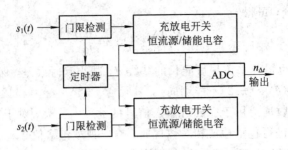

图 3-18　时间—电压变换电路

3. 时间—相位变换

时间—相位变换电路如图 3-19 所示，由两路门限检测后的输出信号分别启动各模数变换器（ADC）中的采样保持电路，对频率为 ω 的正交正弦波信号源进行采样，得到两对正交采样数据：

$$\begin{cases} I_1 = a\cos(\omega t + \varphi), & Q_1 = a\sin(\omega t + \varphi) \\ I_2 = a\cos[\omega(t - \Delta t) + \varphi], & Q_2 = a\sin[\omega(t - \Delta t) + \varphi] \end{cases} \quad (3-93)$$

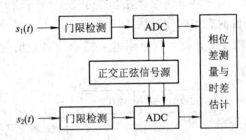

图 3-19　时间—相位变换电路

再测量两路采样数据的相位差 ϕ，

$$\phi = \omega\Delta t = \arctan\frac{Q_1 I_2 - Q_2 I_1}{I_1 I_2 + Q_1 Q_2} \in (-\pi, \pi) \quad (3-94)$$

由于 ω 为经过精确校准的已知参数，只要最大时差 $\Delta t_{\max}$ 满足无模糊条件：

$$|\omega\Delta t_{\max}| < \pi \quad (3-95)$$

就可以唯一地确定时间差

$$\Delta t = \frac{\phi}{\omega} \quad (3-96)$$

对式（3-96）求微分，可得

$$\partial\Delta t = \frac{1}{\omega}\left[\partial\phi - \phi\frac{\partial\omega}{\omega}\right] \quad (3-97)$$

该式表明：减小测时误差应在满足式（3-95）的条件下，尽可能提高 ω，并降低相位测量误差，提高正弦信号源的频率稳定度。该方法在 $\omega = 4\pi \times 10^8$ 时的测量精度可达 10 ps。

3.4.2　三元天线的二维时差测向

三元对称天线二维时差测向的基本原理和系统组成如图 3-20 所示。以信号到达天线 0 的时间为基准，对于 θ 方位、β 仰角的来波，1、2 天线输出信号的时间差为

$$\begin{cases} \Delta t_1 = k \, \sin\theta \, \cos\beta \\ \Delta t_2 = k \, \cos\theta \, \cos\beta \end{cases} \quad k = \frac{d}{c}, \theta \in [-\pi, \pi], \beta \in \left[0, \frac{\pi}{2}\right] \quad (3-98)$$

测得了时间差 Δt_1，Δt_2，也就唯一确定了信号的方位和仰角

$$\begin{cases} \theta = \arctan\dfrac{\Delta t_1}{\Delta t_2} + \begin{cases} 0 & \Delta t_2 \geqslant 0 \\ \pi & \Delta t_2 < 0, \Delta t_1 \geqslant 0 \\ -\pi & \Delta t_2 < 0, \Delta t_1 \leqslant 0 \end{cases} \\[2em] \beta = \arccos\dfrac{\sqrt{\Delta t_1^2 + \Delta t_2^2}}{k} \in \left[0, \dfrac{\pi}{2}\right] \end{cases} \quad (3-99)$$

二维时差测向不仅能够测量仰角，还可以改善全方位内的测向能力。同一维时差测向一样，也需要采用尽可能长的基线 d，减小测时误差，保持基线的相对稳定。

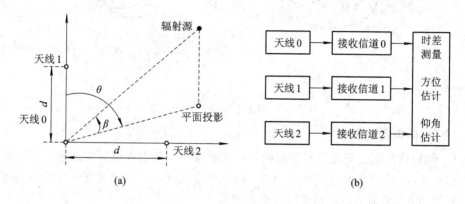

(a)

(b)

图 3-20 三元天线二维时差测向示意图

3.5 对雷达辐射源的定位

对雷达辐射源的定位是指确定其在平面或空间中的位置。由于雷达侦察设备是无源工作的，一般不能测距，因此对雷达辐射源的定位需要有其它条件的辅助。如果不加特别说明，所有参与定位的侦察站首先需要完成对自身位置的定位（自定位）。

按照参与定位的侦察站的数量，一般分为单站定位和多站定位。

3.5.1 单站定位

单站定位是指只有一个侦察站参与的定位，主要定位方法有飞越目标定位法、方位/仰角定位法、测向/方向变化率定位法、测向/幅度变化率定位法等。

1. 飞越目标定位法

飞越目标定位法主要用于空间或空中飞行器（如侦察卫星、无人驾驶飞机等）上的雷达侦察设备，利用垂直下视锐波束天线和已知的自身高度对地/海面雷达辐射源进行探测和定位。如图 3-21(a) 所示。在飞行过程中一旦发现雷达信号，立即将该信号（一般为射频脉冲）的测量参数、发现的起止时间和飞行器的导航数据、姿态数据等记录下来，进行实时定位和事后分析处理。每一个记录对应一个波束中心在地面的投影 A，也称为可能存在辐射源的模糊区，其面积为

$$S = \pi \left(H \tan \frac{\theta_r}{2} \right)^2 \qquad (3-100)$$

对于固定雷达站,测得 1 个辐射源的 N 个记录 $\{A_i\}_{i=0}^{N-1}$ 可整理成投影序列,由它们的交构成辐射源的所在区域,如图 3-21(b)所示。显然,收到同一辐射源的脉冲越多,定位的模糊区就越小。

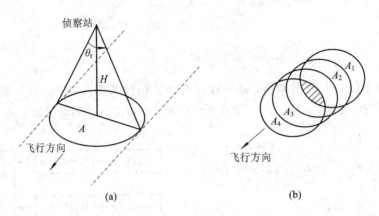

(a)　　　　　　　　　　　　　(b)

图 3-21　飞越目标定位法示意图

2. 方位/仰角定位法

方位/仰角定位法是利用飞行器上的斜视锐波束来对地面或海面雷达进行探测定位的。如图 3-22 所示。同飞越目标定位法一样,每一个接收脉冲将在斜视方向的地/海面形成一个投影椭圆 A,其长轴、短轴和椭圆面积分别为

$$\begin{cases} a = H \csc\beta \tan \dfrac{\theta_a}{2} \\[2mm] b = \dfrac{H}{2}\left[\cot\left(\beta - \dfrac{\theta_\beta}{2}\right) - \cot\left(\beta + \dfrac{\theta_\beta}{2}\right) \right] \\[2mm] S = \pi a b \end{cases} \qquad (3-101)$$

显然,它受下视斜角 β 的影响很大。当 $\beta = \pi/2$ 时,方位/仰角定位法与飞越目标定位法一致,定位模糊区面积最小;当 β 很小时,模糊区面积很大,甚至无法定位。N 个接收脉冲的定位模糊区是 N 个椭圆的交,也可以减小模糊区的面积。

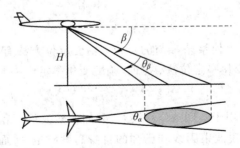

图 3-22　方位/仰角定位法示意图

3. 测向/方向变化率定位法

测向/方向变化率定位法适用于运动单站对固定或低速运动辐射源的定位(平面定位或

空间定位）。其基本工作原理如图 3-23 所示。图中 θ、$\theta+\Delta\theta$ 分别为 0 时刻与 t 时刻测得的辐射源方向，$d=vt$ 为定位站的直线运动距离，R 为 t 时刻辐射源至定位站的距离。根据正弦定理，可得

$$\frac{R}{\sin\theta}=\frac{d}{\sin[\pi-\theta-(\pi-\theta-\Delta\theta)]} \qquad (3-102)$$

整理后，可得

$$R=\frac{d\,\sin\theta}{\sin\Delta\theta} \qquad (3-103)$$

对式(3-103)求全微分，并以相对距离误差表示，

$$\frac{\mathrm{d}R}{R}=\cot\theta\mathrm{d}\theta-\cot\Delta\theta\mathrm{d}\Delta\theta \qquad (3-104)$$

它表明：在 $\theta=\pm\pi/2$ 方向，测距误差最小；在 $\theta=0$，π 方向，不能测距；$\Delta\theta$ 越大，测距误差越小。由于直线运动距离与时间成正比，根据式(3-103)可求得测距需要的时间为

$$t=\frac{R}{v}\,\frac{\sin\Delta\theta}{\sin\theta} \qquad (3-105)$$

它表明：对于给定的方向变化 $\Delta\theta$，辐射源距离越远，运动速度越慢，θ 越偏离 $\pm\pi/2$，则需要的定位时间越长。由于该方法只要求侦察站具有测向能力，而不限于具体的方向测量方法，因此可以普遍适用于各种采用振幅、相位和时差测向技术体制的雷达侦察站。

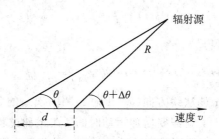

图 3-23　测向/方向变化率定位

4. 测向/相位差变化率定位法

该方法也适用于运动单站对固定或低速运动辐射源的定位。由于相位差变化率比方向变化率更灵敏，因此该方法有利于减小定位时间，提高定位精度。

在图 3-24 中，两天线的间距为 d，初始时刻的测向值为 θ，0 和 t 时刻辐射源距两天线的距离分别为 $R_0(t)$、$R_1(t)$，根据余弦定理，可以得到图示条件下的方程组：

$$\begin{cases} R_0(t)=\sqrt{R_0^2(0)+(vt)^2-2R_0(0)vt\sin\theta} \\ R_1(t)=\sqrt{R_0^2(0)+(d+vt)^2-2R_0(0)(d+vt)\sin\theta} \end{cases} \qquad (3-106)$$

辐射源信号到达两天线的相位差 $\phi(t)$ 和相位差变化率 $\phi'(t)$ 分别为

$$\begin{cases} \phi(t)=\dfrac{2\pi}{\lambda}\big[R_0(t)-R_1(t)\big] \\[2mm] \phi'(t)=\dfrac{2\pi}{\lambda}\left[\dfrac{\partial R_0(t)}{\partial t}-\dfrac{\partial R_1(t)}{\partial t}\right] \\[2mm] \qquad=\dfrac{2\pi v}{\lambda}\left[\dfrac{vt-R_0(0)\sin\theta}{R_0(t)}-\dfrac{d+vt-R_0(0)\sin\theta}{R_1(t)}\right] \end{cases} \qquad (3-107)$$

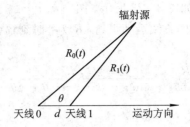

图 3-24 测向/相位差变化率定位

由于 $R_0(0) \gg d$，$R_0(0) \gg d + vt$，对式(3-106)的距离取泰勒近似，并代入式(3-107)，有

$$R_0(t) \approx R_0(0) - vt\sin\theta, \quad R_1(t) \approx R_0(0) - (d + vt)\sin\theta \qquad (3-108)$$

$$\phi'(t) \approx \frac{2\pi v}{\lambda}\left[\frac{vt - R_0(0)\sin\theta}{R_0(0) - vt\sin\theta} - \frac{d + vt - R_0(0)\sin\theta}{R_0(0) - (d + vt)\sin\theta}\right] \qquad (3-109)$$

$$\approx -\frac{2\pi v}{\lambda}\left[\frac{d}{R_0(0) - vt\sin\theta}\right]$$

辐射源的方向 θ 可由测向得到，通过相位差变化率 $\phi'(t)$，可测得辐射源距离约为

$$R_0(0) \approx vt\sin\theta - \frac{2\pi vd}{\lambda\phi'(t)} \qquad (3-110)$$

在实际工程中，相位差变化率是通过两个时刻的相位差解算，并需要有无模糊约束条件

$$\phi'(t) = \frac{1}{t}[\phi(t) - \phi(0)], \quad |\phi'(t)| < \pi \qquad (3-111)$$

对式(3-111)求全微分，可得

$$\partial R_0(0) \approx vt\cos\theta\,\partial\theta - \frac{2\pi vd}{\lambda\phi'^2(t)}\partial\phi'(t) \qquad (3-112)$$

结果表明：在天线 0、1 的法线方向（$\theta = \pm\pi/2$）测向误差的影响最小；$\phi'(t)$ 越大，测距精度越高。而为了提高 $\phi'(t)$，就需要增加运动时间，在运动过程中多次测量相位差，并用短时间测得的相位差求解长时间测量相位差的模糊。对此不再赘述。

图 3-24 也可以转换成测向/时间差变化率定位的情况，以便适用于短基线时差测向的侦察站。将式(3-107)中的相位差、相位差变化率转换成时间差 Δt 和时间差变化率 $\Delta t'$，

$$\begin{cases} \Delta t = \dfrac{1}{c}[R_0(t) - R_1(t)] \\[2mm] \Delta t' = \dfrac{1}{c}\left[\dfrac{\partial R_0(t)}{\partial t} - \dfrac{\partial R_1(t)}{\partial t}\right] \\[2mm] \quad = \dfrac{v}{c}\left[\dfrac{vt - R_0(0)\sin\theta}{R_0(t)} - \dfrac{d + vt - R_0(0)\sin\theta}{R_1(t)}\right] \end{cases} \qquad (3-113)$$

同样代入式(3-108)的距离近似条件可得

$$\Delta t' \approx -\frac{v}{c}\left[\frac{d}{R_0(0) - vt\sin\theta}\right] \qquad (3-114)$$

由短基线时差测向得到辐射源的方向 θ，再通过时间差变化率 $\Delta t'$ 测得辐射源距离为

$$R_0(0) \approx vt\sin\theta - \frac{vd}{c\Delta t'} \qquad (3-115)$$

由于短基线时差测向没有模糊，所以时间差变化率测量也没有模糊，并且基线越长，效果越好，这是它比相位差变化率测量的优越之处，只是需要有很高的时差测量精度。

5. 测向/功率比定位

该方法适用于运动单站对具有稳定照射功率的固定或低速运动辐射源的定位。$d=vt$ 为 0 至 t 时刻侦察站的直线运动距离，θ 为 0 时刻的测向值，$R(t)$ 为辐射源与侦察站的距离。根据图 3-23 的几何位置，可得

$$\begin{cases} R^2(t) = R^2(0) + (vt)^2 - 2R(0)vt\cos\theta \\ P_r(t) = \dfrac{E_t\lambda^2 G_r[\theta(t)]\gamma_r}{(4\pi R(t))^2} \end{cases} \tag{3-116}$$

式中，$P_r(t)$、E_t、$G_r(t)$ 分别为侦察站接收辐射源信号的功率、在侦收站方向的辐射信号的功率和侦察天线在辐射源方向 $\theta(t)$ 的增益，λ、γ_r 为信号波长和接收天线极化损失。侦察站在初始时刻 0 和 t 时刻接收信号的功率比为

$$\frac{P_r(t)}{P_r(0)} = c(t)\frac{R^2(0)}{R^2(t)} = r(t), \quad c(t) = \frac{G_r[\theta(t)]}{G_r[\theta]} \tag{3-117}$$

代入式(3-116)，可求得距离为

$$R(t) = vt\sqrt{c(t)}\cdot\frac{\sqrt{r(t)}\cos\theta \pm \sqrt{c(t)-r(t)\sin^2\theta}}{r(t)-c(t)} \tag{3-118}$$

式(3-118)中的两个根有一个为虚根，通常在侦察站对准辐射源运动时，$r(t)>1$，取正根；反之，在背向辐射源运动时，$r(t)<1$，取负根。此时式(3-118)可简化为

$$R(t) = \begin{cases} \dfrac{vt}{\sqrt{r(t)}-1} & \theta=0, c(t)=1, r(t)>1 \\ \dfrac{vt}{1-\sqrt{r(t)}} & \theta=\pi, c(t)=1, r(t)<1 \end{cases} \tag{3-119}$$

对准辐射源飞行是测向/功率比定位最合适的工作方式，因为此时，$c(t)=1$，可以不考虑侦察平台在运动过程中接收天线方向图的变化，有利于简化计算和提高定位精度。由于功率比测量需要一定的时间，且影响接收信号功率的因素很多，特别是辐射源波束扫描的影响，一般需要锁定接收到的最大信号功率才能进行定位。由于功率测量的精度较差，引起定位精度偏低，这也是该定位技术的主要缺点。

3.5.2　多站定位

多站定位是指利用在空间分布的多个侦察站，通过对同一辐射源信号的观测值而进行的协同定位。主要定位方法有：测向交汇定位、测向—时差定位和测时差定位等。

1. 测向交汇定位

测向交汇定位是根据多个侦察站测得同一辐射源信号的方向，利用波束交汇，确定辐射源的位置。在平面上测向交汇定位的原理如图 3-25(a)所示。假设侦察站 1、2 在平面直角坐标系中的位置为 $(-a,0)$、$(a,0)$，测得辐射源的方向分别为 θ_1，θ_2，则辐射源位置 (x_e, y_e) 应满足下列直线方程组：

$$\tan\theta_1 = \frac{y_e}{x_e+a}, \qquad \tan\theta_2 = \frac{y_e}{x_e-a} \tag{3-120}$$

解此方程组，可得

$$x_e = a \frac{\sin(\theta_1 + \theta_2)}{\sin(\theta_2 - \theta_1)}, \quad y_e = 2a \frac{\sin\theta_1 \sin\theta_2}{\sin(\theta_2 - \theta_1)} \qquad (3-121)$$

定位误差的主要来源是测向误差,对式(3-121)求全微分,可得

$$\mathrm{d}x_e = \frac{a}{\sin^2(\theta_2 - \theta_1)} \left[\sin2\theta_2 \mathrm{d}\theta_1 - \sin2\theta_1 \mathrm{d}\theta_2 \right]$$

$$\mathrm{d}y_e = \frac{2a}{\sin^2(\theta_2 - \theta_1)} \left[\sin^2\theta_2 \mathrm{d}\theta_1 - \sin^2\theta_1 \mathrm{d}\theta_2 \right] \qquad (3-122)$$

设两站测向独立,误差均服从零均值、方差 σ_θ^2 的正态分布,则平面定位结果将服从以 x_e、y_e 为中心的正态分布:

$$\begin{cases} \omega(x, y) = \dfrac{1}{2\pi\sigma_x\sigma_y} \exp\left\{ -\dfrac{1}{2} \left[\left(\dfrac{x - x_e}{\sigma_x} \right)^2 + \left(\dfrac{y - y_e}{\sigma_y} \right)^2 \right] \right\} \\[3mm] \sigma_x = \dfrac{2a\sigma_\theta}{\sin^2(\theta_2 - \theta_1)} \sqrt{\sin^2\theta_2\cos^2\theta_2 + \sin^2\theta_1\cos^2\theta_1} \\[3mm] \sigma_y = \dfrac{2a\sigma_\theta}{\sin^2(\theta_2 - \theta_1)} \sqrt{\sin^4\theta_2 + \sin^4\theta_1} \end{cases} \qquad (3-123)$$

近似如图 3-25(b)所示。通常将 50% 误差时的误差分布圆半径 r 定义为圆概率误差半径 $r_{0.5}$。对(3-123)式进行积分后,可近似求得

$$r_{0.5} \approx 0.8 \sqrt{\sigma_x^2 + \sigma_y^2} = \frac{1.6a\sigma_\theta}{\sin^2(\theta_2 - \theta_1)} \sqrt{\sin^2\theta_2 + \sin^2\theta_1} \qquad (3-124)$$

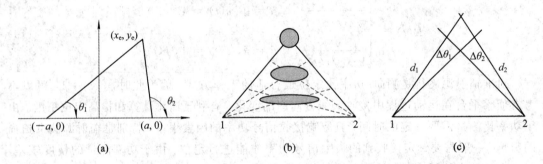

图 3-25 测向交汇定位示意图

测向交汇定位的简化分析方法如图 3-25(c)所示,利用正弦定理可求得辐射源到两站的距离为

$$d_1 = \left| \frac{2a \sin\theta_2}{\sin(\theta_2 - \theta_1)} \right|, \quad d_2 = \left| \frac{2a \sin\theta_1}{\sin(\theta_2 - \theta_1)} \right| \qquad (3-125)$$

波束交叠区近似为一平行四边形,由于波束宽度较窄,每边的长度近似为

$$\Delta d_1 \approx \frac{2d_1\tan\Delta\theta_1/2}{\sin(\theta_2 - \theta_1)} \approx \frac{d_1\Delta\theta_1}{\sin(\theta_2 - \theta_1)}, \quad \Delta d_2 \approx \frac{2d_2\tan\Delta\theta_2/2}{\sin(\theta_2 - \theta_1)} \approx \frac{d_2\Delta\theta_2}{\sin(\theta_2 - \theta_1)}$$

$$(3-126)$$

定位模糊区的面积为

$$A = \left| \Delta d_1 \Delta d_2 \sin(\theta_2 - \theta_1) \right| = \left| \frac{4a^2 \Delta\theta_1 \Delta\theta_2 \sin\theta_1 \sin\theta_2}{\sin^3(\theta_2 - \theta_1)} \right| \qquad (3-127)$$

为了提高定位精度,希望 A 尽可能小,但不同的约束条件对定位站布局和 A 有很大影响,

以下分别进行讨论。

1) 限定辐射源与定位站基线截距的最佳布局

假设限定图 3-25 中辐射源与定位站的基线截距 y_e 为常数，则

$$y_e = \left| \frac{2a\,\sin\theta_1\,\sin\theta_2}{\sin(\theta_2 - \theta_1)} \right| \tag{3-128}$$

带入式(3-127)，可得

$$A = \left| \frac{y_e^2 \Delta\theta_1 \Delta\theta_2}{\sin\theta_1\,\sin\theta_2\,\sin(\theta_2 - \theta_1)} \right| \tag{3-129}$$

求解式(3-129)中的分母项极大值，对 θ_1、θ_2 求偏导数，并令导数为零，可得

$$\begin{cases} \cos\theta_1\,\sin(\theta_2 - \theta_1) - \sin\theta_1\,\cos(\theta_2 - \theta_1) = \sin(\theta_2 - 2\theta_1) = 0 \\ \cos\theta_2\,\sin(\theta_2 - \theta_1) + \sin\theta_2\,\cos(\theta_2 - \theta_1) = \sin(2\theta_2 - \theta_1) = 0 \end{cases} \tag{3-130}$$

从而得到：

$$\theta_2 = 2\theta_1,\ \theta_1 = \frac{\pi}{3},\ A = \left| \frac{y_e^2 \Delta\theta_1 \Delta\theta_2}{0.65} \right| \tag{3-131}$$

该式表明：在限定截距的条件下，两定位站与辐射源成等边三角形时的定位误差最小。

2) 限定定位站间距 a 和辐射源与定位站基线截距的最佳观测角

假设限定图 3-25 中的 a 和 y_e，并带入式(3-127)，可得

$$A = \left| \frac{2ay_e \Delta\theta_1 \Delta\theta_2}{\sin^2(\theta_2 - \theta_1)} \right| \tag{3-132}$$

显然，式(3-132)只有在两波束垂直相交，即 $\theta_2 - \theta_1 = \pm\pi/2$ 时，模糊区面积达到最小值：

$$A = 2ay_e \Delta\theta_1 \Delta\theta_2 \tag{3-133}$$

3) 限定定位站间距 a，辐射源位于站间中垂线方向的最佳观测角

此时限定了 $\theta_2 = \pi - \theta_1$，带入式(3-127)，有

$$A = \left| \frac{4a^2 \Delta\theta_1 \Delta\theta_2\,\sin^2\theta_1}{\sin^3 2\theta_1} \right| = \left| \frac{a^2 \Delta\theta_1 \Delta\theta_2}{2\sin\theta_1\,\cos^3\theta_1} \right| \tag{3-134}$$

求式(3-134)中分母项的极大值，对 θ_1 求导并令导数为零，可得

$$\frac{\partial\,\sin\theta_1\,\cos^3\theta_1}{\partial\theta_1} = \cos^4\theta_1 - 3\cos^2\theta_1\,\sin^2\theta_1 = 0$$

$$\cos\theta_1 = \pm\frac{\sqrt{3}}{2}$$

$$\theta_1 = \pm\frac{\pi}{6}$$

$$A = \frac{a^2 \Delta\theta_1 \Delta\theta_2}{0.65} \tag{3-135}$$

上述分析表明：对远距离辐射源测向交汇定位的最佳定位区间仍然位于基线的法方向，而且应尽可能采用较长的基线。对同一辐射源的多站测向交汇定位，或者多次测向交汇定位，也能够减小模糊区的面积。

2. 测向—时差定位法

测向—时差定位法在平面上的工作原理如图 3-26(a)所示，它由基站 A 和转发站 B

组成,两者间距为 d,B 站接收信号经放大变频后转发到 A 站。A 站接收的同一辐射源信号也经过放大变频,测量其与 B 站转发来信号的时间差 Δt,并测量辐射源方向 θ,得到以下方程组:

$$\begin{cases} c\Delta t = R_2 + d - R_1 \\ R_2^2 = R_1^2 + d^2 - 2R_1 d \cos\theta \end{cases} \tag{3-136}$$

其中,R_1、R_2 分别为辐射源到 A、B 两站的距离。求解该方程组,可得

$$R_1 = \frac{c\Delta t\left(d - \dfrac{c\Delta t}{2}\right)}{c\Delta t - d(1 - \cos\theta)} \tag{3-137}$$

如果 B 站位于运动平台上,如图 3-26(b)所示,它与 A 站之间的距离 d 和参考方向 θ_0 由应答机系统提供:$d = ct_{AB}$,$\theta = \theta_1 - \theta_0$,代入式(3-137),可得

$$R_1 = \frac{c\Delta t\left(\Delta t_{AB} - \dfrac{\Delta t}{2}\right)}{\Delta t - \Delta t_{AB}[1 - \cos(\theta_1 - \theta_0)]} \tag{3-138}$$

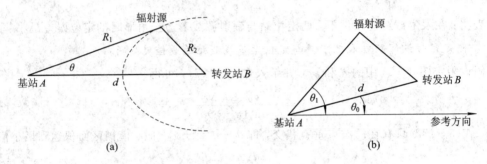

图 3-26　测向—时差定位法示意图

3. 时差定位法

时差定位是利用平面或空间中的多个侦察站,测量同一个信号到达各侦察站的时间差,确定辐射源在平面或空间中的位置。

1)平面时差定位

设三侦察站 $O(0,0)$,$A(\rho_A, \alpha_A)$,$B(\rho_B, \alpha_B)$ 和辐射源 $E(\rho, \alpha)$ 共平面,如图 3-27 (a),则 E 信号到达各站的时间分别为 t_O、t_A、t_B,根据余弦定理,可建立以下方程组:

$$\begin{cases} ct_{OA} = c(t_A - t_O) = \left[\rho^2 + \rho_A^2 - 2\rho\rho_A\cos(\alpha - \alpha_A)\right]^{\frac{1}{2}} - \rho \\ ct_{OB} = c(t_B - t_O) = \left[\rho^2 + \rho_B^2 - 2\rho\rho_B\cos(\alpha - \alpha_B)\right]^{\frac{1}{2}} - \rho \end{cases} \tag{3-139}$$

将 ρ 移到方程左边,两边取平方,消去 ρ^2 项,整理后可得

$$\rho = \frac{\rho_A^2 - (ct_{OA})^2}{2[ct_{OA} + \rho_A\cos(\alpha - \alpha_A)]} = \frac{\rho_B^2 - (ct_{OB})^2}{2[ct_{OB} + \rho_B\cos(\alpha - \alpha_B)]} \tag{3-140}$$

将式(3-140)整理成为只含一个未知量 α 的方程组:

$$\begin{cases} k_1 = k_2\cos\alpha + k_3\sin\alpha \\ k_1 = [\rho_A^2 - (ct_{OA})^2] \cdot (ct_{OB}) - [\rho_B^2 - (ct_{OB})^2] \cdot (ct_{OA}) \\ k_2 = [\rho_B^2 - (ct_{OB})^2] \cdot \rho_A\cos\alpha_A - [\rho_A^2 - (ct_{OA})^2] \cdot \rho_B\cos\alpha_B \\ k_3 = [\rho_B^2 - (ct_{OB})^2] \cdot \rho_A\sin\alpha_A - [\rho_A^2 - (ct_{OA})^2] \cdot \rho_B\sin\alpha_B \end{cases} \tag{3-141}$$

令 $\cos\varphi=\dfrac{k_2}{\sqrt{k_2^2+k_3^2}}$，$\sin\varphi=\dfrac{k_3}{\sqrt{k_2^2+k_3^2}}$，可在 $[0,2\pi)$ 区间唯一确定 φ 值，代入式(3-141)，有

$$\begin{cases}\cos(\varphi-\alpha)=\dfrac{k_1}{\sqrt{k_2^2+k_3^2}}\\[2mm]\alpha=\varphi\pm\arccos\dfrac{k_1}{\sqrt{k_2^2+k_3^2}}\end{cases}\tag{3-142}$$

再将解得的 α 代入式(3-140)求得 ρ。上式说明：平面上的三站时差定位一般存在两个解，这是由于式(3-139)的两条双曲线一般存在两个交点，由此产生定位模糊。如果三站近似成同一条直线分布，则两个交点近似以该直线为轴对称分布，可以利用先验信息去除一边的交点。增设定位站也可以消除定位模糊，并有利于提高定位精度。对此不再赘述。

时差定位的精度主要取决于时差测量的精度以及侦察站与辐射源的相对位置，如图3-27(b)所示，每一项测时误差都相当于扩展了双曲线的宽度，使双曲线的交点形成了一片模糊区。测时误差越大，则模糊区面积越大。如果辐射源处于各侦察站展开线法方向的正面，则双曲线交角较接近垂直，模糊区较小；辐射源越偏向一边，双曲线交角越偏离垂直，模糊区越大。各侦察站之间的展开距离通常称为基线长度，因此大范围的时差定位需要采用相应的长基线。

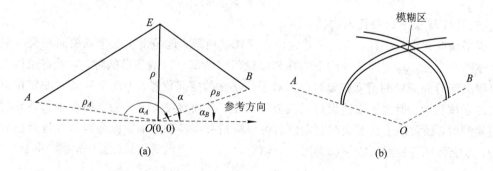

图 3-27　平面时差定位示意图

2) 空间时差定位

由于时差定位一般都需要求解二次方程组，为了简化计算，假设四个侦察站与辐射源的位置分别为 $O(0,0,0)$、$A(R,0,0)$、$B(R,\pi/2,0)$、$C(R,0,\pi/2)$、$E(\rho,\alpha,\beta)$，当同一辐射源的同一信号分别被各侦察站收到后，可得到如下方程组：

$$\begin{cases}ct_{OA}=[\rho^2+R^2-2R\rho\cos\beta\cos\alpha]^{\frac12}-\rho\\ct_{OB}=[\rho^2+R^2-2R\rho\cos\beta\sin\alpha]^{\frac12}-\rho\\ct_{OC}=[\rho^2+R^2-2R\rho\sin\beta]^{\frac12}-\rho\end{cases}\tag{3-143}$$

将 ρ 移到方程左边，两边取平方，消去 ρ^2 项，整理后，可得

$$\begin{cases}\rho=\dfrac{k_1}{2(ct_{OA}+R\cos\alpha\cos\beta)}=\dfrac{k_2}{2(ct_{OB}+R\sin\alpha\cos\beta)}=\dfrac{k_3}{2(ct_{OC}+R\sin\beta)}\\k_1=R^2-(ct_{OA})^2,\;k_2=R^2-(ct_{OB})^2,\;k_3=R^2-(ct_{OC})^2\end{cases}$$

$$(3-144)$$

消去 ρ 项，可得

$$\begin{cases} k_1[ct_{OC} + R\sin\beta] - k_3 ct_{OA} = k_3 R \cos\beta \cos\alpha \\ k_2[ct_{OC} + R\sin\beta] - k_3 ct_{OB} = k_3 R \cos\beta \sin\alpha \end{cases} \tag{3-145}$$

对方程两边取平方、相加，消去含 α 项，化简后可得

$$\begin{cases} k_4 \sin^2\beta + k_5 \sin\beta + k_6 = 0 \\ k_4 = k_1^2 + k_2^2 + k_3^2 \\ k_5 = \dfrac{[k_1 c(k_1 t_{OC} - k_3 t_{OA}) + k_2 c(k_2 t_{OC} - k_3 t_{OB})]}{R} \\ k_6 = \dfrac{[(k_1 ct_{OC} - k_3 ct_{OA})^2 + (k_2 ct_{OC} - k_3 ct_{OB})^2]}{R^2} - k_3^2 \end{cases} \tag{3-146}$$

求解式(3-146)，得到 β 的两个解，并需要满足 $[0, \pi/2]$ 的约束条件：

$$\beta_{\pm} = \arcsin\left[-\frac{k_5 \pm \sqrt{k_5^2 - 4k_4 k_6}}{2k_4}\right] \in \left[0, \frac{\pi}{2}\right] \tag{3-147}$$

将解得的 $\beta_{\pm}$ 代入式(3-145)，化简可求得 α 对应的两个解为

$$\begin{cases} \cos\alpha_{\pm} = \dfrac{k_1[ct_{OC} + R\sin\beta_{\pm}] - k_3 ct_{OA}}{k_3 R \cos\beta_{\pm}} \\ \sin\alpha_{\pm} = \dfrac{k_2[ct_{OC} + R\sin\beta_{\pm}] - k_3 ct_{OB}}{k_3 R \cos\beta_{\pm}} \end{cases} \tag{3-148}$$

将式(3-147)、(3-148)代入式(3-144)，可求得 ρ。

　　同平面时差定位一样，空间时差定位也存在多值解，这是由于三个双曲面相交一般也会存在两个交点，利用仰角的约束条件和增设侦察站都可以消除多值解。时差定位的精度主要取决于时间测量的精度和辐射源相对于侦察站的空间位置，因此长基线时差定位具有较高的定位精度。但由于雷达发射天线波束很窄，各侦察站一般不会同时受到雷达辐射源的主瓣照射，因此用于长基线时差定位的各侦察站必须具有对辐射源旁瓣信号进行侦收的能力，才能保证各侦察站能够收到同一个辐射源的同一个发射信号（通常称为脉冲配对）。

习　题　三

　　1. 已知某雷达天线的方位扫描范围为 $0° \sim 360°$，扫描周期为 6 s，方位波束宽度为 $2°$，脉冲重复周期为 1.2 ms。

　　(1) 如果侦察天线采用慢可靠方式搜索该雷达，要在 2 min 内可靠地捕获该雷达的信号，应如何选择侦察天线的波束宽度和检测所需要的信号脉冲数量？

　　(2) 如果侦察天线采用快可靠方式搜索该雷达，在检测只需要 1 个信号脉冲的条件下，应如何选择侦察天线的扫描周期和波束宽度，并达到最高的测向分辨力？

　　2. 某雷达侦察设备采用全向振幅单脉冲—相邻比幅法测向，天线方向图为高斯函数。

　　(1) 由电压失衡、波束宽度误差和波束安装误差所引起的三项系统测向误差是否与信号的到达方向有关？为什么？

　　(2) 对于一个六天线系统，波束交点损耗为 3 dB，如果上述三项误差分别为：2 dB，$7°$，$1.5°$，试分析系统总的测向误差在哪个方向最小？在哪个方向最大？其误差值分别为

多少？

（3）在上述同样条件下，如果采用四天线，波束交点损耗仍为 3 dB，则最小、最大系统误差方向有什么变化？误差数值又为多少？

3. 某雷达侦察设备采用全向振幅单脉冲—全方位比幅法测向，天线方向图为高斯函数。

（1）试求在波束交点损耗分别为 1 dB 和 3 dB 条件下，在 15°，25°，35°，45°方向上，四天线系统和六天线系统的理论测向误差。

（2）对于交点损耗为 1 dB 的六天线系统，如果各信道的误差分别为下表，试求该设备在 15°，35°方向上的系统测向误差。

误差项	天线 0	天线 1	天线 2	天线 3	天线 4	天线 5
通道失衡/dB	0	2	2	−2	−2	0
波束宽度/(°)	−3	−6	+2	0	+1	−5
安装误差/(°)	1.5	0	−1.5	−1	1	1.5

4. 某侦察设备工作波长为 10 cm，拟采用双基线相位干涉仪测向，其瞬时测量范围为 −30°~+30°，相邻基线比为 8。

（1）试求其可能使用的最短基线长度。

（2）如果实际采用的短基线长度为 8 cm，试求短、长基线在 −30°，−20°，−10°，0°，+10°，+20°，+30°方向上分别测出的有模糊相位差 $\Delta\phi_s$，$\Delta\phi_L$。

（3）如果长、短基线的相位误差分别为 15°、−10°，试对其在 30°方向上的来波进行解模糊和相位校正。

（4）分别利用最长基线的相位测量值和最小二乘算法作出来波方向的估计。

5. 根据线性相位多模圆阵测向系统的工作原理，试分析：

（1）该系统中的馈电网络（Bulter 矩阵）与 FFT 谱分析处理有哪些相同之处？有哪些不同之处？

（2）试求十六阵元、最高阶模量化位数 3 bit 的线性相位多模圆阵测向系统的理论测向精度。

6. 已知平面上两侦察站 A、B 的位置如题 6 图所示，测得的角度分别为 30°、115°，波束宽度均为 10°。试求交点中心 E 的位置 (x, y)、误差圆概率半径 $r_{0.5}$、近似分析的误差面积 S。

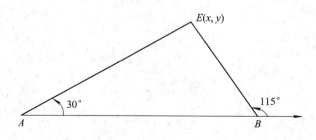

题 6 图

7. 已知极坐标平面上 A、B、C 三侦察站的位置分别为：（5 km，0°），（5 km，90°），

（5 km，180°），某信号到达三站的时间差分别为：$t_A - t_B = -12.645\ \mu s$，$t_A - t_C = -28.8585\ \mu s$。

（1）试求该信号源的平面位置。

（2）如果增设一站 D(5 km，270°)，时差 $t_A - t_D = 22.963\ \mu s$，再求该信号源的平面位置。

（3）如果由于时间测量误差 $t_A - t_B = -12.6\ \mu s$，$t_A - t_C = -28.8\ \mu s$，$t_A - t_D = 23\ \mu s$，求此时的定位误差。

第 4 章　雷达侦察的信号处理

雷达侦察系统是一种利用无源接收和信号处理技术，对雷达辐射源进行检测、参数测量、识别和环境态势分析的设备。雷达侦察信号处理的数据来源于侦察接收机的输出，因此它与侦察接收机的组成和性能具有非常密切的关系。如图 1 - 4 所示，典型侦察接收机输出的信号数据具有 $\{\text{PDW}_i\}_i$ 和 $\{s(n)\}_n$ 两种形式，它们分别来源于对宽带输入射频脉冲信号的瞬时检测和参数测量系统以及对特定窄带内信号波形的数据采样系统。通常侦察接收机被称为雷达侦察系统的前端，对 $\{\text{PDW}_i\}_i$ 和 $\{s(n)\}_n$ 数据的信号处理称为雷达侦察系统的后端或雷达侦察信号处理机。

雷达侦察信号处理的主要任务有以下两项。

1. 对雷达辐射源进行检测和识别

这项任务主要是发现雷达辐射源，然后估计该辐射源的工作参数、工作状态，识别其属性，判别威胁程度和作战态势等。目前该任务主要是由对 $\{\text{PDW}_i\}_i$ 的信号处理完成的，基本处理过程如下：

（1）根据已知雷达辐射源的数据库和未知雷达参数分布的先验知识，对实时 $\{\text{PDW}_i\}_i$ 流进行信号预分选，尽可能将来自不同辐射源的 PDW 区分开，而将同一辐射源的 PDW 归置在一起，从而形成多个并行的 PDW 子流。

（2）对分选后的各 PDW 子流进行进一步的分选和辐射源检测，对检测到的辐射源进行参数、状态的估计等。

（3）进一步综合上述结果和其它信息来源，进行辐射源属性识别、威胁程度判别和作战态势判别等。

上述 PDW 信号处理的结果可以用来引导窄带分析接收机和窄带测向接收机，完成对特定信号波形数据 $\{s(n)\}_n$ 的调制分析和对特定辐射源的精确测向等。

2. 对雷达辐射信号进行调制分析

这项任务主要是根据雷达侦察系统的处理要求，精确测量和估计特定雷达信号的脉内、脉间、脉组间调制方式和调制参数。其典型处理过程是：将接收信道调谐到特定的侦收频带，对输入信号波形进行数字采样 $\{s(n)\}_n$，进行脉内幅相调制特性分析和脉间、脉组间时频调制特性分析，识别调制方式，估计调制参数，完成 $\{s(n)\}_n$ 处理结果与 $\{\text{PDW}_i\}_i$ 辐射源处理结果的综合。

雷达侦察信号处理的结果提交系统显示、存储记录和其它相关设备。

雷达侦察信号处理主要是对 $\{\text{PDW}_i\}_i$ 和 $\{s(n)\}_n$ 的数字信号处理，在系统硬件上以高速大容量 FPGA 技术、DSP 技术和高速总线/网络技术等为基本支撑，在软件上以在线编程的多核、串/并行混合的处理软件为支撑，并不断利用现代信号处理技术的新成果，促进雷达侦察信号处理水平的不断提高。

在第 2 章 2.7 节对雷达信号的时频分析技术中已经讨论了对 $\{s(n)\}_n$ 信号的各种脉内和脉间分析处理技术，因此本章仅在前端对射频脉冲信号检测与 t_{TOA}、τ_{PW}、A_P 参数测量的基础上，着重讨论对 $\{PDW_i\}_i$ 数据的信号处理技术。

4.1 概　述

4.1.1 信号处理的主要技术指标

1. 可处理的辐射源类型与可信度

雷达辐射源的类型一般分为信号类型和工作类型。信号类型是指发射信号的调制特性，在本书第 1 章中已就雷达信号振幅和相位的各种主要调制形式作了较详细的介绍，可处理能力包括对这些调制类型的正确检测识别能力和对调制参数的正确测量能力。工作类型是指雷达的功能、用途、工作体制和工作状态等，它们与信号类型和参数具有非常密切的关系，同时也需要大量的先验情报信息、数据和知识。

可信度是衡量信号处理质量的重要指标，包括对辐射源的检测概率，虚警概率，正确识别和判决的概率等。

由于雷达侦察面临的可能是一个非常复杂的电磁信号环境，有关各种辐射源及其信号类型、参数、功能等信息的先验知识和先验数据，对于侦察信号处理的能力和质量具有极其重要的影响。目前几乎所有的雷达侦察处理设备内部都具有一个表现各种先验信息的数据库和知识库。其中，ELINT 系统面临的信号环境最为复杂，库容量也最大，有时甚至需要通过信息网络提供后备支持。它力求广泛、全面、准确地掌握各种雷达辐射源和相关辐射源的情报信息，同时也便于支援其它的雷达侦察系统。ESM 系统和干扰引导系统主要关心和处理的是当前所在战场环境中的雷达辐射源，特别是对当前作战影响重大的敌方威胁雷达辐射源。RWR 处理的辐射源类型主要是对本作战平台当前安全形成直接威胁的制导、火控、末制导和近炸雷达辐射源。引导杀伤武器的侦察信号处理一般具有明确的辐射源类型和信号形式、调制参数等，以便有针对性地选择和跟踪特定辐射源。

2. 可测量和估计的辐射源参数、参数范围和估计精度

雷达侦察系统可测量和估计的辐射源参数与辐射源类型具有十分密切的关系，处理数据既可来源于 $\{PDW_i\}_i$，也可来源于 $\{s(n)\}_n$。在一般情况下，对 $\{PDW_i\}_i$ 的处理带宽大，辐射源数量多，信号流密度高，处理时间短，因此其处理对象全面，适应范围很大，但测量参数偏少，测量精度偏低，通常用做雷达侦察信号处理系统的粗测和对窄带数字接收机精测的引导；对 $\{s(n)\}_n$ 的处理带宽较窄，带内的辐射源数量少，信号流密度低，允许的处理时间较长，因此测量参数较多且测量精度较高，通常用做对特定辐射源信号调制参数的精确测量和分析。典型雷达侦察系统可测量和估计的辐射源参数、参数范围和精度如表 4-1 所示。

表 4 - 1　典型雷达侦察系统可测量和估计的辐射源参数、参数范围和精度

参数名称	计量单位	参数范围	估计精度	参数来源
辐射源方位	(°)	0°～360°	1°～10°	分选后$\{PDW_i\}_i$的统计
信号载频	MHz	500～40 000	3/0.1	分选后$\{PDW_i\}_i$的统计/$\{s(n)\}_n$频率分析
脉冲宽度	μs	0.05～500	20 ns$+1\times10^{-2}$	分选后$\{PDW_i\}_i$的统计/$\{s(n)\}_n$时间分析
脉冲重复周期	ms	0.005～100	100 ns$+1\times10^{-4}$	分选后$\{PDW_i\}_i$的统计/$\{s(n)\}_n$脉间分析
天线扫描周期	s	0.5～60	1×10^{-3}	分选后$\{PDW_i\}_i$的长时间统计
调制类型	参数类型			参数来源
脉内频率调制	参数类型参见第1、2章			$\{s(n)\}_n$频谱分析与测量
脉间频率调制	跳频范围，频率集合，转移特性等			分选后$\{PDW_i\}_i$的统计/$\{s(n)\}_n$脉间分析
脉内相位调制	码长，码宽，码序列等			$\{s(n)\}_n$瞬时相位分析与测量
重复周期调制	调制范围，周期集合，转移特性等			分选后$\{PDW_i\}_i$的统计/$\{s(n)\}_n$脉间分析
脉冲宽度调制	脉宽集合，转移特性等			分选后$\{PDW_i\}_i$的统计/$\{s(n)\}_n$脉间分析

3. 信号处理时间

雷达侦察系统的信号处理时间分为：对指定雷达辐射源的信号处理时间 T_{sp} 和对指定信号环境 S 中各雷达辐射源信号的平均处理时间 T_{av}。

T_{sp} 是指从侦察系统前端输出指定雷达的 $\{PDW_i\}_i$ 或 $\{s(n)\}_n$，到处理机输出辐射源分选、识别和参数估计的结果，并达到指定的正确分选、识别概率和参数估计精度所需要的时间。

T_{av} 是指对指定信号环境 S 中的 N 部雷达辐射源处理时间 $\{T_{sp}(i)\}_i$ 的平均值：

$$T_{av} = \frac{1}{N}\sum_{i=1}^{N}T_{sp}(i) \tag{4-1}$$

对雷达侦察系统信号处理时间的要求也是与侦察系统的功能和用途密切相关的。在一般情况下，ELINT 系统允许有较长的信号处理时间，甚至可以将实时数据记录下来，进行事后的长时间分析处理；ESM 系统要求及时进行战场的作战指挥、决策和控制，必须完成信号的实时处理，要求的信号处理时间较短；RWR 系统必须对各种直接威胁做出即时的反应，其信号处理时间更短。

雷达侦察系统的信号处理时间主要是对辐射源 PDW 数据或波形数据的分选、识别和参数估计的处理时间，在处理资源有限的情况下，其分选识别的辐射源类型越多，测量和估计的参数越多，范围越大，精度越高，可信度越高，则相应的信号处理时间也就越长。但影响更大的是侦察系统中有关雷达辐射源先验信息和先验知识的数量和质量。可利用的先验数据和知识越多，越可靠，信号处理的时间就越短。

除了自身能力以外，雷达侦察系统实际能够达到的信号处理时间还会受到实际信号环境的严重影响，S 中的辐射源越多，信号越复杂，相应的信号处理时间也越长。

4. 可处理的输入信号流密度

该指标是指在不发生前端输入的 $\{PDW_i\}_i$ 或 $\{s(n)\}_n$ 数据丢失的情况下，单位时间内信号处理机允许输入的$\{PDW_i\}_i$或$\{s(n)\}_n$最大平均脉冲数——$\lambda_{\max}$。在一般情况下，雷达侦察接收机的宽带侦收前端对每一个检测到的射频脉冲均用一个固定字长和格式的 PDW 来描述，窄带分析前端对每一个带内的射频脉冲波形都用一个$\{s(n)\}_n$数组来描述，数组长度一般取决于该脉冲的宽度。由于对$\{s(n)\}_n$的处理时间一般都远大于对 PDW 的处理时间，因此两者对$\lambda_{\max}$的要求是不同的，应该分别给出。

根据式(1-18)，雷达侦察系统检测到的信号流密度λ取决于辐射源的数量N，每个辐射源的脉冲重复频率f_{ri}和侦察系统的检测能力P_{ri}。辐射源数量越多，脉冲重复频率越高，侦察灵敏度越高，波束覆盖区域越大，则λ越大。力求使$\lambda_{\max} \geqslant \lambda$，是雷达侦察信号处理系统软硬件设计的基本原则。

4.1.2 信号处理的基本流程和工作原理

1. 对输入$\{PDW_i\}_i$信号的处理

雷达侦察系统对$\{PDW_i\}_i$信号处理的基本流程如图 4-1 所示，其中各部分的基本工作原理如下。

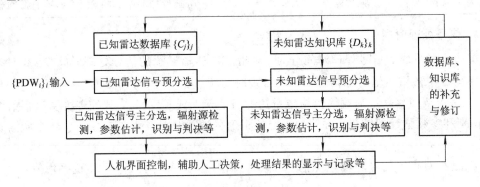

图 4-1 $\{PDW_i\}_i$信号侦察处理的基本流程

1) 信号预处理

信号预处理的主要任务是根据已知雷达辐射源的 PDW 参数特征和未知雷达辐射源 PDW 的先验知识，完成对实时输入$\{PDW_i\}_i$的预分选。预处理的过程是：首先将实时输入的$\{PDW_i\}_i$与m个已知雷达数据库$\{C_j\}_{j=1}^m$进行快速匹配，从中分离出符合$\{C_j\}_{j=1}^m$特征的已知雷达信号子流$\{PDW_{i,j}\}_{j=1}^m$，并分别放置于m个已知雷达的数据缓存区，交付信号主处理按照对已知雷达信号的处理方法作进一步的分选、检测、参数估计和识别处理等；对不符合$\{C_j\}_{j=1}^m$的剩余数据，再根据未知雷达知识库$\{D_k\}_{k=1}^n$进行快速分配，产生n个未知雷达信号的分选子流$\{PDW_{i,k}\}_{k=1}^n$，另外放置于n个未知雷达的数据缓存区，交付信号主处理，按照对未知雷达信号的处理方法作进一步的分选、检测、参数估计和识别处理等。预处理的速度应与信号流密度λ相匹配，以求尽量不发生输入$\{PDW_i\}_i$数据的丢失。由于脉间信号处理的时间较长，因此预处理过程主要是直接利用$\{PDW_i\}_i$中射频脉冲的某些特征参数进行分选的。

2) 信号主处理

信号主处理的任务是对输入的已知和未知辐射源两类预处理输出子流$\{PDW_{i,j}\}_{j=1}^m$和

$\{\mathrm{PDW}_{i,k}\}_{k=1}^n$ 作进一步的分选、检测、参数估计和识别等处理。其中对已知雷达辐射源子流 $\{\mathrm{PDW}_{i,j}\}_{j=1}^m$ 的主分选是利用已知雷达的脉间特征信息，从中挑选符合已知雷达辐射源脉间信息特征的 $\{\mathrm{PDW}'_{i,j}\}_{j=1}^m$，进行已知雷达辐射源的检测（判定该已知辐射源是否存在）。在需要的情况下，再对检测出的辐射源进行各种参数的统计估计。在一般情况下，对 $\{\mathrm{PDW}_{i,j}\}_{j=1}^m$ 处理中滤除的数据，将按照 $\{D_k\}_{k=1}^n$ 的预分选方法补充到 $\{\mathrm{PDW}_{i,k}\}_{k=1}^n$ 中。对 $\{\mathrm{PDW}_{i,k}\}_{k=1}^n$ 数据的处理方法主要根据一般雷达信号脉间的先验知识，检验实际数据与这些先验知识的符合程度，作出各种雷达信号模型的假设检验和判决，计算检验结果的可信度，并对达到一定可信度的检出雷达信号进行各种参数的统计估计等。无论是已知还是未知的雷达信号，只要检验结果达到一定的可信度，都可以将实际检测、估计的信号特征修改、补充到 $\{C_j\}_{j=1}^m$ 中，使其能够不断地跟踪辐射源信号调制特征的变化，适应于实际面临的信号环境。特别是将检测到的未知雷达信号特征补充到 $\{C_j\}_{j=1}^m$ 中，对于丰富已知雷达的先验信息、提高处理效率和质量等，都具有非常重要的意义。

2. 对输入 $\{s(n)\}_n$ 信号的处理

雷达侦察系统对 $\{s(n)\}_n$ 信号处理的主要任务是分析脉内和脉间的幅相调制方式，精确测量调制参数等。详见 2.7 节。

通过对 $\{\mathrm{PDW}_i\}_i$ 和 $\{s(n)\}_n$ 数据的处理，雷达侦察系统既可获得有关辐射源调制信息的宏观特征，又可获得其辐射信号调制信息的细节特征，如果能够达到一定的精度和分辨力，则甚至能够用于区分同类辐射源中的不同个体。

雷达侦察的信号处理是在复杂电磁信号环境下非匹配的甚至是对抗性的信号处理，具有极大的难度，必须尽可能发挥侦察情报的作用。

4.2　对雷达信号极化和时域参数的测量

极化是电磁波电场矢量的变化方向，雷达发射信号的极化与其功能和性能具有密切的关系，极化自适应、变极化、目标的极化识别等技术也是近年来雷达抗干扰的重要措施。由于雷达主要采用线极化收发天线，许多雷达侦察系统都采用圆极化的侦察和干扰天线，它虽然可以接收各种线极化的电磁波，仅存在一定的极化失配损失，但是却不能测量雷达信号的极化方向，也不能引导干扰发射的极化瞄准，不能有效地对抗近年来出现的雷达极化自适应、极化识别和极化对消等抗干扰措施。为此开展对雷达信号极化信息的测量，甚至将其补入 PDW，对于信号分选，引导干扰，破坏和降低雷达的极化抗干扰能力等，都具有重要的意义。

雷达信号的时域参数主要包括 t_{TOA}、τ_{PW}、A_{P}，以及天线扫描周期 T_A 和照射时间宽度 T_s 等，对它们的检测和测量一般也是在宽带侦察接收机和窄带分析接收机中完成的。

4.2.1　对雷达信号极化的测量

空间电磁波的极化可以分解为两个正交的固定方向，其中水平极化和垂直极化是最常用的正交极化方向。信号极化方向的检测和测量系统组成如图 4-2 所示。水平、垂直极化接收天线获得的信号分别送入各自的接收机，通过带通滤波、低噪声放大、混频和中放，分别进行包络检波和彼此进行相位检波，对包络检波的输出进行门限检测，只要任何一路信号超过检测门限，都会启动包络和相位测量电路，完成对两路信号包络 A_H、A_V 以及相位差 ϕ 的测量，经过极化测量处理机，输出信号极化测量结果。对于典型的雷达信号极化特性，其主要识别依据和参数估计如表 4-2 所示。

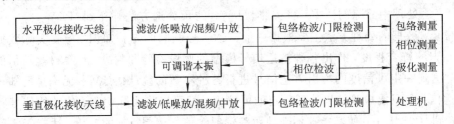

图 4-2　对雷达信号极化方向的检测和测量的系统组成

表 4-2　极化测量和识别的典型判据

极化类型	识别判据	输出参数
水平极化	$A_H > 10 A_V$	极化抑制比 $d = 20\lg(A_H/A_V)$　（dB）
垂直极化	$A_V > 10 A_H$	极化抑制比 $d = 20\lg(A_V/A_H)$　（dB）
斜线极化	$0.1 \leqslant A_H/A_V \leqslant 10$，$\phi \approx 0, \pi$	极化方向 $\gamma = \pm\arctan(A_V/A_H)$，$\phi$ 趋近 π 时取负号
左旋圆极化	$A_V \approx A_H$，$\phi \approx \pi/2$	轴比 $r = A_V/A_H$
右旋圆极化	$A_V \approx A_H$，$\phi \approx -\pi/2$	轴比 $r = A_V/A_H$

由于极化测量需要利用两路正交极化接收信号之间的幅相信息，所以对接收系统的宽带线性动态范围和幅相一致性具有较高的要求。

4.2.2　t_{TOA} 测量

t_{TOA} 是脉冲雷达信号重要的时域参数，雷达侦察系统中对 t_{TOA} 的典型测量原理如图 4-3(a) 所示，其中输入信号 $s_i(t)$ 经过包络检波、视频放大后成为 $s_v(t)$，它与检测门限 V_T 进行比较，当 $s_v(t) \geqslant V_T$ 时，从时间计数器中读取当前时刻 t 进入锁存器，产生本次 t_{TOA} 的测量值。实际的时间计数器一般采用 N 位的二进制计数器级联，经时间锁存器的 t_{TOA} 输出值为

$$\begin{cases} t_{TOA} = \mathrm{mod}(T, \Delta t, t)\,|\,s_v(t) \geqslant V_T, \, s_v(t-\varepsilon) < V_T, \, \varepsilon \to 0 \\ \mathrm{mod}(T, \Delta t, t) = \mathrm{int}\left(\dfrac{t - T \cdot \mathrm{int}(t/T)}{\Delta t}\right) \end{cases} \quad (4-2)$$

式中，$\mathrm{mod}(T, \Delta t, t)$ 为求模、量化函数；函数 $\mathrm{int}(x)$ 为求取实变量 x 的整数值；Δt 为时间计数器的计数脉冲周期；$T = \Delta t \times 2^N$，为时间计数器的最大无模糊计时范围；t_{TOA} 为 $s_v(t)$ 脉冲前沿过检测门限的时刻。由于时间计数器的位数有限，为了防止时间测量模糊，假设被测雷达的最大脉冲重复周期为 PRI_{max}，一般应保证

$$T > \mathrm{PRI}_{max} \quad (4-3)$$

Δt 取决于测量的量化误差和时间分辨力，减小 Δt 可降低量化误差，提高时间分辨力，但对于同样的 T，就需要提高计数器的级数 N，同时增加 t_{TOA} 的字长，增加 t_{TOA} 数据存储和处理的负担。

$s_v(t)$信号的前沿时间 t_{rs} 以及信噪比会影响 t_{TOA} 测量的准确程度。由于雷达侦察系统通常按照最小可测的雷达信号脉宽 τ_{min} 设置接收机带宽 $B_v \approx 1/\tau_{min}$，因此在一般情况下，影响 t_{TOA} 测量误差的主要因素是雷达信号脉冲本身的上升沿时间 t_{rs}，由此引起的均方根值 σ_t 为

$$\sigma_t = \frac{t_{rs}}{\sqrt{2S/N}} \tag{4-4}$$

一种改进方法如图 4-3(b)所示，它将 t_{TOA} 定义为 $s_v(t)$ 的最大值时间，在门限检测时间内对 $s_v(t)$ 进行连续的 ADC 采样，并将采样结果与最大值锁存器（检测前为零）内的数据进行比较。高于该值时，刷新最大值锁存器，并将此刻时间计数器数值写入时间锁存器。因此在检测脉冲结束后，该电路可输出脉冲幅度的最大值时刻 t_{TOA} 和 $s_v(t)$ 脉冲包络电压的最大值。图 4-3(b)的改进电路消除了检测门限对 t_{TOA} 测量的影响，且充分利用了最大信噪比时刻的测量值，有利于改善噪声引起的测量误差，但需要采用较高速度的 ADC 和相应的处理电路。

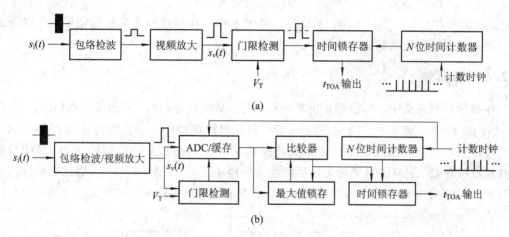

图 4-3　t_{TOA} 的测量原理

如果在测量中存在同时多信号，则 t_{TOA} 测量结果将出现较为复杂的情况：

（1）输出先期到达脉冲的 t_{TOA}，由于时间不可分辨，后面到达脉冲的 t_{TOA} 丢失；

（2）除了输出先期到达脉冲的 t_{TOA} 以外，由于多信号合成包络的起伏，可能发生多次检测，从而形成多次虚假检测和 t_{TOA} 输出。

为了克服同时多信号对信号检测和 t_{TOA} 测量的影响，在雷达侦察系统中应尽量将信号检测和 t_{TOA} 测量电路设置在方向、频率的滤波处理之后，以便降低信号时域重叠的概率。

4.2.3　τ_{PW} 测量

τ_{PW} 也是雷达信号的重要时域参数。一般雷达的脉宽本身比较稳定且种类有限，在较高的信噪比下受噪声的影响较小，往往可以直接用作信号分选识别的重要依据。在雷达侦察系统中，τ_{PW} 的测量是与 t_{TOA} 的测量同时进行的，如图 4-4 所示。在门限检测前，脉宽计数器的初值为零，在门限检测信号有效期间，脉宽计数器对时钟信号计数，门限检测信号的后沿将脉宽计数值送入脉宽锁存器，并在经过一个计数时钟周期 Δt 迟延后将脉宽计数器清零，等待下一次测量。当脉宽计数器采用 N 位二进制计数器级联时，最大无模糊脉宽测

量范围为

$$\tau_{PW_{max}} = \Delta t \cdot 2^N \qquad (4-5)$$

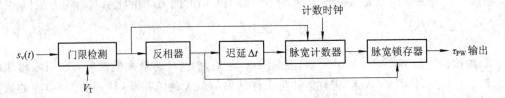

图 4-4 τ_{PW} 的测量原理

同 t_{TOA} 的测量一样，τ_{PW} 的测量中，脉冲信号的前、后沿过门限时刻也会受到系统中噪声的影响，其测量误差的均方根值为

$$\sigma_{PW} = \frac{t_{rs} + t_{do}}{\sqrt{2S/N}} \qquad (4-6)$$

式中，t_{do} 为脉冲信号的下降时间。多信号的时域重叠也会造成脉宽测量的错误，出现合成信号视频包络展宽或脉宽分裂等情况。

4.2.4 A_P 测量

在雷达侦察系统中，A_P 的测量也是与 t_{TOA} 的测量同时进行的，其测量原理如图 4-5 所示，以门限检测时刻为初始，经过迟延 τ 后，用作采样保持电路和模数变换器（ADC）的启动信号，ADC 经过 t_c 时间后完成对 $s_v(t)$ 的模数变换，发出读出允许信号，将 $s_v(t)$ 的数据送到输出缓存器。迟延的目的是为了尽可能准确地捕获 $s_v(t)$ 信号的峰值。因此更加合理的测量电路应该采用图 4-3(b)，它在测量 t_{TOA} 的同时，最大值锁存器中也完成了 A_P 的测量。

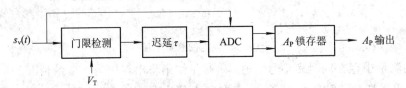

图 4-5 A_P 的测量原理

由于受雷达发射功率，发射天线增益和波束扫描，接收天线的极化匹配、天线增益和波束扫描，收发距离和传播路径，接收机增益和频率响应特性等诸多因素的影响，A_P 的变化范围非常大。为了压缩 $s_v(t)$ 信号的动态范围，在实际雷达侦察系统中普遍利用限幅器、限幅放大器、对数放大器等，使输入信号 $s_i(t)$、输出信号 $s_v(t)$ 近似满足以下限幅或对数特性：

限幅特性

$$s_v(t) \approx \begin{cases} s_{v\,max} & k_A |s_i(t)| \geqslant s_{v\,max} \\ k_A |s_i(t)| & k_A |s_i(t)| < s_{v\,max} \end{cases} \qquad (4-7)$$

对数特性

$$s_v(t) \approx k_A \lg |s_i(t)| \qquad (4-8)$$

其中，k_A 为接收机、检波器增益特性所决定的常数。理想情况下 ADC 输出脉冲的幅度值为

$$A_P = \begin{cases} 2^N - 1 & s_v(\tau) - V_0 > (2^N - 1)\Delta V \\ \text{int}\left[\dfrac{(s_v(\tau) - V_0)}{\Delta V}\right] & 0 \leqslant s_v(\tau) - V_0 \leqslant (2^N - 1)\Delta V \\ 0 & s_v(\tau) < V_0 \end{cases} \qquad (4-9)$$

式中，N 为 ADC 的量化位数，$[V_0, V_0 + (2^N - 1)\Delta V]$ 为 ADC 的输入动态范围。为了充分利用 ADC 输出数据的有效位，应保持 $s_v(t)$ 的动态范围与 ADC 的动态范围一致。

4.3　雷达侦察信号的预处理

雷达侦察信号预处理的输入数据为侦察设备前端输出的脉冲描述字流 $\{\text{PDW}_i\}_i$，该流中包含了需要删除的无用数据、已知雷达辐射源的数据和可能存在的未知雷达辐射源数据三个部分。预处理的目的是为了将 $\{\text{PDW}_i\}_i$ 快速而准确地分配到三个不同的队列中，其中删除无用数据是为了迅速而有效地减轻信号处理的负担，一般率先进行；区分已知雷达辐射源数据可以充分利用有关雷达辐射源的先验数据信息，既可以提高信号处理的速度，也可以提高信号处理的质量；检测和识别可能存在的未知雷达辐射源主要依靠有关雷达辐射源的先验知识，对实际接收到的脉冲信号流进行某种雷达辐射源的数据分划，便于后续的主处理进行辐射源存在的假设检验和推理，一般最后进行。这种将 PDW 分类的信号处理方法也称为信号分选（Signal Sortting）。

上述预处理的主要过程分别是：构建删除无用数据的特征集合 $\{E_p\}_{p=1}^n$，从 $\{\text{PDW}_i\}_i$ 中迅速删除无用数据；构建已知雷达辐射源数据的特征集合 $\{C_j\}_{j=1}^m$，初步分选出已知雷达辐射源数据队列 $\{\text{PDW}_{i,j}\}_{j=1}^m$；构建未知雷达辐射源数据的分划集合 $\{D_k\}_{k=1}^l$，分选出可能存在雷达辐射源数据的若干队列 $\{\text{PDW}_{i,k}\}_{k=1}^l$。

4.3.1　无用数据的删除

无用数据主要是指没有处理意义的数据，它可能包括：已经确知的某些干扰数据，不需要处理的己方辐射源数据，已经熟知和确知某些辐射源数据等。将它们归纳为无用数据的特征集合 $\{E_p\}_{p=1}^n$，其中 E_p 为第 p 类无用数据的特征，n 为无用数据的种类。在典型情况下，采用特定的来波方向、频率、脉宽和脉内调制特征来逐一定义某一种具体的无用数据

$$\begin{cases} E_p = (\theta_{\text{AOA}_p} \cap f_{\text{RF}_p} \cap \tau_{\text{PW}_p} \cap F_p) \\ E = \bigcup_{p=1}^n E_p \end{cases} \qquad (4-10)$$

它是四维空间中的特征向量，典型的删除处理过程为快速的数据匹配：

$$\text{PDW}_i \begin{cases} \text{PDW}_i' & M(\text{PDW}_i, E) \notin E \\ \overline{\text{PDW}_i'} & M(\text{PDW}_i, E) \in E \end{cases} \qquad (4-11)$$

其中，$\{\text{PDW}_i'\}_i$ 为删除了无用数据后的有用辐射源数据流，它将进一步参与后续的已知和未知辐射源信号分选处理。$M(\text{PDW}_i, E)$ 为 PDW_i 在删除数据特征子空间 E 上的投影，也就是从 PDW_i 中选取与 E 对应的特征参数。

4.3.2　对已知雷达辐射源数据的预处理

设 $\{C_j\}_{j=1}^m$ 是已知雷达辐射源信号参数特征的集合，C_j 为其中的第 j 部已知雷达的信号参数特征。为了提高处理速度，构成 $\{C_j\}_{j=1}^m$ 的各维参数特征及其描述都应与 PDW 的参数特征及其描述保持一致，同时还需要综合考虑 PDW 中信号参数特征的稳定性、侦察系统前端的参数测量能力、测量过程中噪声和误差的影响等。在雷达侦察信号预处理中，通常选择 θ_{AOA}、f_{RF}、τ_{PW} 和 F 作为 C_j 的特征参数基，并用各已知雷达信号在上述参数基上的投影生成 C_j：

$$\begin{cases} C_j = (\theta_{\mathrm{AOA}_j} \bigcap f_{\mathrm{RF}_j} \bigcap \tau_{\mathrm{PW}_j} \bigcap F_j) \\ C = \bigcup\limits_{j=1}^m C_j \end{cases} \qquad (4-12)$$

对于已知辐射源信号 PDW_i' 的基本预处理算法是：

$$\mathrm{PDW}_i' \begin{cases} \mathrm{PDW}_{i,j}, & M(\mathrm{PDW}_i', C) \in C_j, \ \forall j \in \mathbf{N}_{m+1}^* \\ \mathrm{PDW}_i'', & M(\mathrm{PDW}_i', C) \notin C \end{cases}, \ \forall i \qquad (4-13)$$

属于 C_j 子空间的 PDW_i' 数据被分选到相应的已知雷达辐射源数据缓存区 $\{\mathrm{PDW}_{i,j}\}_{j=1}^m$，不属于任何 C_j 的 PDW_i' 数据将留给 $\{\mathrm{PDW}_i''\}_i$，以便参加未知雷达辐射源数据的预处理。

如果 m 个已知雷达信号的子空间 $\{C_j\}_{j=1}^m$ 彼此都不相交：

$$C_i \bigcap C_j \equiv \phi \qquad i \neq j; \qquad i, j \in \mathbf{N}_{m+1}^* \qquad (4-14)$$

则从 PDW_i' 到 $\{\mathrm{PDW}_{i,j}\}_{j=1}^m$ 的分选将是唯一的，即任意到达的 PDW_i' 最多只能符合一部已知雷达的信号特征。这种没有预分选模糊的情况是非常理想的。但在许多实际情况下，由于在一个作战地域内会存在敌我双方大量的雷达，同波段、同方向、同脉宽，甚至同型号的雷达同时工作也是司空见惯的。因此表现为 $\{C_j\}_{j=1}^m$ 是有交叠的，这样式（4-13）的预分选可以是多值的，即一个 PDW_i' 能够分配到多个 $\{\mathrm{PDW}_{i,j}\}_j$ 中，只要其符合多个 C_j。

4.3.3　对未知雷达辐射源数据的预处理

对 $\{\mathrm{PDW}_i''\}_i$ 数据的预处理主要是根据一般雷达信号特征的先验知识，对 θ_{AOA}、f_{RF}、τ_{PW} 和 F 四参数张成的子空间 Ω 制定出一种合理的分划 $\{D_k\}_{k=1}^l$。该分划的一般原则是：首先尽可能将来自同一雷达辐射源的 PDW 分划在一起，然后才是尽可能将来自不同雷达辐射源的 PDW 分划开。此外，各子空间的分划还应满足式（4-15）的完备性和正交性：

$$\begin{cases} \bigcup\limits_{k=1}^l D_k = D = \Omega \\ D_i \bigcap D_k = \phi \qquad \forall i \neq k \end{cases} \qquad (4-15)$$

对未知雷达辐射源 PDW_i'' 的预处理算法为

$$\mathrm{PDW}_i'' \in \mathrm{PDW}_{i,k}, M(\mathrm{PDW}_i'', D) \in D_k \qquad k \in \mathbf{N}_{l+1}^*, \forall i \qquad (4-16)$$

在满足式（4-15）的条件下，剩余的任意 PDW_i'' 都将被唯一地划分在某一个未知雷达辐射源分选数据的子流 $\{\mathrm{PDW}_{i,k}\}_k$ 中。

根据 D_k 的生成原则，在雷达侦察系统中，对到达角一般采用以测角误差为单位的均匀分划，对载频采用以波段为单位的非均匀分划，对脉宽采用以近似对数为单位的非均匀量化，脉内调制特征则专门作为一种分划。典型的空间分划如表 4-3 所示。

表 4 - 3 典型的未知雷达辐射源信号特征分划

参数名称	θ_{AOA}	f_{RF}	τ_{PW}	F
量化单位与分划方式	$3° \sim 5°$，全方位均匀分划	按 P/L/S/C/X/K_u/K_A 等波段分划	μs 级，按 $\leqslant 0.5/1/3/10/100/\geqslant 100$ 等非均匀区间分划	按脉内单载频/Chirp/相位编码/频率分集等调制分划

在 PDW 的各项参数中，由于 t_{TOA} 数据不便于直接使用，而正确的转换成脉冲重复间隔（PRI）数据需要较复杂的处理时间，一般不能满足实时预处理的要求；影响 A_P 数据的因素很多，即使是同一个辐射源的信号，A_P 数据的起伏也很大。因此这两项参数一般不参加 PDW_i 数据的预处理。

4.3.4 预处理机的组成

实现上述 PDW_i 数据预处理算法的软、硬件电路和系统称为预处理机。目前主要有：采用多参数关联比较器的预处理机，采用存储器映射的预处理机和采用 DSP 阵列的预处理机等三种形式。

1. 多参数关联比较器的预处理机

图 4 - 6 是一种由多参数关联比较器组成的预处理机。实时输入的 PDW_i 经过数据驱动分配给 n 个四参数关联比较器，以删除处理为例。

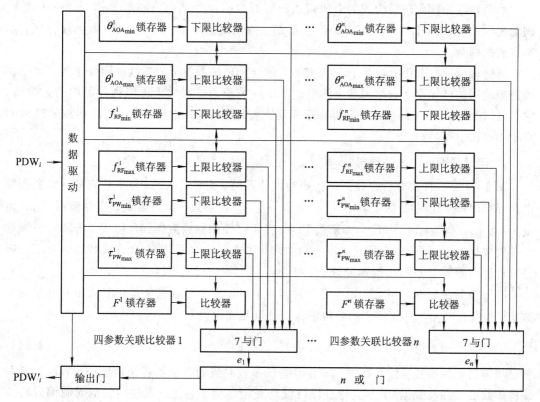

图 4 - 6 多参数关联比较器构成的无用数据删除电路

$$E_p = [\theta_{\mathrm{AOA_{min}}}^p, \theta_{\mathrm{AOA_{max}}}^p] \bigotimes [f_{\mathrm{RF_{min}}}^p, f_{\mathrm{RF_{max}}}^p] \bigotimes [\tau_{\mathrm{PW_{min}}}^p, \tau_{\mathrm{PW_{max}}}^p] \bigotimes F^p \qquad p \in \mathbf{N}_{n+1}^*$$

$$(4-17)$$

每个 PDW_i 中的 θ_{AOA}、f_{RF}、τ_{PW}、F 参数同时与 E_p 中预存的对应参数进行比较，符合式 $(4-11)$ 要求时输出删除信号 e_p。在 n 个关联比较器中，只要有一个 e_p 有效，则该 PDW_i 都将被删除，保留下来的 PDW_i' 则进入下一阶段预处理。

由多参数关联比较器构成的已知雷达辐射源数据预处理电路同图 $4-6$ 类似，只是各与门输出的信号 e_j 将此时的 PDW_i 送入各自的已知雷达辐射源数据缓存区 $\mathrm{PDW}_{i,j}$，如图 $4-7$ 所示。

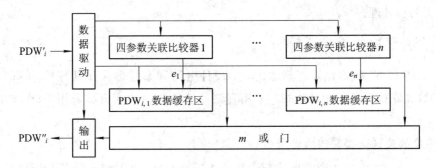

图 $4-7$ 多参数关联比较器构成的已知雷达辐射源预处理电路

由多参数关联比较器构成的未知雷达辐射源数据预处理电路同图 $4-7$ 类似，只是在满足式 $(4-15)$ 的条件下，全部 PDW_i'' 数据都会唯一地进入某一个 $\mathrm{PDW}_{i,k}$ 数据缓存区，不再有数据剩余。

该处理机一般采用大容量 FPGA 实现，适合处理参数特征成连续区间分布的情形。在预处理使用的已知雷达数据库和未知雷达知识库表现为各参数上下限锁存器中的数据值，它们可以通过 FPGA 编程或处理器加载实现。该类预处理机对单个 PDW 的典型处理时间小于 100 ns。

2. 存储器映射的预处理机

图 $4-8$ 是一种由并行存储器组构成的预处理机。实时输入的 PDW 首先经过参数选择电路（$M(\mathrm{PDW})$ 处理），从中取出 θ_{AOA}、f_{RF}、τ_{PW}、F 四参数，作为删除数据存储器 E_M 的地址（$A_E = \theta_{\mathrm{AOA}} \bigotimes f_{\mathrm{RF}} \bigotimes \tau_{\mathrm{PW}} \bigotimes F$），如果该 PDW 属于需要删除的数据（$M(\mathrm{PDW}) \in E$），则该地址存储数据为 0，阻止该数据进入下一级处理，否则存储数据为 1，允许该数据进入下一级已知辐射源数据 $\{\mathrm{PDW}_i'\}_i$ 的预处理。

已知辐射源数据的预处理由 q 个存储器组成，每个存储器包含有 n_i 个已知辐射源的参数特征，且在同一个存储器中的各辐射源特征满足正交性：

$$\bigcup_{i=1}^{q} \bigcup_{p=1}^{n_i} C_{i,p} = C, \quad C_{i,j} \bigcap C_{i,p} = \phi, \qquad \forall j \neq p, i \in \mathbf{N}_{q+1}^* \qquad (4-18)$$

将已知辐射源的编号 j 作为数据存放在其特征参数对应的存储器各个地址中，非已知辐射源的参数地址存放数据 0。预处理过程仅仅是查询存储表，并根据输出的辐射源编号将该 PDW 数据装填到对应的已知辐射源数据缓存区，数据为 0 的则进入未知辐射源信号预处理（各存储器的数据均输出 0）。在满足式 $(4-18)$ 的条件下，每个存储器映射的分选结果是唯一的，而多个存储器映射分选之间可以是不唯一的。

　　经过已知辐射源预处理后的剩余数据 $\{PDW''_i\}_i$ 送入未知辐射源预处理，由于未知辐射源划分 $\{D_k\}_{k=1}^l$ 满足式（4-15）的正交性，所以只需要使用一个存储器，就可以将其唯一地划分到某一个未知雷达辐射源数据缓存区中。

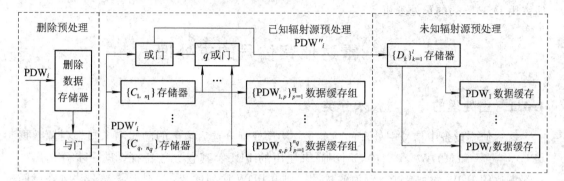

图 4-8　存储器映射构成的删除/已知/未知辐射源预处理机

　　采用存储器映射逻辑的预处理机处理过程十分简捷，但需要有较多较大容量的存储器，假设 $B_{\theta_{AOA}}$、$B_{f_{RF}}$、$B_{\tau_{PW}}$、B_F 分别为各参数测量的字长，则需要四参数寻址的存储容量 B 为

$$B = B_{\theta_{AOA}} + B_{f_{RF}} + B_{\tau_{PW}} + B_F \qquad (4-19)$$

根据实际雷达信号的参数分布和参数测量系统的误差，适当地舍弃各参数的低位数据寻址，可以有效地降低存储容量。

3. DSP 阵列预处理机

　　图 4-9 是一种由并行 DSP 阵列构成的预处理机。实时输入的 PDW 经过简单的数据分配电路进入各对应的数据缓存区，防止待处理数据的丢失。典型的数据分配电路是按照测量的载频数据 f_{RF} 或脉宽数据 τ_{PW} 进行分配的，将不同频段的 PDW 分配给对应的 DSP 处理机。各频段的删除、已知辐射源特征数据库和未知辐射源的划分准则也同时被分配到各对应的 DSP 系统中，各 DSP 处理机从所在的数据缓存区读取待处理数据，通过软件完成上述的信号预处理过程。

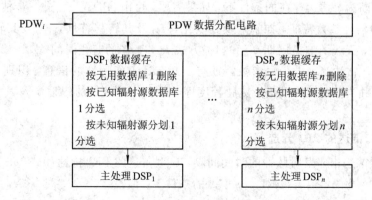

图 4-9　DSP 阵列预处理机组成

　　由于雷达侦察信号的主处理也是由 DSP 处理机完成的，通过 DSP 之间的高速数据传输接口可以很方便地将预处理后的分选数据交付给主处理 DSP，最终输出辐射源检测、参

数测量和各种识别、判决结果。

由于 DSP 完成上述处理是通过软件程序实现的，每一个处理过程都需要有若干条处理指令，因此在一般情况下，采用 FPGA 电路构成的预处理机速度快于 DSP 阵列，但其应对复杂信号环境的处理灵活性不及 DSP 阵列。因此在环境信号流密度不高的情况下，较多地采用 DSP 阵列的预处理机。

4.4　雷达侦察信号的主处理

4.4.1　主处理的作用与技术分类

雷达侦察设备中信号主处理的任务是：从预处理分选后输出的已知和未知辐射源数据 $\{PDW_{i,j}\}_{j=1}^{m}$ 和 $\{PDW_{i,k}\}_{k=1}^{l}$ 中，利用尚未使用的 PRI 等其它参数特征，进一步分选出每一部雷达的 PDW 序列，进行辐射源检测，利用 PDW 序列的变化，估计该信号序列在脉间的调制特征，天线扫描特征等，从而识别和判断其雷达类型、功能、当前的工作方式和威胁程度等。

由于主处理的数据量大、处理算法较复杂、要求的反应时间短，因此主处理机一般以高速 DSP 为核心，且采用多处理器并行工作。为了提高处理速度、精度和识别判断的可信度，主处理过程也必须充分利用各种先验信息和知识。

对已知雷达预处理后数据缓存输出 $\{PDW_{i,j}\}_{j=1}^{m}$ 的处理称为对已知雷达信号的主处理，对未知雷达预处理后数据缓存输出 $\{PDW_{i,k}\}_{k=1}^{l}$ 的处理称为对未知雷达信号的主处理。

4.4.2　已知雷达信号的主处理

对已知雷达信号主处理的基本流程如下：

（1）利用已知雷达的脉冲重复间隔（PRI）信息，从 $\{PDW_{i,j}\}_{j=1}^{m}$ 中进一步分选 j 雷达的数据子流 $\{PDW_{i,j}\}_i$，根据给定时间内 $\{PDW_{i,j}\}_i$ 中脉冲的数量或其它特性，判断已知的 j 雷达是否存在。

（2）在判断为 j 雷达存在的条件下，如果需要，可由 $\{PDW_{i,j}\}_i$ 进一步估计和测量 j 雷达当前的各项信号参数特征，如 θ_{AOA} 及其变化，f_{RF} 及其转移特性，τ_{PW} 及其转移特性，t_{PRI} 及其转移特性，天线的扫描周期 T_A 和扫描方式 F_a，工作的起止时间等。

（3）根据 j 雷达当前的信号参数特征与已知雷达工作特性的信息，识别和判断 j 雷达的类型、功能和当前的工作状态、威胁程度等，形成各种必要的辐射源及其参数处理结果文件。

1. 对已知雷达的 PRI 分选

PRI 是指雷达相邻发射脉冲的时间间隔，典型雷达的 PRI 特性如式（1-6）所示。在已知该式中描述参数 n，δT，$\{PRI_p, n_p\}_{p=1}^{n}$ 的条件下，假设

$$PRI_{min} = \min_{1\leqslant p\leqslant n}\{PRI_p\} - \delta T, \quad PRI_{max} = \max_{1\leqslant p\leqslant n}\{PRI_p\} + \delta T \qquad (4-20)$$

在输入数据 $\{PDW'_{i,j}\}$ 中到达时间数据为 $\{t_i\}_{i=0}^{i_{max}}$，则主处理中进行一次 PRI 重合分选（二重合）的处理流程如图 4-10 所示，它是用后面的 PDW 验证前面的 PDW，依次将满足已

知 n、δT、$\{\mathrm{PRI}_p,\ n_p\}_{p=1}^n$ 特性的 PDW 保留到输出数据 $\{\mathrm{PDW}_q\}_{q=0}^{q_{\max}}$ 中，而得不到验证的 PDW(包括最后的 PDW)将被剔除。

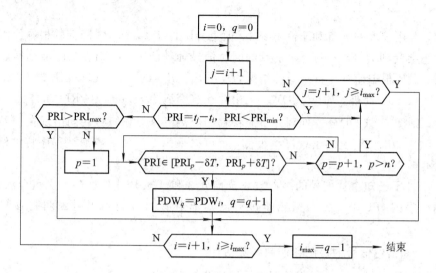

图 4 - 10 一次重合法分选流程图

由于图 4 - 10 中的验证只进行了一次，因此称为 PRI 的一次重合法分选。如果像图 4 - 11 那样连续进行 k 次分选，则相当于 $\{\mathrm{PDW}_q\}_{q=0}^{q_{\max}}$ 中每一个 PDW 都经过了 k 次的验证，其发生分选错误的概率将会极大地降低，称为 PRI 的 k 次重合法分选。

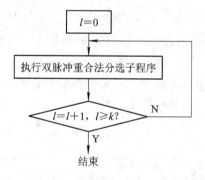

图 4 - 11 k 次重合法分选流程图

假设在预分选后输入的数据流 $\{\mathrm{PDW}_{i,j}'\}_i$ 中，PRI 满足 n，δT，$\{\mathrm{PRI}_p,\ n_p\}_{p=1}^n$ 特性的正确 PDW 检测概率为 P_1，除正确 PDW 以外，其它 PDW 的流密度为 λ_E，且满足泊松流的统计特性，则经过一次重合法分选后的正确检测概率 P_{R1} 和错误检测概率 P_{E1} 分别为

$$\begin{cases} P_{R1} = P_1^2 \\ P_{E1} = 1 - \mathrm{e}^{-\mathrm{j}2n\lambda_E\delta T} \end{cases} \tag{4-21}$$

该式表明：即使是正确的 PDW，也必须连续检测两次才能够将前一次的 PDW 保留到分选输出流 $\{\mathrm{PDW}_q\}_{q=0}^{q_{\max}}$；其它流密度 λ_E 越大，分选的容差 δT 越大，PRI 的种类越多(n 越大)，分选错误的概率也越大。

由于 k 次重合法分选要求连续发生 k 次的重合，因此经过 k 次重合法分选输出的正确

检测概率 P_{Rk} 和错误检测概率 P_{Ek} 分别为

$$\begin{cases} P_{Rk} = P_1^k \\ P_{Ek} = (P_{E1})^k \end{cases} \tag{4-22}$$

显然，选用较大的 k 有利于降低 P_{Ek}，但也会降低 P_{Rk}，而 P_{Rk} 降低的根本原因还在于 P_1 过低，它会受到信号功率起伏，前端的同时信号处理能力，已知参数的准确程度等诸多因素影响，需要根据侦察设备的具体情况，兼顾 P_{Rk}、P_{Ek} 的要求，选择合适的 k 值。在一般情况下，$k=2\sim4$。此外，如果 $\{PDW'_{i,j}\}_i$ 中存在多个满足 n、δT、$\{PRI_p, n_p\}_{p=1}^n$ 特性的辐射源信号，则图 4-11 的分选处理并不能将它们分离开来，它们将共同出现在 $\{PDW_q\}_{q=0}^{q_{max}}$ 的输出序列中。这种情况的出现概率很低，也可以采用专门的分离滤波程序将它们分离开来，对此不再赘述。

由于经过了已知雷达信号的多参数联合预分选和已知 PRI 特性的 k 次重合法主分选，形成的输出序列 $\{PDW_q\}_{q=0}^{q_{max}}$ 一般用于进行已知辐射源的检测和辐射源调制参数的各种估计。

2. 对已知雷达信号的检测和调制参数估计

对已知雷达辐射源存在与否的假设检验判决一般为：

$$\begin{cases} q_{max} \begin{matrix} \geqslant \\ < \end{matrix} \alpha \cdot \dfrac{T_{min}}{\overline{PRI}}, \begin{matrix} \text{该雷达存在} \\ \text{该雷达不存在} \end{matrix} \\ T_{min} = \min\{T_S, T_C\} \\ \overline{PRI} = \dfrac{1}{L} \sum_{p=1}^n n_p PRI_p, \ L = \sum_{p=1}^n n_p \end{cases} \tag{4-23}$$

式中，T_S、T_C 分别为雷达信号的连续照射时间和侦察接收机对 PDW 的检测处理时间，α 为可靠系数，通常取为 $0.3\sim0.5$。如果只能进行主瓣侦收，则 T_S 为雷达发射天线主瓣在侦察接收机方向的驻留时间，如果能够进行平均旁瓣侦收，则 $T_S \rightarrow \infty$，T_{min} 完全取决于 T_C。T_C 的选取依据主要是式（4-20）中的 PRI_{max}，

$$T_C \geqslant m PRI_{max}, \ m \geqslant \dfrac{1}{\alpha} \tag{4-24}$$

对于检测后判决为存在的已知雷达辐射源及其 $\{PDW_q\}_{q=0}^{q_{max}}$，可进一步估计其载频、脉宽、脉冲重复周期、天线扫描周期和照射时间等调制参数，以便掌握该辐射源信号调制特征的细节，修改、补充和完善该已知雷达的信号特征库，跟踪其工作参数、工作方式和所在方向等的实时变化。

1）载频调制特性的估计与测量

雷达信号的载频调制特性可集中表现为载频集 $\{f_{RF_i}\}_{i=1}^k$ 和载频的转移概率矩阵 $\boldsymbol{P}_{k\times k}^{RF}$。$\{f_{RF_i}\}_{i=1}^k$ 是 $\{PDW_q\}_{q=0}^{q_{max}}$ 中 $\{f_{RF_q}\}_{q=0}^{q_{max}}$ 的全体，也是该雷达工作的全体载频，$\boldsymbol{P}_{k\times k}^{RF}$ 则是该雷达载频在脉冲之间的变化规则。由于在 $q_{max}+1$ 个脉冲内只发生了 q_{max} 个脉间转移，因此其转移概率的估计为

$$\boldsymbol{P}_{k\times k}^{RF} = \left[p_{i,j}^{RF} = \frac{n_{i,j}}{n_i} \right]_{k\times k}, \ \sum_{j=1}^k n_{i,j} = n_i, \ \sum_{i=1}^k n_i = q_{max} \tag{4-25}$$

式中，n_i、$n_{i,j}$ 分别为 $\{f_{RF_q}\}_{q=0}^{q_{max}}$ 中载频数据为 f_{RF_i} 和从 f_{RF_i} 转移到 f_{RF_j} 的次数。由于它是基

于长时间对大量数据的统计，因此数据越多，结果越准确。在理想情况下，单载频雷达只有一个载频，其转移矩阵只有一个元素，且到自身的转移概率为 1；成组变频雷达有 k 个不同载频，其转移矩阵中的各元素的渐进统计结果为

$$p_{i,i} = 1 - \frac{1}{n_i}, \quad \sum_{j=1, j\neq i}^{k} p_{i,j} = \frac{1}{n_i} \quad i \in \mathbf{N}_{k+1}^* \tag{4-26}$$

式中，n_i 为雷达载频在 i 处连续滞留的脉冲数。具有 k 个不同载频的独立捷变频雷达（转移频率与当前频率无关），转移概率矩阵各列元素相同，且等于其各载频出现的概率。如果是等概率分布的独立捷变频雷达，则其所有矩阵元素均为 $1/k$。

2）信号脉宽参数的估计与测量

与载频参数的估计与测量相似，雷达信号的脉宽特征集中表现为：脉宽集 $\{\tau_{PW_i}\}_{i=1}^k$ 和在此集合上的转移概率矩阵 $\boldsymbol{P}_{k\times k}^{PW}$。$\{\tau_{PW_i}\}_{i=1}^k$ 是 $\{PDW_q\}_{q=0}^{q_{max}}$ 中脉宽的全体。脉宽转移概率矩阵 $\boldsymbol{P}_{k\times k}^{PW}$ 也是采用对脉宽转移频率的统计进行估计的，其中元素

$$\boldsymbol{P}_{k\times k}^{PW} = \left[p_{i,j}^{PW} = \frac{n_{i,j}}{n_i} \right]_{k\times k}, \quad \sum_{j=1}^{k} n_{i,j} = n_i, \quad \sum_{i=1}^{k} n_i = q_{max} \tag{4-27}$$

式中，n_i、$n_{i,j}$ 分别为 $\{\tau_{PW_q}\}_{q=0}^{q_{max}}$ 中脉宽数据为 τ_{PW_i} 和从 τ_{PW_i} 转移到 τ_{PW_j} 的次数。在理想情况下，固定脉宽雷达只有一种脉宽，其转移矩阵只有一个元素，且到自身的转移概率为 1；成组变脉宽雷达有 k 种不同脉宽，其转移矩阵中的各元素的渐进统计结果为

$$p_{i,i} = 1 - \frac{1}{n_i}, \quad \sum_{j=1, j\neq i}^{k} p_{i,j} = \frac{1}{n_i} \quad i \in \mathbf{N}_{k+1}^* \tag{4-28}$$

式中，n_i 为雷达脉宽在 τ_{PW_i} 处连续滞留的脉冲数。

3）信号脉冲重复周期参数的估计与测量

雷达信号的 PRI 特征集中表现为：PRI 集合 $\{t_{PRI_i}\}_{i=1}^k$ 和在此集合上的转移概率矩阵 $\boldsymbol{P}_{k\times k}^{PRI}$。$\{t_{PRI_i}\}_{i=1}^k$ 是 $\{PDW_q\}_{q=0}^{q_{max}}$ 中各相邻脉冲到达时间差 $\{t_{PRI_q} = t_{TOA_{q+1}} - t_{TOA_q}\}_{q=0}^{q_{max}-1}$ 的全体，$P_{k\times k}^{PRI}$ 是对 $\{t_{PRI_q}\}_{q=0}^{q_{max}}-1$ 转移频率的统计估计，其中元素

$$\boldsymbol{P}_{k\times k}^{PRI} = \left[p_{i,j}^{PRI} = \frac{n_{i,j}}{n_i} \right]_{k\times k}, \quad \sum_{j=1}^{k} n_{i,j} = n_i, \quad \sum_{i=1}^{k} n_i = q_{max} \tag{4-29}$$

式中，n_i、$n_{i,j}$ 分别为 $\{t_{PRI_q}\}_{q=0}^{q_{max}}-1$ 中脉冲重复周期数据为 t_{PRI_i} 和从 t_{PRI_i} 转移到 t_{PRI_j} 的次数。雷达信号中各种 PRI 特性的统计解释类似于载频的转移特性解释，不再赘述。

4）信号 θ_{AOA} 参数的估计与测量

在 $\{PDW_q\}_{q=0}^{q_{max}}$ 中已经具有雷达一系列 θ_{AOA} 的测量值 $\{\theta_{AOA_q}\}_{q=0}^{q_{max}}$，而进一步对其进行处理的目的是提高估计精度，并对雷达存在相对运动时的 θ_{AOA} 进行跟踪。通常采用窗函数 $\{c_i\}_{i=0}^{N-1}$ 对当前时刻 n 及其之前的连续 N 个测量值作线性加权估计：

$$\begin{cases} \hat{\theta}_{AOA_n} = \sum_{i=0}^{N-1} c_i \theta_{AOA_{n-i}}, \quad q_{max} \geqslant N \\ \sum_{i=0}^{N-1} c_i = 1, \quad c_i \geqslant 0 \end{cases} \tag{4-30}$$

5）天线扫描参数的估计与测量

雷达侦察系统中需要分析和测量的雷达天线扫描参数主要有：天线扫描周期 T_A、扫描的功率谱 $G_A(\Omega)$ 和主瓣照射时间宽度 T_{MS} 等，测量的数据来源是 $\{PDW_q\}_{q=0}^{q_{max}}$ 中的 t_{TOA} 和 A_P 两项参数。由于大部分机械扫描雷达天线的扫描速度较慢，因此对雷达天线扫描参数的估计需要较长的时间，通常为数秒至数十秒，q_{max} 的数据数量将会很大。

（1）T_{MS} 的估计与测量。T_{MS} 是指侦察机接收到雷达主瓣各次照射信号持续时间的平均值。在主瓣侦察条件下，$\{t_{TOA_q}, A_{P_q}\}_{q=0}^{q_{max}}$ 是通过检测雷达信号主瓣所获得的，它包含了对辐射源主瓣侦收期间各脉冲的时间和功率记录。由于主瓣侦收时 $\{t_{TOA_q}, A_{P_q}\}_{q=0}^{q_{max}}$ 是时间间断的，因此对 T_{MS} 的估计首先是要确认 $\{t_{TOA_q}, A_{P_q}\}_{q=0}^{q_{max}}$ 序列中每次扫描时间的起始和结束时间 $\{T_{MSS}^i, T_{MSE}^i\}_i$，

$$\begin{cases} T_{MSS}^i = t_{TOA_q} \\ T_{MSE}^{i-1} = t_{TOA_{q-1}} \end{cases}, \quad t_{TOA_q} - t_{TOA_{q-1}} \geqslant k \cdot PRI_{max} \qquad i \in \mathbf{N}^* \qquad (4-31)$$

该式表明：将侦收序列 $\{t_{TOA_q}, A_{P_q}\}_{q=0}^{q_{max}}$ 中相邻脉冲之间的时间间隔大于最大脉冲重复周期 k 倍的时间作为天线扫描间断的检测门限，并将间断点两端的时间分别作为上次扫描结束和本次扫描开始的时间，如图 4 - 12 所示。考虑到信号功率的起伏，k 一般取为 5～10。

$$T_{MSS} = \frac{1}{n}\sum_{i=1}^{n}(T_{MSE}^i - T_{MSS}^i) \qquad (4-32)$$

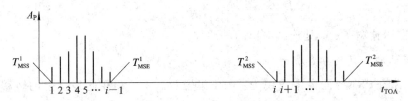

图 4 - 12　主瓣侦察辐射源脉冲到达时间与天线扫描的示意图

（2）T_A 的估计与测量。T_A 是指侦察机接收到雷达各次间断照射信号之间的平均时间间隔，即

$$T_A = \frac{1}{n}\sum_{i=1}^{n}(T_{MSS}^{i+1} - T_{MSS}^i) = \frac{1}{n}\sum_{i=1}^{n}(T_{MSE}^{i+1} - T_{MSE}^i) \qquad (4-33)$$

（3）扫描功率谱 $G_A(\Omega)$ 的估计。通常采用离散傅立叶变换（DFT）估计：

$$G_A(\Omega) = \left| \sum_{q=0}^{q_{max}} A_{P_q} e^{-j\Omega t_{TOA_q}} \right|^2 \qquad (4-34)$$

3. 对已知雷达工作特性的识别

对已知雷达工作特性识别的主要依据是雷达工作特性与信号参数的密切关系，这种关系可以用数据库表示，也可以用知识库表示。为此经常采用一种称为 IF THEN 结构的产生式规则推理算法。

设条件集 $\{T_k\}_{k=1}^{L}$ 为已知雷达各项参数检测和测量结果的集合，则产生式规则是将其与已知雷达工作特性之间的关系归纳为一组规则集 $\{E_i\}_{i=1}^{N}$，推理中的每一条规则 E_i 都具

有下面的描述形式：

IF(条件集＝{条件/可信度 1，条件/可信度 2，…，条件/可信度 n；各条件$\in\{T_k\}_{k=1}^L$})

THEN(结论集＝{结论/可信度 1，结论/可信度 2，…，结论/可信度 m})　　　(4-35)

即由对已知雷达参数检测、测量的结果作为规则中的条件及条件的可信度，产生对雷达工作特性等的识别结论和该规则相应的可信度，相当于将有关雷达工作特性的数据、知识都表现在产生式规则集合中，不仅适用于已知雷达，也能够适用于未知雷达。对于推理过程中每一项条件的可信度和规则的可信度，可以采用多种计算方法求得结论的可信度，这些计算方法往往出自于各种不同的准则，以满足不同的实际工程需要。由于这些计算方法属于人工智能领域的研究问题，本文对此不做进一步的展开讨论。

由于许多条件和结果之间也是可以相互转化的，每条规则产生的结论又可以作为新的条件补充到$\{T_k\}_{k=1}^L$中，再被其它规则所引用，如此循环迭代，直到不再产生新的结论为止。

对雷达工作特性的识别是雷达侦察处理技术的重要内容，需要大量借鉴当前人工智能科学技术的成果。对于许多已知雷达，其条件和结论的可信度近似为 1，甚至可以不再需要计算可信度，成为精确推理。但面对复杂的电磁信号环境，各种条件都可能存在一定的不确定性，因此应该采用更具有普遍性的非精确推理算法。

4.4.3　未知雷达信号的主处理

由于在未知雷达预分选的过程中，已经使用了 PDW 中的诸项参数，但尚未使用 t_{TOA} 等参数，因此对未知雷达信号主处理的基本流程如下：

(1) 采用脉冲重复周期 t_{PRI} 分析技术，分析和检测未知雷达预分选数据$\{PDW_{i,k}\}_i$中是否存在某种 t_{PRI} 工作样式的未知雷达。如果判定该雷达存在，则从$\{PDW_{i,k}\}_i$中分离出可能属于该雷达的子流序列$\{PDW'_{i,k}\}_i$，并对剩余的序列$\overline{\{PDW'_{i,k}\}_i}$继续进行分析，直到所剩序列不再能够检测出新的未知雷达信号序列为止。

(2) 对于分选出的$\{PDW'_{i,k}\}_i$子流进行各项信号特征参数的估计和测量，其估计和测量的方法同对已知雷达的特征参数估计和测量一致，并将结果迅速补充到已知雷达的预处理、主处理数据库中。

(3) 根据该未知雷达的检测、测量参数及其与一般雷达工作特性的知识，识别和判断该雷达的功能、工作方式和威胁程度等。

1. 对未知雷达信号的 t_{PRI} 分选与检测

在雷达侦察系统中，对未知雷达信号的 t_{PRI} 分选与检测主要是通过 DSP 及其处理软件完成的。在没有任何先验信息的情况下，利用 t_{PRI} 分布直方图进行统计检测是一种较为有效的方法。设$\{PDW_{i,k}\}_{i=0}^{N-1}$为预分选后第 k 个数据缓存区中的 PDW 子流，$[t_{PRI_{min}}, t_{PRI_{max}})$为假设雷达的 t_{PRI} 区间，以 D 为时间量化步长，N 为 T 时间内统计的样本数，则 t_{PRI} 直方图的分区数 m 为

$$m = \text{int}\left(\frac{t_{PRI_{max}} - t_{PRI_{min}}}{D}\right) \qquad (4-36)$$

D 的选择需要考虑到系统的测时误差和时间分辨能力，也可以参考雷达 PRI 的抖动量。由

于近年来雷达相参信号处理的需要，PRI 随机抖动的情况越来越少，而 PRI 参差的情况越来越多，因此典型的 D 一般取为系统的 t_{TOA} 时间分辨力，约为 $0.1\ \mu s$。t_{PRI} 直方图统计流程如图 4-13 所示，统计结果保存在数组 $\{L_i\}_{i=0}^{m-1}$ 中。

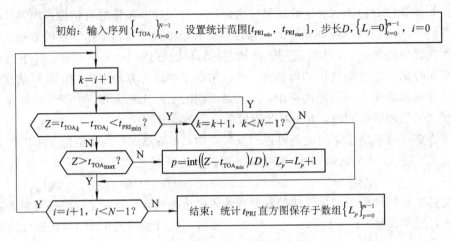

图 4-13 t_{PRI} 统计直方图流程

图 4-14 为单信号条件下几种典型 t_{PRI} 样式的分布直方图，其中固定 t_{PRI} 的直方图在 $k=t_{PRI}/D$ 及其倍率处具有明显的峰值；抖动 t_{PRI} 的统计值分布在 $[k_{min}=t_{PRI_{min}}/D$，$k_{max}=t_{PRI_{max}}/D]$ 的区间内；参差 t_{PRI} 的统计值分布在 $\{k_i=t_{PRI_i}/D\}$ 的各点上；如果统计范围跨到了倍率，则也会发生倍率处的统计。从中可见，即使只有一个序列，如果 $t_{PRI_{max}} \geqslant 2t_{PRI_{min}}$，都可能发生 t_{PRI} 的倍率统计。为了便于检测，在直方图统计中最好限定 $t_{PRI_{max}} < 2t_{PRI_{min}}$，先从 $t_{PRI_{min}}$ 处开始，边统计边检测，并将检测到的序列从中分离出来，剩余序列再参加更大 t_{PRI} 范围的逐次检测。

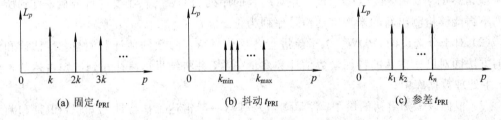

图 4-14   单信号下，三种典型 t_{PRI} 的统计直方图

针对典型雷达 t_{PRI} 在直方图中的统计性质，可分别按照下面方式进行 t_{PRI} 的样式和参数范围检测估计。

1) 固定 t_{PRI} 检测和分布区间估计

$$\begin{cases} L_p \begin{matrix} \geqslant \\ < \end{matrix} N_p & \begin{matrix} 雷达存在 \\ 雷达不存在 \end{matrix} , t_{PRI} \in [t_{PRI_{min}} + pD,\ t_{PRI_{min}} + (p+1)D] \\ p \in \mathbf{N}_m \end{cases} \tag{4-37}$$

其中检测门限可以按照统计时间 T 内应收到的脉冲数比例 α 设置：

$$N_p = \frac{T}{t_{PRI_{min}} + pD} \cdot \alpha \qquad 0 < \alpha < 1 \tag{4-38}$$

2）参差 t_{PRI} 的检测和分布区间估计

假设 k 参差雷达的参差周期为 $T_{Rk}=\sum_{i=1}^{k}t_{\mathrm{PRI}_i}$，如果满足 $t_{\mathrm{PRI}_{\max}}<T_{Rk}$，则各 $\{t_{\mathrm{PRI}_i}\}_{i=1}^{k}$ 的直方图以及其高次时间差的直方图将会累积起来，但由于参差分散了每一个 t_{PRI_i} 上的累积脉冲数，因此可以在式（4-37）的基础上，降低检测门限 N_p 进行检测

$$N_p=\frac{T}{(t_{\mathrm{PRI}_{\min}}+pD)k}\cdot\alpha \qquad 0<\alpha<1 \tag{4-39}$$

如果 $t_{\mathrm{PRI}_{\max}}\geqslant T_{Rk}$，则 $L_{T_{Rk}/D}$ 将会形成很大的累计值，因为它是所有参差脉冲序列共有的周期，也是分选和识别脉冲重复周期参差雷达的重要标志。

3）抖动 t_{PRI} 检测和分布区间估计

由于抖动 t_{PRI} 的累计值分散在一定的连续区间内，因此采用滑动累计和进行检测：

$$\begin{cases}\sum_{p=k}^{k+\gamma k}L_p\begin{matrix}\geqslant\\<\end{matrix}N_k & \begin{matrix}\text{雷达存在}\\\text{雷达不存在}\end{matrix},t_{\mathrm{PRI}}\in[t_{\mathrm{PRI}_{\min}}+kD,\ t_{\mathrm{PRI}_{\min}}+k(1+\gamma)D]\\ k\in\mathbf{N}_m\end{cases} \tag{4-40}$$

式中的 γ 称为相对抖动量，通常为 5%～10%。检测门限 N_k 的设置可参照式（4-38）。

对于已经 t_{PRI} 检测出来的雷达信号，应根据其 t_{PRI} 类型、参数分布范围采用图 4-10、4-11 的流程，将符合 t_{PRI} 要求的子流分离出来，该过程称为 t_{PRI} 分选滤波。为了减小未知辐射源 t_{PRI} 分选中多辐射源信号交调的影响，可以对每次分选滤波后剩余的 PDW 序列再进行 t_{PRI} 的直方图统计、检测和分选滤波，直至剩余序列不再符合任何雷达信号的 t_{PRI} 规则为止。

2. 对未知雷达信号的参数估计与测量

在经过预分选和 t_{PRI} 主分选的基础上，对于输出的未知雷达 PDW 子流可以采用同已知雷达分选输出的 PDW 子流相类似的方法，分别测量和估计该子流所代表的辐射源信号的频率、脉宽、重复周期、来波方向和天线扫描等参数。

3. 对未知雷达工作特性的识别

对未知雷达工作特性识别的主要依据是已经掌握的一般雷达工作特性与信号参数之间的相关性知识。这些知识往往综合了众多的理论分析、实践经验和专家思维推理方式，也完全可以采用已知雷达工作特性识别的表述和推理过程，只是其条件的可信度略低，普遍采用非精确推理算法。

习 题 四

1. 假设信号处理机输入的 PDW 信号序列为泊松流，流密度为 λ，信号处理机对每个脉冲的处理时间为 a。

（1）若某 PDW 到达时，处理机正在处理前面的 PDW，由此造成该 PDW 丢失，其概率称为丢失概率 P_L；若处理机空闲，则该 PDW 接受处理，其概率称为服务概率 Ps。试求 P_L、Ps。

（2）为了防止 PDW 丢失，在处理机输入端增设长度为 K 的 FIFO（先入先出）缓存器，将处理器忙时到达的 PDW 送入缓存，待处理机空闲再由缓存器取出处理，并不计缓存的

出入时间。根据排队理论，当 $a\lambda<1$ 时，缓存器中存有 n 个 PDW 的概率为 P_n，

$$P_n = (\lambda a)^n P_0, \quad P_0 = \frac{1-\lambda a}{1-(\lambda a)^{K+1}} \qquad n \in \mathbf{N}_{K+1}$$

试求此时的 P_L、P_S。

2. 已知某雷达与侦察机之间的距离为 25 364 m，侦察机的测时脉冲周期为 0.1 μs，并以雷达第一个发射脉冲时刻为计时起点。

(1) 试求侦察机对其第一个发射脉冲的 t_{TOA} 测量值。

(2) 如果该雷达与侦察机之间具有 500 m/s 的相对运动速度，试求侦察机对其第 2、5、10 个发射脉冲的 t_{TOA} 测量值。

(3) 如果脉冲的上升沿为 50 ns，输入信噪比为 14 dB，试求 t_{TOA} 测量的均方根误差。

3. 某侦察告警设备对信号到达方向、载频、脉宽的测量范围、量化位数和测量误差性能如表 1 所示，若已知某威胁雷达信号的种类、参数范围如表 2 所示，试分别用关联比较器和存储器映射逻辑实现对该信号的预处理。

表 1 某侦察告警设备对部分参数的测量能力

	到达方向(θ_{AOA})	载频(f_{RF})	脉宽(τ_{PW})
测量范围	0°~360°	1000~2000 MHz	0.1~25.5 μs
量化位数/bit	8	8	8
测量误差/bit	±1	±1	±1

表 2 威胁雷达信号的种类和参数范围

信号类别	到达方向/(°)	载频/MHz	脉宽/μs
1	6	1236	1.2
2	6	1460	0.8
3	6	1350	1.8

4. 已知输入雷达信号 PDW 中 θ_{AOA}、f_{RF}、τ_{PW} 的测量范围、量化位数分别如题 3 的表 1。如果按照 64×2×64 个区间进行均匀分划，

(1) 试求对每一个参数的量化单位；

(2) 设输入信号流为 $\{PDW_i = (\theta_{AOA_i}, f_{RF_i}, \tau_{PW_i})\}_{i=0}^{N-1}$，试编制对该信号流进行非实时软件预处理的流程图；

(3) 试作出对上述信号流进行实时预处理的预处理机组成方框图。

5. 试用任意熟悉的语言，产生满足下列 t_{PRI} 特性、长度为 100 的 t_{TOA} 序列 $\{t_{TOA_i}\}_{i=0}^{99}$：

(1) $t_{PRI}=375\ \mu$s，$t_{TOA_0}=2\ \mu$s 的固定 t_{PRI} 序列；

(2) $k=5$，$t_{PRI}=\{873\ \mu s, 900\ \mu s, 921\ \mu s, 935\ \mu s\}$，$t_{TOA_0}=5\ \mu$s 的参差 t_{PRI} 序列；

(3) $t_{PRI}=730\ \mu$s，$\Delta t_{PRI}=20\ \mu$s，$t_{TOA_0}=9\ \mu$s 的抖动 t_{PRI} 序列。

6. 试用任意熟悉的语言，编制适当的自相关算法程序，绘制上述序列的自相关输出图形。

7. 以 5 μs 为量化单位，在 870~950 μs 范围内，求解题 5 中序列(2)的 t_{PRI} 的转移概率矩阵。

第 5 章　雷达侦察作用距离与截获概率

雷达侦察主要是通过无源侦收的方法来检测所在环境中的敌方雷达辐射信号，从中获取有用信息的。实现侦收的最基本条件之一就是进入侦察接收机的信号功率高于灵敏度 $P_{r\,min}$。侦察作用距离表现了侦察接收系统对辐射源能量的检测能力。由于雷达辐射与雷达侦察之间是非协作的，相互作用具有一定的随机性，侦察截获概率表现了侦察截获这一随机事件的统计特性。

5.1　侦察系统的灵敏度

侦察接收机的灵敏度 $P_{r\,min}$ 是指在侦察接收机能够完成正常的信号检测、参数测量等侦察处理任务时，在接收机输入端需要的最小输入信号功率。由于大多数雷达采用射频脉冲信号，在一般情况下，雷达侦察对这些信号处于非匹配接收和处理状态，只能对瞬时接收带宽内的所有信号都进行包络检波和门限检测，将包络信号超过给定门限的判别为有信号，并进行相应的信号参数测量。因此，根据射频脉冲信号的特点，在雷达侦察机中采用的灵敏度主要有切线灵敏度 P_{TSS}、工作灵敏度 P_{OPS} 和检测灵敏度 P_{DS}。

5.1.1　切线灵敏度 P_{TSS} 的定义

切线灵敏度的定义适用于射频脉冲信号，如图 5-1 所示。若接收机输出端的噪声与脉冲信号包络叠加后的底部与只有噪声时的包络顶部在同一直线上（相切），则称此时输入信号功率为切线灵敏度 P_{TSS}。

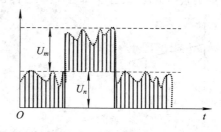

图 5-1　切线灵敏度示意图

5.1.2　P_{TSS} 的分析计算

侦察接收机对雷达信号的接收处理大部分是处于非匹配处理状态，许多侦察接收机在检波前的带宽 Δf_R 远大于检波后的带宽 Δf_V，而且有些侦察接收机在检波前的增益严重不足，以至于视频放大器的噪声对系统的影响不能忽略。因此不能直接采用窄带接收机的灵敏度分析计算，需要另外推演侦察接收机在上述情况下的 P_{TSS}，再将结果推广到其它情况。

雷达侦察接收机的典型组成如图 5-2 所示，图中 G_R、F_R 分别表示检波前接收机线性系统的增益和噪声系数，G_V、F_V 表示检波后视频放大器的增益和噪声系数。为便于分析，假设输入信号为连续波，功率谱为 δ 函数，输入噪声功率谱和线性系统的传输函数都具有矩形响应特性，如图 5-3 所示，且 $G_V = 1$。

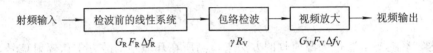

图 5-2　侦察接收机的典型组成

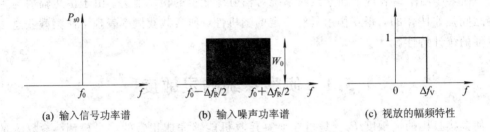

(a) 输入信号功率谱　　　　(b) 输入噪声功率谱　　　　(c) 视放的幅频特性

图 5-3　输入信号、噪声功率谱及视放的幅频特性

当信号与噪声同时作用于包络检波器时，其输出包络信号含有噪声的自差拍分量，信号的自差拍分量，信号与两边噪声的互差拍分量，以及检波器与视放产生的噪声。其中信号的自差拍分量作为接收机输出的视频信号，其余三部分均作为接收机输出的噪声。前两项噪声输出的功率谱 $F(f)$ 由下式给出：

$$F(f) = \begin{cases} \dfrac{\gamma^2}{2R_V}\left[W_0^2(\Delta f_R - f) + 2P_{s0}W_0\right] & 0 \leqslant f \leqslant \dfrac{\Delta f_R}{2} \\ \dfrac{\gamma^2}{2R_V}\left[W_0^2(\Delta f_R - f)\right] & \dfrac{\Delta f_R}{2} < f \leqslant \Delta f_R \end{cases} \qquad (5-1)$$

式中，W_0、P_{s0} 分别为检波器输入噪声的功率谱密度和信号的功率，如图 5-4 所示。由于该谱不连续，所以分析中分为 $\Delta f_V \leqslant \Delta f_R \leqslant 2\Delta f_V$ 和 $\Delta f_R > 2\Delta f_V$ 的情况分别进行讨论。

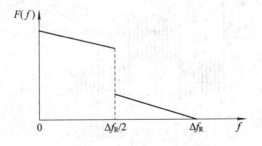

图 5-4　部分检波后噪声的功率谱

1. $\Delta f_V \leqslant \Delta f_R \leqslant 2\Delta f_V$

由于 Δf_V 位于 $\Delta f_R/2$ 和 Δf_R 之间，视放输出噪声 P_{n+s} 将包括射频信号与噪声互差拍

的全部视频噪声，射频噪声自差拍的部分视频噪声和检波/视放产生的噪声 P_V 为

$$P_V = kT_0 \Delta f_V F_V \tag{5-2}$$

$$P_{n+s} = \int_0^{\Delta f_V} F(f)\,\mathrm{d}f + P_V = \frac{\gamma^2}{2R_V}\left[W_0^2 \Delta f_R \Delta f_V - \frac{1}{2}W_0^2 \Delta f_V^2 + P_{s0}W_0 \Delta f_R \right] + P_V \tag{5-3}$$

其中，k 为玻尔兹曼常数，T_0 为绝对温度。没有信号存在时的输出噪声功率 P_n 为

$$P_n = \int_0^{\Delta f_V} F(f)\,\mathrm{d}f + P_V = \frac{\gamma^2}{2R_V}\left[W_0^2 \Delta f_R \Delta f_V - \frac{1}{2}W_0^2 \Delta f_V^2 \right] + P_V \tag{5-4}$$

视放输出的信号功率 P_s 为

$$P_s = \frac{\gamma^2}{4R_V} P_{s0}^2 \tag{5-5}$$

噪声电压峰值与有效值之比为常数 K_c（峰值系数）。假设有、无信号时的噪声电压峰值分别为 U_{n+s}、U_n，则噪声峰值与有效值 $U_{(n+s)e}$、U_{ne} 的关系分别为

$$\begin{cases} U_{n+s} = K_c U_{(n+s)e} \\ U_n = K_c U_{ne} \end{cases} \tag{5-6}$$

在切线灵敏度状态下的信号电压 U_s 为

$$U_s = \frac{1}{2}(U_n + U_{n+s}) = \frac{K_c}{2}(U_{ne} + U_{(n+s)e}) \tag{5-7}$$

信号功率与其电压具有如下关系：

$$\begin{cases} U_{(n+s)e} = \sqrt{R_V P_{n+s}} \\ U_{ne} = \sqrt{R_V P_n} \\ U_s = \sqrt{R_V P_s} \end{cases} \tag{5-8}$$

代入式(5-7)，转换成功率关系，可得

$$P_s = \frac{K_c^2}{4}\left(P_n + P_{n+s} + 2\sqrt{P_n P_{n+s}} \right) \tag{5-9}$$

如果忽略 P_n，P_{n+s} 的差别，则近似可得

$$\frac{P_s}{P_n} \approx K_c^2 = (2.5 \sim 3)^2 = 7.96 \sim 9.54 \text{ (dB)} \tag{5-10}$$

根据式(5-9)，当接收机输入端的信号功率为切线灵敏度时，由于 $P_{s0} = G_R P_{TSS}$，因此

$$\begin{cases} P_s = \frac{\gamma^2}{4R_V} P_{TSS}^2 G_R^2 = \frac{\gamma^2 K_c^2}{8R_V}\left(a + bP_{TSS} + a\sqrt{1 + \frac{2b}{a}P_{TSS}} \right) \\ a = 2W_0^2 \Delta f_R \Delta f_V - W_0^2 \Delta f_V^2 + \frac{4R_V}{\gamma^2}kT_0 \Delta f_V F_V \\ b = G_R W_0 \Delta f_R \end{cases} \tag{5-11}$$

在切线灵敏度状态下，噪声的自差拍分量大于信号与噪声的互差拍分量 $a > b$，取近似，

$$\sqrt{1 + \frac{2b}{a}P_{TSS}} \approx 1 + \frac{b}{a}P_{TSS} \tag{5-12}$$

代入式(5-11)，可得

$$P_{TSS}^2 = \frac{K_c^2}{G_R^2}(a + bP_{TSS}) \tag{5-13}$$

经配方整理，代入检波前噪声功率谱密度 $W_0 = kT_0F_RG_R$，可得

$$P_{TSS} = kT_0F_R\left[\frac{K_c^2}{2}\Delta f_R + K_c\sqrt{2\Delta f_R\Delta f_V - \Delta f_V^2 + \frac{K_c^2\Delta f_R^2}{4} + \frac{A\Delta f_V}{G_R^2F_R^2}}\right] \quad (5-14)$$

式中，A 为检波器品质常数，

$$A = \frac{4R_VF_V}{\gamma^2 kT_0}$$

令 $K_c = 2.5$，Δf_R、Δf_V 均以 MHz 为单位，括号外的 F_R 以 dB 为单位，括号内的 F_R 为真值，可得

$$P_{TSS} = -114\ (\text{dBm}) + F_R(\text{dB})$$
$$+ 10\lg\left[3.1\Delta f_R + 2.5\sqrt{2\Delta f_R\Delta f_V - \Delta f_V^2 + 1.56\Delta f_R^2 + \frac{A\Delta f_V}{G_R^2F_R^2}}\right]\ (\text{dBm})$$
$$(5-15)$$

2. $\Delta f_R > 2\Delta f_V$

视放输出噪声 P_{n+s} 将包括射频信号与两边噪声互差拍的部分视频噪声，射频噪声自差拍的部分视频噪声以及检波/视放产生的噪声 P_V，即

$$P_{n+s} = \frac{\gamma^2}{2R_V}\left[W_0^2\Delta f_R\Delta f_V - \frac{1}{2}W_0^2\Delta f_V^2 + 2P_{s0}W_0\Delta f_V\right] + P_V \quad (5-16)$$

没有信号存在时的输出噪声功率同式(5-4)。根据式(5-9)，当接收机输入端的信号功率为切线灵敏度时，

$$\begin{cases} P_s = \frac{\gamma^2}{4R_V}P_{TSS}^2G_R^2 = \frac{\gamma^2 K_c^2}{8R_V}\left(a + bP_{TSS} + a\sqrt{1 + \frac{2b}{a}P_{TSS}}\right) \\ a = 2W_0^2\Delta f_R\Delta f_V - W_0^2\Delta f_V^2 + \frac{4R_V}{\gamma^2}kT_0\Delta f_VF_V \\ b = 2G_RW_0\Delta f_V \end{cases} \quad (5-17)$$

经配方整理，可得

$$P_{TSS} = kT_0F_R\left[K_c^2\Delta f_V + K_c\sqrt{2\Delta f_R\Delta f_V + \Delta f_V^2(K_c^2 - 1) + \frac{A\Delta f_V}{G_R^2F_R^2}}\right]\ (\text{W})$$
$$(5-18)$$

或

$$P_{TSS} = -114\ (\text{dBm}) + F_R(\text{dB})$$
$$+ 10\lg\left[6.25\Delta f_V + 2.5\sqrt{2\Delta f_R\Delta f_V + 5.25\Delta f_V^2 + \frac{A\Delta f_V}{G_R^2F_R^2}}\right]\ (\text{dBm})$$
$$(5-19)$$

3. 检波前高增益情况

由于低噪声射频放大器技术的发展及其在侦察接收机中的普遍应用，目前侦察接收机在检波前的增益普遍很高，完全可以忽略检波器和视频放大器噪声对接收机灵敏度的影响。由于 $A\Delta f_V/(G_R^2F_R^2)$ 很小，因此当 $\Delta f_V \leqslant \Delta f_R \leqslant 2\Delta f_V$ 时，

$$P_{TSS} = -114 \text{ (dBm)} + F_R \text{(dB)}$$
$$+ 10 \lg \left[3.1\Delta f_R + 2.5 \sqrt{2\Delta f_R \Delta f_V - \Delta f_V^2 + 1.56\Delta f_R^2} \right] \text{ (dBm)} \quad (5-20)$$

当 $\Delta f_R > 2\Delta f_V$ 时，

$$P_{TSS} = -114 \text{ (dBm)} + F_R \text{(dB)}$$
$$+ 10 \lg \left[6.25\Delta f_V + 2.5 \sqrt{2\Delta f_R \Delta f_V + 5.25\Delta f_V^2} \right] \text{ (dBm)} \quad (5-21)$$

5.1.3　P_{OPS} 的分析计算

由于切线信号灵敏度状态下的输出信噪比近似为 8 dB，典型侦察接收机 P_{OPS} 状态下的输出信噪比为 14 dB，在忽略检波器小范围内非线性影响的情况下，P_{OPS} 可以直接由 P_{TSS} 换算得到：

$$P_{OPS} = P_{TSS} + \begin{cases} 3 \text{ dB} & \text{平方率检波} \\ 6 \text{ dB} & \text{线性检波} \end{cases} \quad (5-22)$$

当检波前系统增益较高时，检波器主要工作于大信号线性检波状态。

例如：假设 IFM 接收机的测频带宽为 8 GHz，噪声系数为 8 dB，检波后带宽为 10 MHz，检波前具有足够的增益，由式(5-21)和式(5-22)，可求得该接收机的工作灵敏度为

$$P_{OPS} = -114 \text{ (dBm)} + 8 \text{ (dB)}$$
$$+ 10 \lg \left[6.25 \times 10 + 2.5 \sqrt{2 \times 8000 \times 10 + 5.25 \times 10^2} \right] \text{(dB)} + 6 \text{ (dB)}$$
$$= -69.73 \text{ (dBm)}$$

5.1.4　P_{DS} 的分析计算

对于 $\Delta f_R \leqslant 2\Delta f_V$ 的窄带接收机，接收机射频通道与视频通道处于一种近匹配处理状态，检波器与视放产生的噪声可以忽略不计，也可以直接采用窄带接收机检测灵敏度 P_{DS} 计算的结果：

$$P_{DS} = -114 \text{ (dBm)} + F_R \text{(dB)} + 10 \lg \Delta f_R \text{(dB)} + D \text{ (dB)} \quad (5-23)$$

式中，Δf_R 的单位仍为 MHz；D 称为检测因子，它是在给定虚警概率 P_{fa} 和检测概率 P_d 的条件下，窄带接收机线性系统输出端所需要的信噪比。

由于雷达侦察接收机检测的是逐个射频脉冲信号，图 5-5 粗略地给出了窄带接收机单个脉冲检测时 D 与 P_{fa}、P_d 的关系曲线。从图中可见，当 $P_{fa} = 10^{-6}$，$P_d = 0.9$ 时，$D \approx 13$ dB。

由于同为窄带接收机条件，同样在检波前具有较高的增益，同样采用线性检波器，所以式(5-20)和式(5-22)求得的 P_{OPS} 与式(5-23)求得的 P_{DS} 是比较接近的。例如：某窄带分析接收机检波前具有足够的增益，信道带宽为 10 MHz，检波后的视放带宽为 5 MHz，如果要求检测因子为 14 dB，则其工作灵敏度 P_{OPS} 和检测灵敏度 P_{DS} 分别为

$$P_{OPS} = -114 \text{ (dBm)} + F_R \text{(dB)}$$
$$+ 10 \lg \left[3.1 \times 10 + 2.5 \sqrt{2 \times 10 \times 5 - 5^2 + 1.56 \times 10^2} \right] \text{(dB)} + 6 \text{ (dB)}$$
$$= -89.61 + F_R \quad \text{(dBm)}$$

$$P_{TSS} = -114 \text{ (dBm)} + F_R \text{(dB)} + 10 \lg 10 \text{(dB)} + 14 \text{(dB)} = -90 + F_R \quad \text{(dBm)}$$

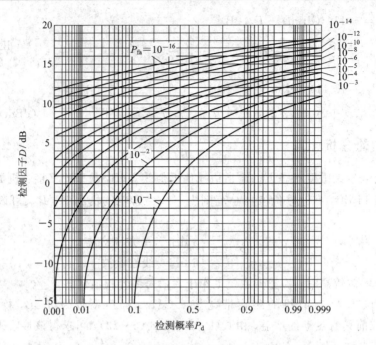

图 5-5　单个脉冲线性检波时检测概率和所需信噪比的关系曲线

5.2　侦察作用距离

侦察作用距离是衡量雷达侦察系统对雷达探测能力的一个重要参数。在许多场合下，谁能够率先发现对方，谁就有可能赢得战场的主动权。在一般情况下，雷达侦察是直接接收雷达的辐射信号，称为单程工作，而雷达是接收目标的反射回波，称为双程工作。在作用距离上，雷达侦察具有明显优势。但在信号处理方面，雷达具有较多的先验知识可用，具有明显的匹配信号处理优势。因此在实际工作中，雷达侦察的作用距离可能大于雷达的作用距离，但对于峰值功率很低的低截获概率（LPI）雷达，也并非易事。

5.2.1　侦察方程

在忽略大气传播衰减、系统损耗、地面和海面反射等因素影响的情况下，假设雷达与雷达侦察机的相对位置和空间波束互指，如图 5-6 所示，则经过侦察接收天线输出的雷达发射信号功率为

$$P_r = \frac{P_t G_t A_r \gamma_r}{4\pi R^2} \qquad (5-24)$$

式中，P_t、G_t、A_r、γ_r、R 分别为雷达发射的脉冲功率（W）、天线增益（倍）、侦察接收天线

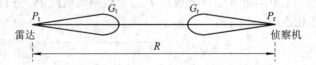

图 5-6　侦察机与雷达的空间关系示意图

的有效接收面积(m^2)、侦察接收天线极化与雷达信号极化失配损失(倍,且≤1)、雷达发射天线与侦察接收天线之间的距离(m)。A_r 与天线增益 G_r 和波长 λ 的关系为

$$A_\mathrm{r} = \frac{G\mathrm{r}\lambda^2}{4\pi} \tag{5-25}$$

将其代入式(5-24),可得

$$P_\mathrm{r} = \frac{P_\mathrm{t}G_\mathrm{t}G_\mathrm{r}\lambda^2\gamma_\mathrm{r}}{(4\pi R)^2} \tag{5-26}$$

将侦察接收机灵敏度 $P_{\mathrm{r\,min}}$(W)代入式(5-26)中的接收信号功率,可得到简化的侦察作用距离为

$$R_\mathrm{r} = \left(\frac{P_\mathrm{t}G_\mathrm{t}G_\mathrm{r}\lambda^2\gamma_\mathrm{r}}{(4\pi)^2 P_{\mathrm{r\,min}}}\right)^{\frac{1}{2}} \tag{5-27}$$

　　如果考虑雷达发射机到雷达发射天线之间的传输损耗 L_1(dB),雷达发射天线波束非矩形引起的损耗 L_2(dB),侦察接收天线波束非矩形引起的损耗 L_3(dB),侦察天线到接收机之间的传输损耗 L_4(dB),宽带侦察带内的起伏损耗 L_5(dB)等,需要对式(5-27)进行修正:

$$\begin{cases} R_\mathrm{r} = \left(\dfrac{P_\mathrm{t}G_\mathrm{t}G_\mathrm{r}\lambda^2\gamma_\mathrm{r}}{(4\pi)^2 P_{\mathrm{r\,min}}10^{0.1L}}\right)^{\frac{1}{2}} \\ L = \displaystyle\sum_{i=1}^{5} L_i \end{cases} \tag{5-28}$$

如果考虑大气传播衰减,则式(5-28)进一步修正为

$$R_\mathrm{r} = \left(\frac{P_\mathrm{t}G_\mathrm{t}G_\mathrm{r}\lambda^2\gamma_\mathrm{r}}{(4\pi)^2 P_{\mathrm{r\,min}}10^{0.1L}} \times 10^{-0.1\delta R_\mathrm{r}}\right)^{\frac{1}{2}} \tag{5-29}$$

其中,δ($\mathrm{dB/m}$)为单位距离(m)的大气传播衰减。由于式(5-29)不便于直接计算,一般是用式(5-28)计算后,再通过 δ($\mathrm{dB/m}$)和图 5-7 查曲线予以修正的。

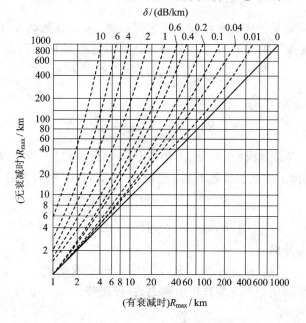

图 5-7　大气传播衰减对作用距离的修正

5.2.2 侦察的直视距离

由于在微波频段以上电磁波是近似直线传播的,地球表面的弯曲对其传播有遮蔽作用,故此侦察机与雷达之间的直视距离受到限制,如图 5-8 所示。假设雷达发射天线和侦察接收天线高度分别为 H_a、H_r,R 为地球的半径,则其间的直视距离为

$$R_{sr} = \overline{AB} + \overline{BC} \approx \sqrt{2R}\left(\sqrt{H_a} + \sqrt{H_r}\right) \tag{5-30}$$

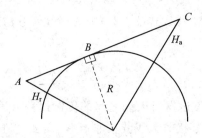

图 5-8 地球曲率对直视距离的影响

考虑到非均匀密度大气层引起的电磁波传播折射,使直视距离有所延伸,等效的地球半径达到 8490 km,代入式(5-30),可得

$$R_{sr} = 4.1\left(\sqrt{H_a} + \sqrt{H_r}\right) \tag{5-31}$$

式中,R_{sr} 以 km 为单位,H_a、H_r 以 m 为单位。

对雷达信号的侦察必须同时满足能量条件和直视距离条件,所以实际的侦察作用距离 R'_r 是二者的最小值

$$R'_r = \min\{R_r, R_{sr}\} \tag{5-32}$$

5.2.3 侦察作用距离对雷达作用距离的优势

假设载有侦察接收机的作战平台也是雷达探测的目标,在忽略大气传播影响的简化条件下,雷达对目标的探测距离 R_a 和侦察机对雷达的探测距离 R_r 分别为

$$\begin{cases} R_a = \left(\dfrac{P_t G_t^2 \lambda^2 \sigma}{(4\pi)^3 P_{a\,min}}\right)^{\frac{1}{4}} \\[2mm] R_r = \left(\dfrac{P_t G_t G_r \lambda^2 \gamma_r}{(4\pi)^2 P_{r\,min}}\right)^{\frac{1}{2}} \end{cases} \tag{5-33}$$

式中,σ 为目标的雷达截面积(m^2),$P_{a\,min}$ 为雷达接收机灵敏度(W)。如果目标高度为 H_t(由于侦察天线在目标上的安装位置不同,可能使 $H_t \neq H_r$),则双方的直视距离分别为

$$\begin{cases} R_{sa} = 4.1\left(\sqrt{H_a} + \sqrt{H_t}\right) \\[2mm] R_{sr} = 4.1\left(\sqrt{H_a} + \sqrt{H_r}\right) \end{cases} \tag{5-34}$$

双方实际的作用距离分别为

$$R'_a = \min\{R_a, R_{sa}\}, \quad R'_r = \min\{R_r, R_{sr}\} \tag{5-35}$$

侦察对雷达作用距离的优势表现为作用距离之比(即优势比 r)大于所要求的数值,

$$\frac{R'_r}{R'_a} = r \geqslant 1 \tag{5-36}$$

地面和海面的雷达侦察设备受直视距离的影响比较严重，因此侦察天线应尽可能安装在平台的最高位置。

5.2.4　对雷达旁瓣信号的侦察

一般雷达天线的主瓣波束很窄，又经常处于空间搜索状态，侦察机接收到雷达天线主瓣辐射信号的概率很低，往往需要很长时间。为了满足某些战术技术性能的要求，有时需要提高接收机灵敏度，实现对雷达天线旁瓣辐射信号的侦收，简称为旁瓣侦收。

旁瓣电平是雷达天线的一项重要指标，许多有源掩护干扰和反辐射攻击都是从雷达天线旁瓣进行的。因此为了抗干扰、抗杂波、抗反辐射攻击，现代雷达都要求尽量降低其旁瓣电平。天线旁瓣特性有最大旁瓣电平 $G_{s\,max}$（dB）和平均旁瓣电平 G_{sav}（dBi）两种表示方法，如图 5 - 9 所示，其定义分别为

$$G_{s\,max}(dB) \stackrel{def}{=} G_s(dB) - G_t(dB) \tag{5-37}$$

$$G_{sav}(dBi) \stackrel{def}{=} 10\,lg\,\frac{旁瓣拥有的辐射功率}{辐射总功率}\quad(dBi) \tag{5-38}$$

式中，G_s 为最大旁瓣增益，G_{sav} 是雷达天线的平均旁瓣增益。旁瓣侦察一般是指对雷达天线平均旁瓣辐射信号电平的侦收，因此将 G_{sav} 代入式（5 - 29），可以得到旁瓣侦察时的作用距离

$$R_r = \left(\frac{P_t G_t G_{sav}\lambda^2 \gamma_r}{(4\pi)^2 P_{r\,min} 10^{0.1L}} \times 10^{-0.1\delta R_r}\right)^{\frac{1}{2}} \tag{5-39}$$

比较式（5 - 29）和（5 - 39），若要达到相同的侦察作用距离，侦察接收机的灵敏度约需要提高 $G_t - G_{sav}$（dB）。典型雷达天线的主瓣增益为 25 dB～40 dB，平均旁瓣电平 $G_{sav}=$ -10 dBi，旁瓣侦察时的侦察机灵敏度约需要提高 35 dB～50 dB。

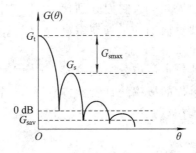

图 5 - 9　天线旁瓣的表示方法

5.3　侦察截获概率与截获时间

雷达侦察系统要实现对雷达辐射源的侦收，需要经过对射频信号接收、检测、信号参数测量（称为侦察接收机的前端截获）和信号分选、辐射源检测、辐射源参数测量、识别（称为侦察接收机的系统截获）的全过程，最终输出辐射源检测和识别的结果。

前端截获是系统截获的前提和保证，它主要是由侦察系统中的硬件电路实现的，而后续处理主要是通过侦察系统中的高速数字信号处理电路和 DSP 软件实现的，两者具有先

后的因果关系和数据流向，在集中式雷达侦察系统中，它们位于同一侦察平台上，在某些分布式雷达侦察系统中，它们可能分别位于不同的作战平台上，通过数据链路实现彼此的数据连接和交互。本节首先讨论侦察系统前端的截获概率和截获时间。

5.3.1　前端的截获概率与截获时间

除了能量和直视距离条件以外（已在侦察作用距离中讨论），雷达侦察系统的前端是一个在时域、频域、空域、极化等多维信号空间中的"滤波器"，只有当输入信号的时域、频域、空域、极化等特征落入"滤波器"带内时，才能够被接收机前端截获。因此前段截获事件包括了以下具体含义：

（1）空域截获：一般指侦察天线的波束宽度指向雷达，且雷达天线的波束宽度指向侦察天线。波束宽度常用半功率波束宽度定义。全向侦察天线是指侦察天线的波束宽度覆盖了所有需要侦察的方向；旁瓣侦察是指无论雷达天线波束指向哪里，侦察天线的主瓣波束都能够对其进行侦察接收；如果既为全向侦察天线，又满足旁瓣侦察条件，则无论双方的天线如何指向，都能够进行侦察接收。

（2）频域截获：指雷达发射信号的频谱落入侦察接收机当前的测频带宽内，且功率高于侦察机灵敏度。

（3）极化截获：指雷达发射信号的极化位于侦察接收天线当前的极化测量范围内。由于侦察接收天线经常采用圆极化，能够接收各种线极化信号，只有 1/2 的能量损失计入系统损耗，所以一般不再单独列出。

前端的截获概率和截获时间是多维空间中的几何概率问题，可以采用时间窗口函数模型来描述，如图 5-10 所示。首先将每一维截获条件都转换成为一个标准的时间窗口函数 (T_i, τ_i)，它们分别代表了第 i 维截获条件的平均搜索周期和平均搜索窗口宽度，$T_i \geqslant \tau_i$，$i \in \mathbf{N}_{n+1}^*$。各窗口函数与被测信号是独立、随机工作的，前端的截获事件等效为某一时刻 n 维时间窗口的重合。该事件的概率统计特性按照下列各式分析计算。

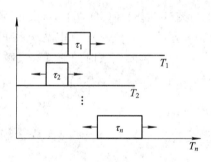

图 5-10　多重搜索窗重合示意图

（1）平均重合时间宽度 $\overline{\tau_0}$：

$$\overline{\tau_0} = \left(\sum_{i=1}^{n} \frac{1}{\tau_i} \right)^{-1} \tag{5-40}$$

（2）在任意时刻的重合概率 P_0：

$$P_0 = \prod_{i=1}^{n} \frac{\tau_i}{T_i} \tag{5-41}$$

（3）平均重合周期 $\overline{T_0}$。由于在统计平均意义上，$P_0 = \overline{\tau_0}/\overline{T_0}$，所以

$$\overline{T_0} = \frac{\overline{\tau_0}}{P_0} = \frac{\prod\limits_{i=1}^{n} \dfrac{T_i}{\tau_i}}{\sum\limits_{i=1}^{n} \dfrac{1}{\tau_i}} \tag{5-42}$$

(4) 前端的截获概率 $P_k(T)$。$P_k(T)$ 是指在 T 时间内对指定的辐射源信号发生 k 次以上重合的概率。由于各次截获事件满足独立性和无后效性，可采用泊松(Poisson)流描述，其中平均重合周期的倒数 $1/\overline{T_0}$ 即为重合事件发生的流密度。该事件包括：

① 在起始时刻即发生了一次重合，在后续时间里又发生了 $k-1$ 次以上重合；

② 在起始时刻未发生重合，在后续时间里又发生了 k 次以上重合。

$$P_k(T) = P_0 \sum_{i=k-1}^{\infty} \frac{1}{i!} \left(\frac{T}{\overline{T_0}}\right)^i e^{-T/\overline{T_0}} + (1-P_0) \sum_{i=k}^{\infty} \frac{1}{i!} \left(\frac{T}{\overline{T_0}}\right)^i e^{-T/\overline{T_0}}$$

$$= 1 + e^{-T/\overline{T_0}} \left(\frac{P_0}{(k-1)!} \left(\frac{T}{\overline{T_0}}\right)^{k-1} - \sum_{i=0}^{k-1} \frac{1}{i!} \left(\frac{T}{\overline{T_0}}\right)^i \right) \tag{5-43}$$

当 $k=1$ 时，前端截获概率为

$$P_1(T) = 1 - (1-P_0) e^{-T/\overline{T_0}} \tag{5-44}$$

如果雷达侦察系统采用搜索法测向，则空域截获条件具有两个窗函数，它们分别是：侦察接收天线的搜索窗和雷达天线的扫描窗 $\left(T_R, T_R \frac{\theta_r}{\Omega_{AOA}}\right)$，$\left(T_a, T_a \frac{\theta_a}{\Omega_a}\right)$；同理，如果雷达侦察系统采用搜索法测频，则频域截获条件也具有两个窗函数，它们分别是：侦察接收机的频率搜索窗和雷达信号的脉冲工作窗 $\left(T_f, T_f \frac{\Delta\Omega_{RF}}{\Omega_{RF}}\right)$，$(T_r, \tau)$。显然，$P_k(T)$ 既与侦察系统有关，也与雷达有关。

有些侦察系统前端具有对同时多信号的检测、测量能力，对于发生在重合窗内的多信号可以同时、准确地测量和分辨，其对信号重叠造成的丢失概率 $P_{miss}=0$。也有些侦察系统没有对同时多信号的检测、测量能力，当重合窗内存在多信号时，会造成丢失或测量错误。因此对后一种情况，还需要进一步分析信号重叠造成的丢失概率 P_{miss}。

假设在侦察系统的检测范围内存在 n 部雷达，各雷达的脉冲重复周期和脉冲宽度分别为 t_{PRI_i}，τ_{PW_i}，$i \in \mathbf{N}^*_{n+1}$，则在第 i 部雷达脉宽内重叠其它雷达信号的概率为

$$P_{ci} = \prod_{\substack{j=1 \\ j \neq i}}^{n} \left(1 - \frac{\tau_{PW_i} + \tau_{PW_j}}{t_{PRI_j}}\right) \qquad i \in \mathbf{N}^*_{n+1} \tag{5-45}$$

该式表明各雷达信号的重合概率不仅受信号环境中辐射源数量和工作比的影响，而且会受到自身脉宽的影响，脉宽越大的雷达信号，发生重合的概率越大，而环境中辐射源数量越多，工作比越大，造成重合的概率也越大；如果在带内存在连续波雷达，则必然发生重合。

对于某些没有同时信号分辨和处理能力的雷达侦察前端，在 T 时间内对指定的辐射源信号 i 发生 k 次以上重合的概率为

$$P_k^i(T) = P_{ci} P_k(T) \tag{5-46}$$

当 $k=1$ 时，对于给定的截获概率 P_1^i，截获时间 T 为

$$T = \overline{T_0} \ln \frac{1-P_0}{1-P_1^i/P_{ci}} \tag{5-47}$$

5.3.2　系统截获概率与截获时间

侦察系统的截获概率和截获时间是在前端截获概率和截获时间的基础上，通过信号处

理软件来完成的。在一般情况下，只要前端正确完成了信号检测和参数测量，且该辐射源特性又处于侦察系统数据库和知识库的处理范围之内，经过侦察信号处理是能够完成辐射源检测和识别的，所需要的处理时间则主要取决于信号处理机的处理速度和信号环境的复杂程度。

习 题 五

1. 已知某超外差接收机与射频调谐晶体视频接收机的组成分别如题1图所示，其中的滤波器均为无源网络。试求它们的切线信号灵敏度以及超外差接收机的检测灵敏度。

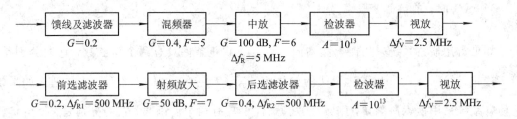

题1图

2. 某瞬时测频接收机的测频范围为 $1\ \text{GHz} \sim 8\ \text{GHz}$，检波后的视频带宽为 $10\ \text{MHz}$，检波前的噪声系数为6，检波前的增益为 $0.2\ \text{dB}$、检波器常数 $A=10^{13}$。试求其切线信号灵敏度。如果在检波前加装增益为 $50\ \text{dB}$、噪声系数为6的射频放大器，则其切线信号灵敏度有什么变化？

3. 某导弹快艇的水面高度为 $1\ \text{m}$，雷达截面积为 $400\ \text{m}^2$，侦察天线架设在艇上 $10\ \text{m}$ 高的桅杆顶端，$G_\text{r}=0\ \text{dB}$，接收机灵敏度为 $-40\ \text{dBm}$。试求该侦察机对下面两种雷达作用距离的优势 r：

(1) 海岸警戒雷达，频率为 $3\ \text{GHz}$，天线架设高度为 $310\ \text{m}$，天线增益为 $46\ \text{dB}$，发射脉冲功率为 $10^6\ \text{W}$，接收机灵敏度为 $-90\ \text{dBm}$；

(2) 火控雷达，频率为 $10\ \text{GHz}$，天线架设高度为 $200\ \text{m}$，天线增益为 $30\ \text{dB}$，发射脉冲功率为 $10^5\ \text{W}$，接收机灵敏度为 $-90\ \text{dBm}$。

4. 已知敌舰载雷达的发射脉冲功率为 $5\times10^5\ \text{W}$，天线增益为 $30\ \text{dB}$，高度为 $20\ \text{m}$，工作频率为 $3\ \text{GHz}$，接收机灵敏度为 $-90\ \text{dBm}$。我舰装有一部雷达告警系统，其接收天线增益为 $10\ \text{dB}$，高度为 $30\ \text{m}$，接收机灵敏度为 $-45\ \text{dBm}$，系统损耗为 $13\ \text{dB}$。我舰的水面高度为 $4\ \text{m}$，雷达截面积为 $2500\ \text{m}^2$。

(1) 试求敌、我双方的告警距离；

(2) 如果将该雷达装在飞行高度为 $1000\ \text{m}$ 的巡逻机上，那么敌、我双方的告警距离有什么变化？

(3) 如果将告警系统装在飞行高度为 $1000\ \text{m}$ 的巡逻机上，那么敌、我双方的告警距离有什么变化？

5. 某侦察卫星的飞行高度为 $850\ \text{km}$，下视侦察天线增益为 $10\ \text{dB}$，工作频率为 $5\ \text{GHz}$，系统损耗为 $9\ \text{dB}$；若被侦察的雷达发射脉冲功率为 $5\times10^4\ \text{W}$，平均旁瓣电平为 $-15\ \text{dB}$。试问在旁瓣侦察的条件下，应如何要求侦察接收机的灵敏度？

6. 已知侦察天线的水平波束宽度为 1°，天线转速为 60 r/min，雷达天线的水平波束宽度为 2°，天线转速为 10 r/min，侦察机只能侦收雷达天线主瓣的发射信号，截获只需要一个脉冲且不需要进行频率搜索。试求达到搜索概率分别为 0.3，0.5，0.7 和 0.9 所需的搜索时间。

7. 某侦察机采用全向天线测向、搜索法测频，搜索周期为 100 ms，以 10 MHz 瞬时接收带宽搜索 2 GHz 频率范围；雷达信号为固定频率，截获条件是在 10 s 内测得 5 个以上脉冲，试求其对以下两种雷达信号的截获概率：

(1) 脉冲重复周期为 1 ms，脉冲宽度为 1 μs；

(2) 脉冲重复周期为 2.2 ms，脉冲宽度为 12 μs。

第6章 遮盖性干扰

雷达干扰的目的是破坏或扰乱雷达对真实目标信息的检测。遮盖性干扰也称为压制干扰或压制性干扰,其作用是破坏或阻碍雷达发现目标和测量目标参数。

6.1 概　　述

雷达获取目标信息的过程可用图 6-1 来表示。首先,雷达向可能存在目标的空间发射电磁波信号 $s_T(t)$,当该空间存在目标时,$s_T(t)$ 信号会受到目标距离、角度、速度等参数特性的调制,形成回波信号 $s_R(t)$。在雷达接收机中,通过对接收信号 $s_R(t)$ 的放大、滤波和解调,可得到有关目标距离、角度、速度等信息。图中增加的 $c(t)$ 是因为雷达接收机中的信号除了目标回波 $s_R(t)$ 以外,还存在各种内外噪声、杂波、多径回波等。正是由于这些噪声才影响了雷达检测目标的能力。可见,如果在 $s_R(t)$ 中引入人为噪声干扰信号或利用吸波材料减小目标回波信号的功率,都可以阻碍雷达探测目标,达到干扰的目的。

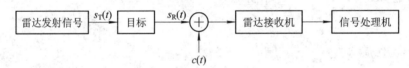

图 6-1 雷达获取目标信息的过程

6.1.1 遮盖性干扰的作用与分类

1. 遮盖性干扰的作用

遮盖性干扰的作用就是用噪声或类似噪声的干扰信号遮盖或压制目标回波信号,阻止雷达检测目标信息。它的基本原理是降低雷达检测目标时的信噪比 S/N。根据雷达检测原理,在给定虚警概率 P_{fa} 的条件下,检测概率 P_d 将随 S/N 的降低而相应降低,从而造成雷达检测目标的困难。

2. 遮盖性干扰的分类

按照干扰信号中心频率 f_{j0}、谱宽 Δf_j 相对于雷达信号中心频率 f_s、谱宽 Δf_r 的相对关系,遮盖性干扰可以分为瞄准式干扰、阻塞式干扰和扫频式干扰。

1) 瞄准式干扰

瞄准式干扰一般满足:

$$f_{j0} \approx f_s, \quad \Delta f_j \leqslant (2 \sim 5)\Delta f_r \tag{6-1}$$

采用瞄准式干扰可以先测得雷达信号中心频率 f_s 和谱宽 Δf_r,再将干扰信号频率 f_{j0}

调谐到 f_s 处，用尽可能窄的 Δf_j 覆盖 Δf_r，这一过程称为频率引导。也可以直接利用接收到的雷达信号 $s_T(t)$，经过适当的遮盖性干扰调制再转发给雷达。瞄准式干扰的主要优点是在雷达信号频带内的干扰功率强，因而也是遮盖式干扰的首选方式；缺点是对频率引导的要求较高，当雷达信号频率 f_s 在脉间大范围捷变时，干扰机必须具有实时、快速引导跟踪的能力。

2）阻塞式干扰

阻塞式干扰一般满足：

$$\Delta f_j > 5\Delta f_r, \quad f_s \in \left[f_{j0} - \frac{\Delta f_j}{2}, \ f_{j0} + \frac{\Delta f_j}{2} \right] \tag{6-2}$$

由于阻塞式干扰的干扰频带 $[f_{j0} - \Delta f_j/2, \ f_{j0} + \Delta f_j/2]$ 较宽，可以相应地降低对频率引导精度的要求，并且可以同时干扰 Δf_j 带内的所有雷达，包括在带内频率捷变、频率分集的雷达。阻塞式干扰的主要缺点是在 Δf_j 带内的干扰功率密度低，特别是在没有雷达信号频谱存在的频域也存在干扰能量，造成干扰功率的浪费。因此近年来阻塞式干扰已经逐渐被分集瞄准式干扰所取代。

3）扫频式干扰

扫频式干扰一般满足：

$$\Delta f_j \leqslant (2 \sim 5)\Delta f_r, \quad f_s = f_j(t), \ t \in [0, T] \tag{6-3}$$

即干扰信号中心频率 $f_j(t)$ 是覆盖 f_s、以 T 为周期、在扫频范围 $\left[\min\limits_{0 \leqslant t \leqslant T} f_j(t), \ \max\limits_{0 \leqslant t \leqslant T} f_j(t) \right]$ 内连续调谐的函数。扫频式干扰可以对干扰频带内的各雷达形成周期性间断的强干扰。由于扫频范围较大，也可以降低对频率引导的要求，同时干扰扫频范围内的频率捷变、频率分集的雷达。它的缺点是在扫频范围内的平均干扰功率密度较低，近年来的改进主要是改变周期 T，形成间隔和宽度非均匀的强干扰。

6.1.2　遮盖性干扰的效果度量

遮盖性干扰的直接效果是降低雷达对目标的检测概率 P_d。由于雷达检测采用的是聂曼—皮尔逊准则，在给定 P_{fa} 的条件下，P_d 是信噪比 S/N 的单调函数，其中 S、N 分别为接收机线性系统输出端的目标回波信号功率和高斯噪声功率，这种度量方法称为功率准则。由于在给定功率的条件下，高斯噪声具有最大熵，当实际噪声为非高斯噪声时，只需要对噪声质量因子进行修订。此外，还可以采用适当的设备对 S/N 和 P_d 进行测试。因此功率准则具有良好的合理性、可测性和可控性。

根据检测原理，S/N 越低，P_d 越小，但只要 $P_d \neq 0$，在理论上雷达总有检测目标的可能。因此从干扰机设计的实际情况出发，要求 $P_d = 0$ 显然是不合理的。目前国内外普遍将 $P_d \leqslant 0.1$ 作为遮盖性干扰有效的标准，并将此时在雷达接收机输出端、目标检测器前干扰信号功率 P_{jd} 与目标回波信号功率 P_{sd} 的比值定义为压制系数 K_a，即

$$K_a \overset{\text{def}}{=} \frac{P_{jd}}{P_{sd}} \Big|_{P_d = 0.1} \tag{6-4}$$

K_a 是干扰信号调制样式、调制参数，雷达接收机响应特性，信号处理方式等诸多因素的复杂函数。将功率准则应用于雷达在受到干扰时的威力范围，则将干扰机能够有效掩护目标的区域称为有效干扰区 V_j，并以对 V_j 的评价函数 $E(V_j)$ 作为干扰系统综合干扰效果的考核标准，

$$E(V_j) = \int_{V_j} W(V)\mathrm{d}V \qquad (6-5)$$

式中 $W(V)$ 为空间评价因子，以表现对不同空间位置有效干扰的重要性。

6.1.3　最佳遮盖干扰波形

雷达对目标的检测是在噪声背景中进行的，对于接收信号作出有无目标的两种假设检验具有不确定性，因此最佳遮盖干扰波形应是随机性最强（不确定性最大）的波形。

一种度量随机变量不确定性的常用参量是熵（Entropy），离散型随机变量的熵定义为

$$H(x) \overset{\mathrm{def}}{=} -\sum_{i=1}^{m} P_i \log_a P_i \qquad (6-6)$$

其中随机变量 x 的概率分布为 $\left\{ \begin{array}{c} x_i \\ P_i \end{array} \right\}_{i=1}^{m}$。对于连续型随机变量，

$$H(x) = -\int_{-\infty}^{\infty} p(x)\log_a p(x)\mathrm{d}x \qquad (6-7)$$

式中 $p(x)$ 为连续型随机变量 x 的概率分布密度函数。熵的单位随 a 的取值而变，$a=2$ 时，H 的单位为比特（bit）；$a=\mathrm{e}$ 时，H 的单位为奈特（nat）；$a=10$ 时，H 的单位为哈特莱（hartley）。a 的选取视计算方便而为。下面的讨论中选取 $a=\mathrm{e}$。对于相同的 a，H 越大，随机性越强；同时，方差越大（起伏功率越大），熵也越大。由此定义：在给定功率的条件下，雷达接收机线性系统中具有最大熵的波形为最佳干扰波形。

根据拉格朗日常数变易法，已知函数方程：

$$\varphi = \int_a^b F(x, p)\mathrm{d}x \qquad (6-8)$$

和 m 个函数方程的限制条件：

$$\int_a^b \varphi_i(x, p)\mathrm{d}x = c_i \qquad i \in \mathbf{N}_{m+1}^* \qquad (6-9)$$

其中 $\varphi_i(x, p)$，$i \in \mathbf{N}_{m+1}^*$，是限制条件给定的函数，则式(6-8)的极值可由上面 m 个方程和下式确定：

$$\frac{\partial F(x.p)}{\partial p} + \sum_{i=1}^{m} \lambda_i \frac{\partial \varphi_i(x, p)}{\partial p} = 0 \qquad (6-10)$$

其中 $\{\lambda_i\}_{i=1}^{m}$ 是拉格朗日常数，代入最大熵函数求解，则有已知条件：

$$\left\{ \begin{array}{l} H(x) = -\int_{-\infty}^{\infty} p(x)\log_a p(x)\mathrm{d}x \\ \int_{-\infty}^{\infty} p(x)\mathrm{d}x = 1 \\ \int_{-\infty}^{\infty} x^2 p(x)\mathrm{d}x = \sigma^2 \end{array} \right. \qquad (6-11)$$

整理成为标准表达式：

$$\left\{ \begin{array}{l} F = -p(x)\ln p(x) \\ \varphi_1(p(x)) = p(x) \\ \varphi_2(p(x)) = x^2 p(x) \\ p(x) = \mathrm{e}^{\lambda_1 - 1 + x^2 \lambda_2} \end{array} \right. \qquad (6-12)$$

再利用限制条件，可以得到：

$$\begin{cases} p(x) = \dfrac{1}{\sqrt{2\pi}\,\sigma} e^{-\frac{x^2}{2\sigma^2}} \\[2mm] H(x) = \sqrt{2\pi e \sigma^2} \end{cases} \tag{6-13}$$

它表明在给定功率的条件下，高斯噪声具有最大熵，也是遮盖性干扰的最佳干扰波形。对于各种非高斯噪声，仅以相同熵时实际噪声功率 P_j 与高斯噪声功率 P_{j0} 的比值定义其质量因素 η：

$$\eta \overset{\text{def}}{=} \frac{P_{j0}}{P_j}\Big|_{H_j = H_{j0}} = \frac{\sigma^2}{P_j}\Big|_{H_j = H_{j0}} \leqslant 1 \tag{6-14}$$

通过 η，可以将非高斯噪声转换为高斯噪声，再计算检测干信比。

6.2　射频噪声干扰

窄带广义平稳的高斯过程

$$J(t) = U_n(t)\cos(\omega_j t + \phi(t)) \tag{6-15}$$

称为射频噪声干扰。其中包络过程 $U_n(t)$ 服从瑞利分布，相位过程 $\phi(t)$ 服从 $[0, 2\pi]$ 均匀分布，且与 $U_n(t)$ 独立，载频 ω_j 为常数，且远大于 $J(t)$ 的谱宽。由于早期 $J(t)$ 的制取主要来自于对宽带模拟低功率射频噪声的滤波和放大，所以又称为直接放大的噪声(DINA)。

6.2.1　射频噪声干扰的统计特性

根据窄带高斯过程的定义，$U_n(t)$ 的分布为

$$p(u) = \frac{u}{\sigma^2} e^{-\frac{u^2}{2\sigma^2}} \qquad u \geqslant 0 \tag{6-16}$$

$J(t)$ 的功率为

$$P_J = \int_{-\infty}^{\infty} G_J(f)\,\mathrm{d}f = E[J^2(t)] = \frac{1}{2}E[U_n^2(t)] = \sigma^2 \tag{6-17}$$

式中 $G_J(f)$ 为 $J(t)$ 的功率谱，经常采用瞄准雷达信号频率的矩形功率谱

$$G_J(f) = \begin{cases} \dfrac{\sigma^2}{\Delta f_j} & |f_j - f_s| \leqslant \dfrac{\Delta f_j}{2} \\[3mm] 0 & |f_j - f_s| > \dfrac{\Delta f_j}{2} \end{cases} \tag{6-18}$$

以便使尽可能多的干扰信号能量能够进入雷达接收机。

6.2.2　射频噪声干扰对雷达接收机和信号检测的影响

典型的雷达接收机组成如图 6-2 所示，它主要由低噪声放大器、混频器、中放/匹配滤波器、包络检波器、相位检波器、视放/ADC 和信号处理机等组成。在一般情况下，低噪声放大器和中放/匹配滤波器/增益控制等为线性系统；混频器本身虽然是非线性器件，但由于其输入信号功率一般都远小于本振功率，中放又具有很好的频率选择和匹配滤波特性，可以忽略信号高次谐波的影响。因此混频器的主要作用只是把射频信号(包括干扰)的频率搬移到固定的中频 f_I，对于信号传输，仍然可以视为线性系统。假设接收机输入端的目标回波信号频谱为 $F_s(f)$，根据雷达信号检测原理，以信号峰值功率与噪声平均功率之

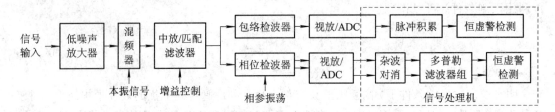

图 6-2　雷达接收机的典型组成示意图

比定义为信噪比。为了便于分析，在忽略接收机内噪声的情况下，输入端干信比$(J/S)_R$为

$$
\begin{cases}
\left(\dfrac{J}{S}\right)_R = \dfrac{\displaystyle\int_{-\infty}^{\infty} G_J(f)\,\mathrm{d}f}{P_{rs}} = \dfrac{\sigma^2}{P_{rs}} \\[4mm]
P_{rs} = \dfrac{\displaystyle\int_{-\infty}^{\infty} |F_s(f)|^2\,\mathrm{d}f}{\tau} = \dfrac{E}{\tau}
\end{cases}
\tag{6-19}
$$

式中，P_{rs}为接收目标回波信号的脉冲峰值功率，E是宽度为τ的脉冲信号能量。经过中放输出的干信比$(J/S)_I$为

$$
\left(\frac{J}{S}\right)_I = \frac{\displaystyle\int_{-\infty}^{\infty} G_J(|f-f_L|)\,|H_I(f)|^2\,\mathrm{d}f}{\left|\displaystyle\int_{-\infty}^{\infty} |F_s(|f-f_L|)H_I(f)|\,\mathrm{d}f\right|^2}
\tag{6-20}
$$

式中，f_L为本振频率，$H_I(f)$为中放及接收前端的频率响应。当接收机为理想的匹配滤波器时，$H_I(f)=kF_s^*(|f-f_L|)\mathrm{e}^{-\mathrm{j}2\pi f t_0}$，中放输出的信号峰值功率为

$$
S_I = \left|\int_{-\infty}^{\infty} |F_s(|f-f_L|)H_I(f)|\,\mathrm{d}f\right|^2 = k^2 E^2
\tag{6-21}
$$

一般遮盖性干扰信号是与雷达接收机失配的，假设$H_I(f)$具有带限频响，且干扰功率谱在Δf_j内均匀分布

$$
H_I(f) = 0, \quad |f-f_I| > \frac{\Delta f_r}{2}
\tag{6-22}
$$

则对式(6-18)的输入噪声功率谱，中放输出的噪声功率为

$$
J_I = \int_{-\infty}^{\infty} G_J(|f-f_L|)\,|H_I(f)|^2\,\mathrm{d}f = k^2 \frac{\sigma^2}{\Delta f_j} E
\tag{6-23}
$$

将式(6-21)、(6-23)代入式(6-20)，可得

$$
\left(\frac{J}{S}\right)_I = \frac{\sigma^2}{E\cdot\Delta f_j} = \frac{\sigma^2}{P_{rs}\tau\cdot\Delta f_j} = \left(\frac{J}{S}\right)_R \frac{\Delta f_r}{\Delta f_j}\frac{1}{D}, \quad D = \Delta f_r\cdot\tau
\tag{6-24}
$$

其中D称为雷达的脉冲压缩比。对于普通雷达，$D=1$，对于脉冲压缩雷达，$D\gg1$。根据随机过程线性变换的性质，中放输出的干扰信号仍为窄带高斯噪声。通过接收机的内噪声也是窄带高斯噪声，且与射频噪声干扰统计独立。因此中放输出两种噪声的合成仍然为窄带高斯噪声，只是合成噪声的功率是各噪声输出功率之和。内噪声的等效输入功率谱密度为kT_0F_R。中放输出的内噪声功率为

$$
N_I = \int_{-\infty}^{\infty} kT_0F_R\,|H_I(f)|^2\,\mathrm{d}f = k^2 kT_0F_R\cdot E
\tag{6-25}
$$

两种噪声合成后的中放输出干信比为

$$\begin{cases} \left(\dfrac{J+N}{S}\right)_{\mathrm{I}} = \left(\dfrac{J}{S}\right)_{\mathrm{R}} \dfrac{\Delta f_{\mathrm{r}}}{\Delta f_{\mathrm{j}}} \dfrac{1}{D} + \left(\dfrac{N}{S}\right)_{\mathrm{R}} \dfrac{1}{D} \\ \left(\dfrac{N}{S}\right)_{\mathrm{R}} = \dfrac{kT_0 F_{\mathrm{R}} \Delta f_{\mathrm{r}}}{P_{\mathrm{rs}}} \end{cases} \tag{6-26}$$

式中，$(J/S)_{\mathrm{R}}$、$(N/S)_{\mathrm{R}}$ 分别为雷达接收机输入端的干信比和接收机带宽内的噪信比，前者来源于干扰机发出的干扰功率，后者为接收机的内噪声功率。前者的能量远大于后者，因此在分析干信比时经常忽略后者的作用。需要说明的是，随着高速数字信号处理技术的发展，许多雷达的脉冲压缩处理是在数字信号处理中进行的，这并不影响对干信比的分析计算。

包络检波器是非线性器件，根据随机信号非线性变换的性质，窄带高斯噪声的包络服从瑞利（Reily）分布，噪声与目标回波信号合成的包络服从莱斯（Rice）分布，检波器输出信号经过视频放大送给信号处理机。典型的包络信号处理过程是：首先进行模数变换（ADC），再经过脉冲积累和恒虚警检测，输出目标有无的判决结果。现代雷达信号处理的脉冲积累已经十分接近理想积累，而典型的射频噪声干扰信号是与雷达脉冲重复周期异步的，脉冲积累后目标回波信号将获得 n 倍的相对改善，也使相应的检测干信比降低为原来的 $1/n$。n 为有效的脉冲积累数，它既取决于雷达天线连续照射目标时间 T_{s} 内的发射脉冲数 $n_{\mathrm{s}} = T_{\mathrm{s}}/T_{\mathrm{r}}$，也受限于信号处理机中的最大脉冲积累处理数 $n_{\max}$，因此有效脉冲积累数 n 应为两者的最小值

$$n = \min\{n_{\mathrm{s}}, n_{\max}\} \tag{6-27}$$

经过脉冲积累后的检测干信比用于目标检测，

$$\left(\frac{J}{S}\right)_{\mathrm{D}} = \left(\frac{J+N}{S}\right)_{\mathrm{I}} \frac{1}{n} \tag{6-28}$$

由于上述雷达信号处理的过程已有大量著作和文献描述，这里不再详细讨论。

相位检波器主要用于各种动目标检测和相参信号处理雷达。相位检波器输出一对中频信号与相参振荡信号相位差的正交视频信号，类似于又一次混频和频谱搬移。如果忽略相位检波器中的信号交调，也可以视其为线性系统。正交视频信号经过视放、ADC 进入信号处理机。典型的信号处理过程是：首先按照雷达脉冲重复周期 T_{r} 对属于同一距离单元的相邻脉冲采样数据进行连续抽取（也称为横向抽取），再对抽取数据进行杂波对消，以便抑制强杂波干扰；然后通过多普勒滤波器组（长度一般与脉冲积累数一致）进行脉冲积累；最后经过适当的恒虚警检测，输出具有一定径向速度的目标回波检测结果。

由于射频噪声干扰与雷达信号非相参，经过相干检波后输出的视频噪声谱宽远大于雷达的脉冲重复频率，因此在横向抽取过程中，干扰信号将发生严重的频谱混叠，其宽带功率谱 $G_{\mathrm{n}}(f)$ 经过反复折叠，趋向于成为无模糊多普勒频率检测范围内的均匀谱，如图 6-3 所示。

$$G_{\mathrm{n}}(f) \approx k_{\mathrm{c}} \frac{J_{\mathrm{I}} + N_{\mathrm{I}}}{f_{\mathrm{r}}} \qquad 0 \leqslant f \leqslant f_{\mathrm{r}} \tag{6-29}$$

式中 k_{c} 为相位检波器、ADC 的振幅响应。需要说明的是，在横向抽取过程中，目标回波信号的多普勒频率也将从 f_{d} 折叠到 f_{d}'：

$$f_{\mathrm{d}}' = \mathrm{mod}[f_{\mathrm{d}}, f_{\mathrm{r}}] \tag{6-30}$$

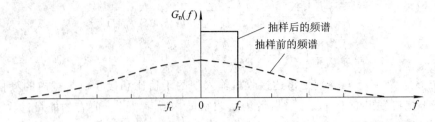

图 6-3　横向滤波抽取后的噪声谱

假设对消滤波器和多普勒滤波器组的频率响应分别为 $H_c(f)$、$H_d(f)$，功率增益为 k_1，则经滤波器组输出的目标信号功率 S_D 和射频噪声/内干扰功率 J_D 分别为

$$
\begin{cases}
S_D = k_1 n^2 S_I \left| H_c(f'_d) H_d(f'_d) \right|^2 \\[2mm]
J_D = k_1 n (J_I + N_I) \dfrac{\displaystyle\int_0^{f_r} \left| H_c(f) H_d(f) \right|^2 \mathrm{d}f}{f_r}
\end{cases}
\tag{6-31}
$$

一般 MTI 雷达对消后没有多普勒滤波器组，而是直接进行脉冲积累，$H_d(f) \equiv 1$，其检测干信比为

$$
\left(\frac{J}{S} \right)_D = \left(\frac{J+N}{S} \right)_I \frac{1}{n} \frac{\left(\displaystyle\int_0^{f_r} \left| H_c(f) \right|^2 \mathrm{d}f \right) / f_r}{\left| H_c(f'_d) \right|^2}
\tag{6-32a}
$$

式中，$\left(\displaystyle\int_0^{f_r} \left| H_c(f) \right|^2 \mathrm{d}f \right) / f_r$ 为对消后的平均杂波剩余，而回波信号的对消剩余取决于对消滤波器的响应 $\left| H_c(f'_d) \right|^2$，如果视 f'_d 为 f_r 内均匀分布的随机变量，则两者相等。这也说明杂波对消不能改善射频噪声干扰的干信比。将这一分析代入式（6-32a），则有

$$
\left(\frac{J+N}{S} \right)_D \approx \left(\frac{J+N}{S} \right)_I \frac{1}{n}
\tag{6-32b}
$$

一般 MTD 雷达多普勒滤波器的通带 Δf_d 较宽，$\Delta f_d \gg f_r/n$，假设其具有矩形频率响应特性，则检测干信比为

$$
\left(\frac{J+N}{S} \right)_D \approx \left(\frac{J+N}{S} \right)_I \frac{1}{n} \frac{\Delta f_d}{f_r}
\tag{6-33}
$$

它表明 MTD 雷达由于抑制了部分带外干扰，对射频噪声干扰的检测干信比有一定改善。

脉冲多普勒（PD）雷达的多普勒带宽很窄，理论带宽可达 $\Delta f_d = f_r/n$，其检测干信比为

$$
\left(\frac{J+N}{S} \right)_d \approx \left(\frac{J+N}{S} \right)_I \frac{1}{n^2}
\tag{6-34}
$$

它表明 PD 雷达通过多普勒频率的高分辨能力，能够有效抑制多普勒频率阻塞式干扰。

对于射频噪声干扰，可由第 5 章图 5-5 从雷达的虚警概率 P_{fa} 求得其对应的干信比 K_a（检测因子 D_0 的倒数）。例如：当 $P_{fa} = 10^{-6}$ 时，从图 5-5 得到 $P_d = 0.1$ 时的 $K_a = -8.5$ dB。这也是雷达信号检测中最常用的检测特性。表 6-1 为射频噪声干扰对各种典型雷达信号处理方法折算到雷达接收机输入端的干信比 $\left. \left(\dfrac{J+N}{S} \right)_R \right|_{P_{fa}=10^{-6},\ P_d=0.1} = K_j$，此时的干信比 K_j 也称为压制系数，以 dB 为单位，它是各项作用因子之和。例如：采用常规脉冲的 PD 雷达，如果脉冲积累数为 100，干扰带宽恰好覆盖接收机带宽，则所需的压制系数为

$$
K_j = -8.5 + 10 \lg 100 + 10 \lg 100 = 31.5 \ (\mathrm{dB})
$$

表 6 - 1　射频噪声干扰对各种典型雷达信号处理方法的压制系数计算

K_a	中频滤波	脉冲压缩	脉冲积累	MTI 滤波	MTD 滤波	PD 滤波
-8.5	$10\lg\dfrac{\Delta f_j}{\Delta f_r}$	$10\lg(\tau \cdot \Delta f_r)$	$10\lg n$	0	$10\lg\dfrac{f_r}{\Delta f_d}$	$10\lg n$
条件 $P_{fa}=10^{-6}$ $P_d=0.1$	干扰带宽 Δf_j 覆盖接收带宽 Δf_r	τ 为脉宽	n 为脉冲积累数		Δf_d 为滤波带宽	

6.2.3　射频噪声干扰的产生技术

射频噪声干扰具有模拟和数字两种产生方法。典型的模拟产生方法如图 6 - 4 所示。在图 6 - 4(a)中，首先由宽带射频噪声源产生低功率的准白噪声，其等效噪声带宽足以覆盖干扰信号需要使用的工作频率范围；然后通过中心频率和带宽均可调谐的带通滤波器选择一段射频噪声谱，经过射频放大链放大到需要的功率电平，由干扰发射天线辐射输出。宽带射频噪声源常用具有高效、较大噪声功率和大带宽输出能力的噪声管担任。

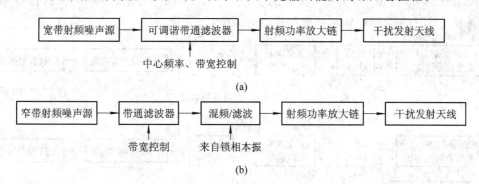

图 6 - 4　射频噪声干扰的模拟产生方法

由于实际使用的射频噪声干扰带宽是与被干扰的雷达信号带宽密切相关的，只要射频噪声带宽能够覆盖雷达信号带宽或雷达的工作带宽就足够了，噪声的中心频率可以通过变频技术进行控制。这种相对窄带的射频噪声源不仅容易实现，而且有利于提高噪声源的效率和输出功率。在图 6 - 4(b)中，窄带射频噪声源的输出带宽固定为 $[f_0-\Delta f_{j\max}/2,\ f_0+\Delta f_{j\max}/2]$，其中 $\Delta f_{j\max}$ 满足射频噪声干扰最大瞬时干扰带宽的要求。带通滤波器的中心频率为 f_0，通带宽度 Δf_j 可调谐，滤波输出的射频噪声干扰信号与锁相本振信号混频/滤波，达到指定的射频频段，再经过射频功率放大链输出。

射频噪声干扰信号的包络电压服从瑞利分布，当平均输出信号功率为 σ^2 时，其功率分布和熵分别为

$$\begin{cases} P(x)=\dfrac{1}{\sigma^2}\mathrm{e}^{-\frac{x}{\sigma^2}} & x\geqslant 0 \\[2mm] H(x)=\displaystyle\int_0^\infty \dfrac{1}{\sigma^2}\mathrm{e}^{-\frac{x}{\sigma^2}}\left(\ln\sigma^2+\dfrac{x}{\sigma^2}\right)\mathrm{d}x=1+\ln\sigma^2 \end{cases} \tag{6-35}$$

如果要求干扰信号不失真，射频放大链应具有很大的线性动态范围。实际功放在过激励条件下会发生输出饱和，使输出干扰信号功率发生限幅，其概率分布、输出平均功率和熵分别为

$$\begin{cases} P(x) = \begin{cases} \dfrac{1}{\sigma^2} \mathrm{e}^{-\frac{x}{\sigma^2}} & x < x_0 \\[2mm] \mathrm{e}^{-\frac{x_0}{\sigma^2}} & x \geqslant x_0 \end{cases} \\[6mm] \overline{P} = \int_0^\infty x P(x) \mathrm{d}x = \sigma^2 (1 - \mathrm{e}^{-\frac{x_0}{\sigma^2}}) \\[4mm] H(x) = \int_0^\infty -P(x) \ln P(x) \mathrm{d}x = (1 + \ln \sigma^2)(1 - \mathrm{e}^{-\frac{x_0}{\sigma^2}}) \end{cases} \tag{6-36}$$

该式说明限幅引起的平均功率降低和熵的降低一致,适当地限幅不会明显影响干扰效果。工程中常取 $x_0 = (2\sim3)\sigma^2$。

射频噪声干扰的数字产生方法如图 6-5(a)所示,零中频、带宽为 Δf_j 的基带射频干扰波形数据可预先保存在存储器中。该数据的产生方法很多,可参见相关文献。实施干扰时,以时钟频率 f_ck 将其依次读出,经过数模转换(DAC)成为正交视频信号,再通过正交调制器、带通滤波器成为中心频率为 f_0、带宽为 Δf_j 的基带射频噪声干扰信号。该信号再与锁相本振信号混频、滤波,成为中心频率为 f_j、带宽为 Δf_j 的小功率射频噪声干扰信号。由于存储器容量 M 有限,所以该方法输出噪声的周期 T_N 为 $T_\mathrm{N} = M / f_\mathrm{ck}$。

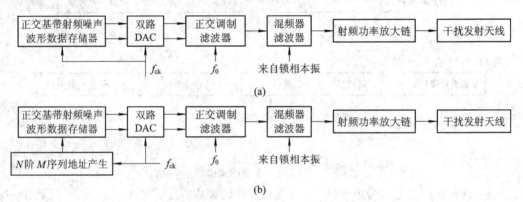

图 6-5 射频噪声干扰的数字产生电路组成

如果在正交基带射频噪声波形存储器中装填的是白噪声数据,则在 f_ck 时钟下 DAC 输出的噪声相关函数 $R(\tau)$ 如图 6-6(a)所示。

$$R(\tau) = \begin{cases} \sigma^2 (1 - |\tau| / T_\mathrm{ck}) & |\tau| < T_\mathrm{ck} \\ 0 & |\tau| \geqslant T_\mathrm{ck} \end{cases} \tag{6-37}$$

式中,$T_\mathrm{ck} = 1 / f_\mathrm{ck}$。该射频噪声干扰的功率谱 $G(\omega)$ 为

$$G(\omega) = 4\sigma^2 \frac{\sin^2 \dfrac{T_\mathrm{ck}\omega}{2}}{T_\mathrm{ck}\omega^2} \tag{6-38}$$

可见该射频噪声干扰的谱宽与读出时钟频率对应。

在图 6-5(b)中,采用 N 阶伪随机 M 序列中的若干位作为存储器的地址,由于其周期 $2^N - 1 \gg M$,且 M 序列的状态(除全零状态以外)具有各态历经性质,所以该噪声的周期将达到:

$$T_\mathrm{N} = \frac{2^N - 1}{f_\mathrm{ck}} \tag{6-39}$$

因此图 6-5(b)的实现方法使用有限的白噪声数据存储容量就可以产生周期足够长的射频噪声干扰。

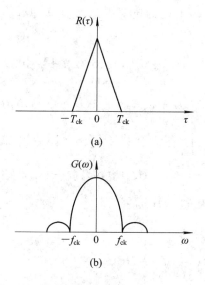

(a)

(b)

图 6-6　数字白噪声的相关函数与功率谱

射频噪声干扰的数字产生方法还特别适合于同时干扰多威胁雷达信号，对此将在第 8 章有关干扰机的数字干扰合成(DJS)技术中再进行讨论。

6.3　噪声调幅干扰

广义平稳随机过程

$$J(t) \stackrel{\text{def}}{=} (U_0 + U_n(t))\cos(\omega_j t + \phi) \qquad (6-40)$$

称为噪声调幅干扰。其中，调制噪声 $U_n(t)$ 是均值为零、方差为 σ_n^2、在区间 $[-U_0, \infty)$ 分布的广义平稳随机过程；ϕ 为 $[0, 2\pi)$ 均匀分布的随机变量，且与 $U_n(t)$ 独立；U_0、ω_j 为常数。其波形如图 6-7 所示。

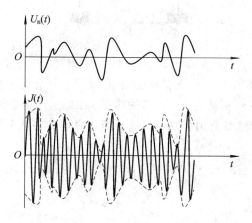

图 6-7　噪声调幅干扰信号波形示意图

6.3.1 噪声调幅干扰的统计特性

根据式(6-40)噪声调幅干扰的定义，其均值 $E[J(t)]$、相关函数 $R_J[\tau]$ 和功率谱 $G_J(\omega)$ 分别为

$$E[J(t)]=\frac{1}{2\pi}\int_0^{2\pi}\int_{-U_0}^{\infty}(U_0+U_n(t))\cos(\omega_j t+\phi)p(U_n(t))\mathrm{d}U_n(t)\mathrm{d}\phi$$

$$=\frac{1}{2\pi}\int_0^{2\pi}\cos(\omega_j t+\phi)\mathrm{d}\phi\int_{-U_0}^{\infty}(U_0+U_n(t))p(U_n(t))\mathrm{d}U_n(t)=0 \quad(6-41a)$$

$$\begin{cases}R_J[\tau]=\frac{1}{2\pi}\int_0^{2\pi}\int_{-U_0}^{\infty}\int_{-U_0}^{\infty}[U_0+U_n(t)]\cos(\omega_j t+\phi)[U_0+U_n(t+\tau)]\\ \quad\cdot\cos[\omega_j(t+\tau)+\phi]p(U_n(t),U_n(t+\tau))\mathrm{d}U_n(t)\mathrm{d}U_n(t+\tau)\mathrm{d}\phi\\ \quad=\frac{1}{2}(U_0^2+R_n(\tau))\cos\omega_j\tau\\ R_n(\tau)=E[U_n(t)U_n(t+\tau)]\end{cases}\quad(6-41b)$$

$$\begin{cases}G_J(\omega)=\frac{1}{4}(U_0^2\delta(f-f_j)+U_0^2\delta(f+f_j)+G_n(f-f_j)+G_n(f+f_j))\\ G_n(f)=\int_{-\infty}^{\infty}R_n(\tau)\mathrm{e}^{-j2\pi f\tau}\mathrm{d}\tau\end{cases}\quad(6-41c)$$

这就是著名的噪声调幅定理，它表明噪声调幅干扰具有载波功率 $U_0^2/2$ 和一半边带功率 $R_n(0)/2$，如图6-8所示。噪声调幅干扰在雷达接收机输入端的干信比为

$$\left(\frac{J}{S}\right)_R=\frac{(U_0^2+R_n(0))/2}{P_{rs}}\quad(6-42)$$

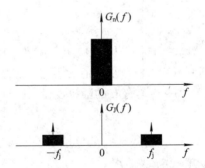

图6-8 噪声调幅干扰功率谱示意图

$U_n(t)$ 通常为在 $[-U_0,U_0]$ 范围对称分布的噪声。由于起主要干扰作用的是边带功率，因此在调幅干扰中应尽可能提高 $U_n(t)$ 的功率。在以上约束条件下，在两个边界点上成离散分布 $p(u)$ 的随机变量具有最大功率，进而两边界点的等概率分布具有最大熵，

$$p(u)=\begin{bmatrix}-U_0 & U_0\\ \frac{1}{2} & \frac{1}{2}\end{bmatrix}\quad(6-43)$$

该分布的功率和熵分别为

$$\begin{cases}P_n=U_0^2\\ H(u)=\ln2=0.693\end{cases}\quad(6-44)$$

可见其边带功率甚至达到了载波功率的 2 倍，熵与功率无关。其物理意义为：采用工作比为 50% 的随机脉冲序列进行 100% 调幅，该调幅干扰信号具有最大的边带功率和稳定的熵。实际工程中采用长周期、自相关特性呈冲激函数的伪随机噪声调幅。假设伪随机噪声的时钟周期为 T_{ck}，则其自相关函数 $R_n(\tau)$ 和功率谱 $G_n(f)$ 分别为

$$
\begin{cases}
R_n(\tau) = U_0^2 \left(1 - \dfrac{|\tau|}{T_{ck}}\right) & |\tau| \leqslant T_{ck} \\[3mm]
G_n(f) = \dfrac{U_0^2}{T_{ck}} \left(\dfrac{\sin \pi f T_{ck}}{\pi f}\right)^2
\end{cases}
\tag{6-45}
$$

其结果与式 (6-37)、(6-38) 数字射频噪声干扰的情况类似，等效噪声带宽 Δf_n 为

$$
\Delta f_n = \frac{\int_{-\infty}^{\infty} G_n(f) \mathrm{d}f}{G_n(0)} = \frac{1}{T_{ck}} = f_{ck}
\tag{6-46}
$$

6.3.2　噪声调幅干扰对雷达信号检测的影响

噪声调幅干扰对雷达信号检测的影响与干扰信号的频率引导误差 $\Delta f = f_j - f_s$、等效噪声带宽 Δf_n、雷达接收机带宽 Δf_r 等具有非常密切的关系。为便于分析，假设接收机在带内具有矩形频率响应。可分为以下两种情况分析。

1) $\Delta f \leqslant \dfrac{\Delta f_r}{2}$

此时噪声调幅干扰的载波功率和部分边带功率进入雷达接收机，并通过接收机的低噪声放大、混频、中放，由中放输出的干信比为

$$
\left(\frac{J}{S}\right)_I = \left(\frac{J}{S}\right)_R \frac{1}{D} \frac{U_0^2 + \int_{\Delta f - \frac{\Delta f_r}{2}}^{\Delta f + \frac{\Delta f_r}{2}} G_n(f) \mathrm{d}f}{U_0^2 + R_n(0)}
\tag{6-47}
$$

对于普通雷达，脉压增益 $D=1$，合成信号包络 U_e 为

$$
U_e = k \sqrt{(U_0 + U_n(t))^2 + U_s^2 + 2(U_0 + U_n(t))U_s \cos(2\pi \Delta f \cdot t + \phi_j - \phi_s)}
\tag{6-48}
$$

式中，U_s、ϕ_s 分别为回波信号的幅度和相位，k 为接收机输入端至检波器的增益。

在一般情况下，Δf_n 的带宽有限，在雷达接收机内的随机脉冲仍然是间断的，它与目标回波脉冲发生混叠。若干扰功率远大于目标回波功率，即 $(U_0 + U_n(t)) \gg U_s$，则合成包络近似为

$$
U_e \approx k(U_0 + U_n(t) + U_s \cos(2\pi \Delta f \cdot t + \phi_j - \phi_s))
\tag{6-49}
$$

它表明：在忽略接收机内噪声的条件下，只存在干扰时，包络检波器输出近似为调制噪声的包络；干扰与目标回波同时存在时，由于两者存在随机的相对频率和相位差，包络检波器的输出是在干扰脉冲调制包络的基础上叠加随机起伏的目标包络；如果只存在目标回波，则将只呈现目标回波包络。

此外，如果调制噪声与雷达脉冲重复周期同步，则上述 3 种混叠状态将是稳定的，如果不加特别控制，目标回波信号重叠在干扰中的概率只有 1/2。为此，经常采用较宽的干扰脉冲调幅压制可能存在目标回波的时间区，称为覆盖脉冲干扰。如果调制噪声与雷达脉

冲重复周期异步，则经过脉冲积累的统计平均，目标检测时的干信比将发生损失。

对于脉冲压缩雷达，$D \gg 1$，而调幅干扰信号将由于非匹配而发生时域展宽，大量随机展宽的干扰在脉冲压缩过程中叠加的结果，将使其趋近于窄带高斯噪声。

2) $\Delta f > \Delta f_r / 2$

此时只有部分噪声调幅干扰的边带功率进入雷达接收机，并通过接收机的低噪声放大、混频、中放，由中放输出的干信比为

$$\left(\frac{J}{S}\right)_I = \left(\frac{J}{S}\right)_R \frac{1}{D} \frac{\int_{\Delta f - \frac{\Delta f_r}{2}}^{\Delta f + \frac{\Delta f_r}{2}} G_n(f) \, df}{U_0^2 + R_n(0)} \tag{6-50}$$

由于进入雷达接收机的干扰信号谱非对称，$U_0 + U_n(t)$ 的包络将发生较大失真。

综上所述，对于连续伪随机噪声调幅干扰来说，应尽量减小频率瞄准误差 Δf，使 $\Delta f \leqslant \Delta f_r / 2$，雷达接收机检波输出视频信号包络近似为调幅噪声包络与目标回波信号包络的合成。该信号经过视频放大和 ADC，再进行脉冲积累。由于伪随机噪声调幅形成的通断调制具有明显的"天花板"效应，与正态噪声的熵为 $\ln\sqrt{2\pi e \sigma^2}$ 具有较大差距，通常视其噪声质量因素 η 为 $0.1 \sim 0.2 (-7 \text{ dB} \sim -10 \text{ dB})$。当 $\Delta f_j / \Delta f_r \gg 1$ 时，η 取为 0.2；当 $\Delta f_j / \Delta f_r \approx 1$ 时，η 取为 0.1。

对于异步伪随机脉冲干扰来说，积累后的干信比降低为原来的 $1/n$。因此伪随机脉冲调幅对包络检测的干信比为

$$\left(\frac{J}{S}\right)_D = \left(\frac{J}{S}\right)_I \frac{1}{n}(0.1 \sim 0.2) \tag{6-51}$$

由于接收机内噪声的性质与噪声调幅干扰不同，两者共同作用时，

$$\left(\frac{J+N}{S}\right)_D = \left[\left(\frac{J}{S}\right)_I (0.1 \sim 0.2) + \left(\frac{N}{S}\right)_R \frac{1}{D}\right] \frac{1}{n} \tag{6-52}$$

如果伪随机脉冲调幅干扰与雷达发射信号非相参，则相位检波器输出的干扰信号不仅有脉冲调制，还有相对频率和相位差形成的脉冲起伏调制。相对于雷达的脉冲重复频率来说，干扰信号的频谱较宽，在横向抽取时也将发生严重的频谱混叠，并趋向于成为式 (6-29) 那样无模糊多普勒频率检测范围内的均匀谱，不仅杂波对消器无法对消，并且会阻塞全部多普勒滤波器组。因此对 MTI 雷达的检测干信比仍为式 (6-51)；对于带宽为 Δf_d、矩形频率响应特性的 MTD 雷达，检测干信比为

$$\left(\frac{J+N}{S}\right)_D = \left[\left(\frac{J}{S}\right)_I (0.1 \sim 0.2) + \left(\frac{N}{S}\right)_R \frac{1}{D}\right] \frac{1}{n} \frac{\Delta f_d}{f_r} \tag{6-53}$$

对于脉冲多普勒雷达的检测干信比为

$$\left(\frac{J+N}{S}\right)_D = \left[\left(\frac{J}{S}\right)_I (0.1 \sim 0.2) + \left(\frac{N}{S}\right)_R \frac{1}{D}\right] \frac{1}{n^2} \tag{6-54}$$

同步伪随机脉冲干扰的干扰脉冲与雷达发射信号同步，在有干扰脉冲存在的时间里不会由于脉冲积累而降低干信比，但在没有干扰脉冲存在的时间里不能有效遮盖目标回波信号，主要形成一种距离欺骗干扰的效果。与雷达发射信号相参的噪声调幅干扰信号具有相对准确而稳定的频谱，在横向抽取的过程中不会发生频谱均匀化的扩散，主要用于对雷达速度检测、测量和跟踪系统的欺骗干扰。对此，一并在欺骗干扰章节中讨论。

6.3.3　噪声调幅干扰的产生技术

非相干异步伪随机噪声调幅信号的产生主要采用图 6-9 所示的电路。由雷达侦察机提供振荡器的频率引导，使频率引导误差尽可能为零（$|\Delta f| = 0$）。振荡器输出信号经过 PIN 开关和放大链，从发射天线辐射输出。伪随机码源在系统时钟 f_{ck} 作用下，依次输出伪随机序列码，作用于 PIN 开关，形成平均工作比为 50% 的脉冲调幅信号，f_{ck} 频率应接近被干扰雷达信号带宽 Δf_r。伪随机码的周期 T 应大于雷达信号的脉冲积累时间 nT_r，以便在雷达信号处理时间内保持式（6-41）的自相关特性。

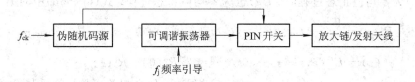

$$f_{ck} \rightarrow \boxed{\text{伪随机码源}} \quad \boxed{\text{可调谐振荡器}} \rightarrow \boxed{\text{PIN 开关}} \rightarrow \boxed{\text{放大链/发射天线}}$$

f_j 频率引导

图 6-9　非相干异步伪随机噪声调幅信号产生电路

6.4　噪声调频干扰

广义平稳随机过程

$$J(t) \overset{\text{def}}{=} U_j \cos\left(\omega_j t + 2\pi K_{FM} \int_0^t u(t')\,\mathrm{d}t' + \phi\right) \tag{6-55}$$

称为噪声调频干扰。其中，调制噪声 $u(t)$ 为零均值的广义平稳随机过程；ϕ 为 $[0, 2\pi)$ 均匀分布的随机变量，且与 $u(t)$ 独立；U_j、ω_j、K_{FM} 为常数，分别为噪声调频干扰的振幅、中心频率和调频斜率。其波形如图 6-10 所示。

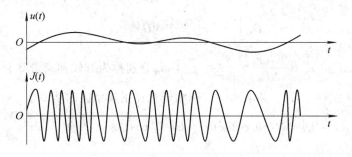

图 6-10　噪声调频干扰波形示意图

6.4.1　噪声调频干扰的统计特性

根据式（6-55）噪声调频干扰的定义，其均值 $E[J(t)]$、相关函数 $R_J[\tau]$ 分别为

$$\begin{cases} E[J(t)] = U_j E[\cos(\theta(t) + \phi)] = U_j E[\cos\theta(t)\cos\phi - \sin\theta(t)\sin\phi] \\ \qquad\quad = U_j \{E[\cos\theta(t)]E[\cos\phi] - E[\sin\theta(t)]E[\sin\phi]\} \\ \qquad\quad = 0 \\ \theta(t) = \omega_j t + e(t) \end{cases} \tag{6-56a}$$

$$R_J(\tau) = U_j^2 E[\cos(\theta(t) + \phi)\cos(\theta(t+\tau) + \phi)]$$

$$= \frac{U_j^2}{2} E[\cos(\theta(t+\tau) - \theta(t))]$$

$$= \frac{U_j^2}{2} E[\cos(\omega_j\tau + e(t+\tau) - e(t))]$$

$$= \frac{U_j^2}{2}\{\cos(\omega_j\tau)E[\cos(e(t+\tau) - e(t))]$$

$$- \sin(\omega_j\tau)E[\sin(e(t+\tau) - e(t))]\} \tag{6-56b}$$

当 $u(t)$ 为零均值正态过程时，$e(t)$ 也为零均值正态过程，式(6-56b)中的第二项为零，

$$\begin{cases} R_J(\tau) = \dfrac{U_j^2}{2}\cos(\omega_j\tau)E[\cos(e(t+\tau) - e(t))] = \dfrac{U_j^2}{2\pi}e^{-\frac{\sigma^2(\tau)}{2}}\cos\omega_j\tau \\ \sigma^2(\tau) = E[(e(t+\tau) - e(t))^2] = 2[R_e(0) - R_e(\tau)] \end{cases} \tag{6-57}$$

其中，$e(t) = 2\pi K_{FM}\int_0^t u(t')dt'$，$R_e(\tau)$ 是正态过程 $e(t)$ 的自相关函数，它可由调频噪声 $u(t)$ 的功率谱 $G_n(f)$ 通过变换求得。假设其具有带限均匀谱

$$G_n(f) = \begin{cases} \dfrac{\sigma_n^2}{\Delta F_n} & 0 \leqslant f \leqslant \Delta F_n \\ 0 & 其它 \end{cases} \tag{6-58}$$

则 $e(t)$ 的功率谱 $G_e(f)$ 为

$$G_e(f) = \frac{(2\pi K_{FM})^2 G_n(f)}{(2\pi f)^2} = \frac{K_{FM}^2}{f^2}G_n(f) \tag{6-59}$$

$$\sigma^2(\tau) = 2[R_e(0) - R_e(\tau)] = \frac{4K_{FM}^2\sigma_n^2}{\Delta F_n}\int_0^{\Delta F_n}\frac{1 - \cos 2\pi f\tau}{f^2}df$$

$$= 4m_{fe}^2\Delta\Omega_n\int_0^{\Delta\Omega_n}\frac{1 - \cos\Omega\tau}{\Omega^2}d\Omega \tag{6-60}$$

式中，$\Delta\Omega_n = 2\pi\Delta F_n$，$m_{fe} = \dfrac{K_{FM}\sigma_n}{\Delta F_n} = \dfrac{f_{de}}{\Delta F_n}$。$f_{de}$，$m_{fe}$ 分别称为有效调频带宽和有效调频指数。

将式(6-60)代入式(6-57)，并求解噪声调频干扰在正频率区的功率谱

$$G_J(\omega) = 4\int_0^\infty R_J(\tau)\cos\omega\tau d\tau = U_j^2\int_0^\infty \cos(\omega_j - \omega)\tau e^{-\frac{\sigma^2(\tau)}{2}}d\tau$$

$$= U_j^2\int_0^\infty \cos(\omega_j - \omega)\tau \exp\left[-2m_{fe}^2\Delta\Omega_n\int_0^{\frac{\Delta\Omega_n}{2}}\frac{1 - \cos\Omega\tau}{\Omega^2}d\Omega\right]d\tau \tag{6-61}$$

该积分式只有在 $m_{fe} \gg 1$ 或 $m_{fe} \ll 1$ 时才能近似求解。

1）$m_{fe} \gg 1$

此时积分项内的指数随 τ 迅速减小，对功率谱的主要贡献是 τ 较小时的积分区间。这时将 $\cos\Omega\tau$ 展开为级数，并取前两项近似：

$$\cos\Omega\tau \approx 1 - \left(\frac{\Omega\tau}{2}\right)^2 \tag{6-62}$$

代入式(6-61)，可得

$$G_J(f) = \frac{U_j^2}{2} \frac{1}{\sqrt{2\pi}\,f_{de}} e^{-\frac{(f-f_j)^2}{2f_{de}^2}} \tag{6-63}$$

由上式可以得到 $m_{fe} \gg 1$ 时噪声调频干扰功率谱特性的重要结论：

(1) 噪声调频信号的功率谱密度 $G_J(f)$ 与调制噪声的概率密度 $p_n(u)$ 具有线性变换关系，当 $p_n(u)$ 为正态分布时，$G_J(f)$ 也为正态分布。这一结论可以推广到非正态噪声调频的情况。例如为了获得均匀带限谱，可以采用概率密度均匀分布的噪声。利用这种线性变换关系，可以大大简化调频干扰信号功率谱 $G_J(f)$ 的计算方法，即直接由 $p_n(u)$ 的雅可比变换得到：

$$G_J(f - f_j) = \frac{U_j^2}{2} p\left(\frac{f - f_j}{K_{FM}}\right)\frac{1}{K_{FM}} \tag{6-64}$$

也可以像图 6-11 那样，采用作图法进行坐标的线性变换。这种方法称为准线性变换法。

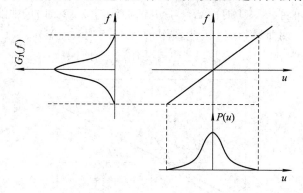

图 6-11　准线性变换法求功率谱密度

(2) 噪声调频信号的功率等于载波功率：

$$P_J = \int_{-\infty}^{\infty} G_J(f)\,\mathrm{d}f = \frac{U_j^2}{2} \tag{6-65}$$

它表明调制噪声功率不会对已调波的功率产生影响，这是与噪声调幅不一样的。

(3) 噪声调频信号的等效干扰带宽为

$$\Delta f_j = \sqrt{2\pi}\,f_{de} = 2.5 f_{de} \tag{6-66}$$

它与调制噪声的带宽 ΔF_n 无关，而只取决于调制噪声的功率 σ_n^2 和调频斜率 K_{FM}。

2) $m_{fe} \ll 1$

这时调制噪声带宽 ΔF_n 相对很大，

$$\int_0^{\Delta\Omega_n} \frac{1 - \cos\Omega\tau}{\Omega^2}\,\mathrm{d}\Omega \approx 2\int_0^{\infty} \frac{\sin^2\left(\frac{\Omega\tau}{2}\right)}{\Omega^2}\,\mathrm{d}\Omega = \frac{\pi\tau}{2} \tag{6-67}$$

代入式(6-60)，可得

$$G_J(f) = \frac{U_j^2}{2} \frac{\dfrac{f_{de}^2}{2\Delta F_n}}{\left(\dfrac{\pi f_{de}^2}{2\Delta F_n}\right)^2 + (f - f_j)^2} \tag{6-68}$$

功率谱密度如图 6-12 所示。由式(6-68)可得等效噪声带宽为

$$\Delta f_j = \frac{\pi^2 f_{de}^2}{2\Delta F_n} \tag{6-69}$$

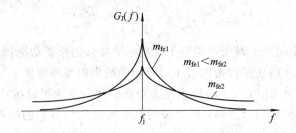

图 6-12　$m_{fe} \ll 1$ 时噪声调频信号的功率谱

3）m_{fe} 介于 1)、2)情况之间

当 m_{fe} 介于 1)、2)情况之间时，功率谱密度逐渐由图 6-11 变为图 6-12，功率谱宽度可由图 6-13 求得。图 6-13 是将 $m_{fe} \gg 1$ 时的 Δf_j 表达式(6-63)变成 m_{fe} 的函数，作出 Δf_j 与 m_{fe} 的关系曲线。再将 $m_{fe} \ll 1$ 时的 Δf_j 与 m_{fe} 的曲线与 $m_{fe} \gg 1$ 时的曲线画在一起，可以看到，当 $m_{fe} = 0.75$ 时，两曲线相交。因此，当 $m_{fe} < 0.75$ 时，按照 $m_{fe} \ll 1$ 计算；当 $m_{fe} > 0.75$ 时，按照 $m_{fe} \gg 1$ 计算；$m_{fe} = 0.75$ 时，上述情况任选一种计算。

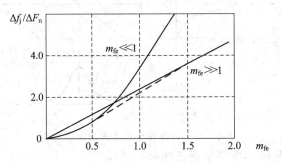

图 6-13　干扰带宽与调制指数的关系

6.4.2　噪声调频干扰对雷达信号检测的影响

噪声调频信号的瞬时振荡频率按照调制噪声电压变化，图 6-14 画出了噪声调频干扰信号的瞬时频率通过雷达接收机中放带宽后的输出波形关系。由于受到中放频率特性的影响，等幅调频波经过中放后输出为调幅调频波。如果频率的摆动小于中放带宽，则幅度起伏很小；如果瞬时频率超出了中放带宽，则中放输出会发生信号的间断。因此当调频带宽大于接收机中放带宽时，中放的输出信号就是一系列随机间隔、随机宽度、幅度起伏的脉冲串，其统计特性与调制噪声的分布和谱宽具有密切关系。

噪声调频干扰对线性系统的作用与第 2 章讨论的接收机动态频率响应类似，当等幅调频信号作用于中放时，如果信号频率的变化速率很低，中放的输出近似为等幅脉冲，脉冲宽度对应于瞬时频率在接收机带宽内的驻留时间，随接收机带宽增大而变宽，随瞬时频率迁移速度的增大而减小；中放输出的随机脉冲幅度随中放带宽的增加提高，随干扰信号瞬时频率迁移速度的增大而减小，但其脉宽会发生展宽，不再对应于瞬时频率在带宽内的驻留时间。

根据上述分析，当干扰带宽大于接收机带宽时，如果 ΔF_n 很窄，则干扰信号的瞬时频率在接收机带内的驻留时间较长，中放输出一系列等幅、随机宽度和周期的随机脉冲，类

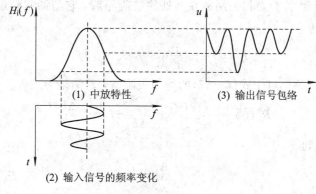

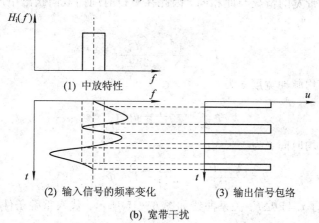

图 6 - 14　噪声调频波的中放输出波形示意图

似于伪随机噪声调幅时的"天花板效应"，遮盖性能较差。随着 ΔF_n 的提高，随机脉冲的平均脉宽和间隔都开始减小，幅度降低，彼此开始重叠。ΔF_n 越大，重叠就越严重，以至于形成大量随机脉冲的重叠。根据中心极限定理，此时中放的输出趋近于窄带高斯过程，就像射频噪声干扰一样。造成随机脉冲重叠的条件是：中放的暂态响应时间 t_y 大于随机脉冲的平均时间周期 $\overline{T}$。由于中放带宽为 Δf_r 时的暂态响应时间近似为其倒数 $t_y \approx 1/\Delta f_r$，重叠条件也可以表示为

$$\overline{T}\Delta f_r \gg 1 \tag{6-70}$$

随机脉冲的平均时间间隔与调制噪声谱宽 ΔF_n、频率引导误差 Δf 等有关。当瞬时频率呈高斯分布，$\Delta f = 0$，接收机具有矩形频率响应时，干扰信号瞬时频率位于接收机带内的概率为

$$P_{in} = \frac{1}{\sqrt{2\pi}\,f_{de}} \int_{f_j - \frac{\Delta f_r}{2}}^{f_j + \frac{\Delta f_r}{2}} e^{-\frac{(f-f_j)^2}{2f_{de}^2}}\,df = \Phi(x_0) \tag{6-71}$$

式中，$x_0 = \dfrac{\Delta f_r}{2 f_{de}}$；$\Phi(x_0) = \dfrac{2}{\sqrt{2\pi}} \displaystyle\int_0^{x_0} e^{-\frac{x^2}{2}}\,dx$，为误差函数积分值。单位时间内瞬时频率以正斜率跃出中放带宽的平均次数为

$$\overline{N} = \sqrt{-R''(0)}\,e^{-\frac{x_0^2}{2}} \tag{6-72}$$

式中，$R''(0)$ 是瞬时频率 $f(t)$ 相关函数在 0 处的二阶导数，它与调制噪声功率谱 $G_n(f)$ 的关系为

$$R''(0) = -\frac{1}{\sigma_n^2} \int_{-\infty}^{\infty} f^2 G_n(f) \mathrm{d}f \qquad (6-73)$$

式中 σ_n^2 为调制噪声功率。对于式(6-57)的均匀带限谱，其结果为

$$R''(0) = -\frac{1}{\sigma_n^2} \int_0^{\Delta F_n} f^2 \frac{\sigma_n^2}{\Delta F_n} \mathrm{d}f = -\frac{\Delta F_n^2}{3} \qquad (6-74)$$

代入式(6-72)，得到

$$\bar{N} = \frac{\Delta F_n}{\sqrt{3}} \mathrm{e}^{-\frac{x_0^2}{2}} \qquad (6-75)$$

以负方向跃出中放带宽的情况与此相同，因此在单位时间内双向跃出中放带宽的平均次数为 $2\bar{N}$，平均周期 $\bar{T}$ 为

$$\bar{T} = \frac{1}{2\bar{N}} = \frac{\sqrt{3}}{2\Delta F_n} \mathrm{e}^{\frac{x_0^2}{2}} \qquad (6-76)$$

处于中放带内的平均脉冲宽度 $\bar{\tau}$ 为

$$\bar{\tau} = \frac{P_{in}}{2\bar{N}} = \frac{\sqrt{3}}{2\Delta F_n} \Phi(x_0) \mathrm{e}^{\frac{x_0^2}{2}} \qquad (6-77)$$

处于中放带外的平均时间 $\bar{\theta}$ 为

$$\bar{\theta} = \frac{1-P_{in}}{2\bar{N}} = \frac{\sqrt{3}}{2\Delta F_n} [1-\Phi(x_0)] \mathrm{e}^{\frac{x_0^2}{2}} \qquad (6-78)$$

由式(6-78)作出的 x_0 与 $\bar{\theta}\Delta F_n$ 关系曲线如图6-15所示。代入重叠条件，则有

$$\bar{T}_n \ll \frac{1}{\Delta f_r} \quad \text{或} \quad \Delta F_n \gg \frac{2\Delta f_r}{\sqrt{3}} \mathrm{e}^{-\frac{x_0^2}{2}} \qquad (6-79)$$

在工程中可选为 $\Delta F_n = (5\sim10)\Delta f_r$。

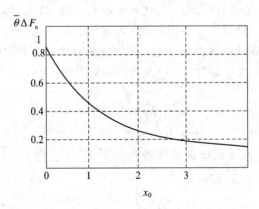

图6-15　x_0 与 $\bar{\theta}\Delta F_n$ 的相互关系

噪声调频干扰信号通过雷达接收机中放输出的干扰功率为

$$J_I = J_R k_I \int_{-\infty}^{\infty} G_J(f) |H_I(f)|^2 \mathrm{d}f \qquad (6-80)$$

如果 $\Delta f_j \leqslant \Delta f_r$，则中放输出几乎是等幅连续波，由于它失配于雷达的脉冲压缩处理，在经

过脉冲压缩滤波器后趋近于窄带高斯噪声，也可以干扰雷达相位检波后的动目标处理。但是对普通包络检测的雷达，经过包络检波后只有直流分量，而无起伏的噪声分量，对包络检测雷达的干扰效果很差。因此一般噪声调频干扰的 Δf_j 总是大于 Δf_r，如果都以等效带宽计算，则中放输出的噪声调频干扰信号功率为

$$J_I \approx k_I J_R P\left(|f_j - f_s| \leqslant \frac{\Delta f_r}{2}\right) = k_I J_R \frac{\Delta f_r}{\Delta f_j} \tag{6-81}$$

式中，$J_R = \dfrac{U_j^2}{2}$，是接收机输入端的噪声调频干扰功率；$P(|f_j - f_s| \leqslant \Delta f_r/2)$ 为干扰信号瞬时频率位于雷达接收机通带内的概率。由此得到接收机中放输出端的干信比

$$\left(\frac{J+N}{S}\right)_I = \left(\frac{J}{S}\right)_R \frac{\Delta f_r}{\Delta f_j} \frac{1}{D} + \left(\frac{N}{S}\right)_R \frac{1}{D} \tag{6-82}$$

如果噪声调频干扰满足式(6-79)的重叠条件，则中放输出的调频干扰已经十分接近于窄带高斯噪声了，可以像射频噪声干扰一样，按照式(6-28)、(6-32)、(6-33)、(6-34)分别进行对包络检测雷达、MTI 雷达、MTD 雷达、PD 雷达和 SAR 雷达的检测干信比计算。

如果噪声调频干扰不满足式(6-78)的重叠条件，调频干扰形成的随机脉冲比较稀疏，通过包络检波器的输出就会趋近于随机脉冲调幅干扰，出现明显的"天花板"效应，其中随机干扰脉冲有无的概率密度 $p(j)$ 分别为

$$p(j) = \begin{pmatrix} 有 & 无 \\ p & 1-p \end{pmatrix}, \quad p = P\left(|f_j - f_s| \leqslant \frac{\Delta f_r}{2}\right) \tag{6-83}$$

该分布的熵为

$$H(j) = -p\ln p - (1-p)\ln(1-p) \tag{6-84}$$

参照 50% 工作比的伪随机噪声调幅脉冲干扰，其质量因素为

$$\eta = (0.1 \sim 0.2)\frac{H(j)}{0.693} \tag{6-85}$$

当 $p = 0.5$ 时，该熵具有最大值 $H(j) = 0.693$。它对包络检测雷达的检测干信比为

$$\left(\frac{J}{S}\right)_D = \left(\frac{J}{S}\right)_I \frac{1}{n} \frac{H(j)}{0.693}(0.1 \sim 0.2) \tag{6-86}$$

噪声调频信号经过相位检波器的输出是随机起伏的噪声，如同前面的分析一样，中放输出的干扰信号折叠到无模糊多普勒频率检测范围内将成为式(6-29)那样的矩形功率谱，其对 MTI 雷达、MTD 雷达、PD 雷达和 SAR 雷达的检测干信比计算仍可参照式(6-32)～(6-34)。可见对脉冲压缩雷达和多普勒信号处理的雷达实施噪声调频干扰，并不需要设计成 $\Delta f_j > \Delta f_r$，而保持两者带宽近似相等是合理的。

6.4.3　噪声调频干扰的产生技术

图 6-16 是噪声调频干扰信号的典型产生电路，其中压控振荡器(VCO)是核心器件，改变 VCO 的调谐电压 $u(t)$，其瞬时振荡频率 $f(t)$ 将发生相应的变化。干扰技术产生器根据雷达侦察设备的频率引导，输出与中心频率 f_j 相对应的直流电压 u_0 和与输出干扰功率谱 $G_J(f)$ 相对应的零均值噪声电压 $\tilde{u}(t)$，

$$u(t) = u_0 + \tilde{u}(t) \tag{6-87}$$

在一般情况下，$\bar{u}(t)$的振幅分布与$G_J(f)$一致，目前多采用均匀分布。常用的 VCO 有变容二极管调谐的固态振荡器，电压调谐的磁控管、返波管等。固态 VCO 的输出功率较小，一般需要经过功放才送给发射天线。

图 6 - 16　噪声调频干扰的典型产生电路

6.5　噪声调相干扰

广义平稳随机过程

$$J(t) \stackrel{\text{def}}{=} U_j \cos(\omega_j t + \varphi(t) + \phi) \tag{6-88}$$

称为噪声调相干扰。其中，调制噪声$\varphi(t)$为零均值、在$[-\pi,\pi]$分布的广义平稳随机过程；ϕ为$[0,2\pi]$均匀分布的随机变量，且与$\varphi(t)$独立；U_j、ω_j为常数，分别为噪声调相干扰的振幅和中心频率。

6.5.1　噪声调相干扰的统计特性

根据式(6-88)噪声调相干扰的定义，其均值$E[J(t)]$和相关函数$R_J[\tau]$分别为

$$E[J(t)] = U_j E[\cos(\omega_j t + \varphi(t) + \phi)]$$

$$= U_j E[\cos(\omega_j t + \varphi(t))\cos\phi - \sin(\omega_j t + \varphi(t))\sin\phi] = 0 \tag{6-89a}$$

$$R_J(\tau) = U_j^2 E[\cos(\omega_j t + \varphi(t) + \phi)\cos(\omega_j(t+\tau) + \varphi(t+\tau) + \phi)]$$

$$= \frac{U_j^2}{2} E[\cos(\omega_j \tau + \varphi(t+\tau) - \varphi(t))]$$

$$= \frac{U_j^2}{2} \cos(\omega_j \tau) E[\cos(\varphi(t+\tau) - \varphi(t))] \tag{6-89b}$$

对于目前常用的伪随机噪声调相来说，如果$\tau \geqslant T_{ck}$，则$E[\cos(\varphi(t+\tau)-\varphi(t))]=0$；如果$\tau=0$，$E[\cos(\varphi(t+\tau)-\varphi(t))]=1$。根据上述关系近似，可得

$$R_J(\tau) \approx \begin{cases} \dfrac{U_j^2}{2}\cos(\omega_j\tau)\left(1 - \dfrac{|\tau|}{T_{ck}}\right) & |\tau| < T_{ck} \\ 0 & |\tau| \geqslant T_{ck} \end{cases} \tag{6-90}$$

利用式(6-90)，得到伪随机噪声调相干扰在正频率区的功率谱

$$G_J(f) = \frac{U_j^2}{2T_{ck}} \frac{\sin^2(\pi T_{ck}(f-f_j))}{(\pi(f-f_j))^2} \tag{6-91}$$

等效干扰带宽为

$$\Delta f_j = \frac{U_j^2/2}{\max\limits_f G_J(f)} \equiv \frac{1}{T_{ck}} \tag{6-92}$$

该式表明，噪声调相信号的谱宽与伪随机数字调相的时钟频率一致，这对工程应用十分方便。

6.5.2　噪声调相干扰对雷达信号检测的影响

伪随机数字噪声调相信号对雷达接收机和信号检测的影响类似于噪声调频。当 $\Delta f_j >$ Δf_r 时，瞬时振荡频率也会跃出中放带宽，产生随机周期、脉宽的调频干扰信号；Δf_j 越大，发生的脉冲数越多，平均周期越短。对此可以参照噪声调频干扰的原理对干扰信号进入雷达接收机带内的概率 P_{in}、平均脉冲数 $\overline{N}$、平均脉冲宽度 $\overline{\tau}$、平均脉冲周期 $\overline{T}$ 等进行分析和计算，得到对各种体制雷达干扰的干信比。

需要特别说明的是，在实际工程中，伪随机数字噪声调相干扰主要用于对脉冲压缩和动目标检测、处理雷达的干扰，此时虽然它的 Δf_j 较小，但由于同雷达信号非匹配，在脉冲压缩过程中会趋向于转成高斯噪声。通过控制产生伪随机噪声的时钟频率，可以非常方便地阻塞需要的多普勒检测带宽。

6.5.3　噪声调相干扰的产生技术

图 6-17 是噪声调相干扰信号的典型产生电路，其中被调信号主要来自直接收到的雷达信号或存储后需要转发的雷达信号。数字移相器是噪声调相干扰的核心器件，一般最大相移量为 360°，它的主要指标有：工作带宽，插损，相位量化位数 B，每 bit 的相移量为 $360°/2^B$，最大建立时间为 T_P 等。伪随机噪声源按照时钟周期 T_{ck} 输出 B 位噪声码，通过数字移相器实现干扰信号调相，调相后的干扰信号通过功率放大，由发射天线辐射输出。

图 6-17　噪声调相信号的典型产生电路

在正常工作的条件下，必须要求：$T_{ck} \geq T_P$。B 影响调相信号的频谱纯度，其杂散抑制 D 为

$$D = 6.02B \quad (dB) \tag{6-93}$$

由于用作干扰的信号对 D 要求不高，所以经常选用 5～6 bit 的数字移相器。

习　题　六

1. 设雷达接收机为超外差接收机，中心频率为 f_0，中放带宽为 Δf_r，中频频率为 f_i，检波器为线性检波器，其传输系数为 K_d，视放带宽 Δf_v 为 $\Delta f_r/2$。当有如题 1 图所示的射频干扰加到接收机输入端时，画出混频器、中放、检波器和视放输出的频谱特性，并写出它们的概率密度表达式。

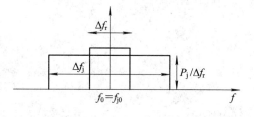

题 1 图

2. 接收机条件仍如题 1 图所示，当干扰和一振荡正弦信号 $u_s(t) = U_s \cos 2\pi f_0 t$ 共同作用于该接收机时，画出混频器、中放、检波器和视放输出的频谱特性，并写出它们的概率

密度表达式。

3. 证明：当 $\delta f = 0$ 时，正态噪声调幅干扰信号，在线性检波器输出端的视频噪声功率为 $2K_d^2 P_{sl}$。

4. 设压控振荡器的调频斜率 $K_{FM} = 1\ \text{MHz/V}$，当不考虑调制过程中的损失时，欲得到 3 dB 干扰带宽 80 MHz，求调制正态噪声的功率。如果被干扰接收机的带宽为 $\Delta f_r = 2\ \text{MHz}$，试选择调制噪声的带宽，并计算此时的有效调频系数。

5. 已知平稳正态调频噪声具有带宽为 20 MHz 的均匀功率谱，调频后的射频干扰带宽为 10 MHz，雷达接收机具有均匀频率响应特性，带宽为 5 MHz。

(1) 若瞄频误差为 0，则干扰信号进入雷达接收机带内的概率为多少？

(2) 求单位时间里在接收机带内产生随机脉冲的平均数。

(3) 若瞄频误差为 1 MHz，则干扰进入的概率和随机脉冲的平均数有何变化？

6. 上机编程产生均值为 0、方差为 5^2 的正态分布和均值为 0、方差为 5^2 的瑞利分布的白噪声，并检验其分布特性。

7. 分析同步脉冲、异步脉冲干扰在 A 式和 P 式显示器上的干扰画面。

第 7 章　欺骗性干扰

欺骗性干扰的作用原理是：采用假的目标或目标信息作用于雷达的目标检测、参数测量和跟踪系统，使雷达发生严重的虚警，或者不能正确地测量和跟踪目标参数。

7.1　概　　述

7.1.1　欺骗性干扰的作用与分类

设 V 为雷达对各类目标的检测空间(也称为对各类目标检测的威力范围)，对于具有目标距离、方位、仰角和速度的四维检测、分辨能力的雷达，其典型的 V 为

$$V = [R_{\min}, R_{\max}] \otimes [\alpha_{\min}, \alpha_{\max}] \otimes [\beta_{\min}, \beta_{\max}] \otimes [f_{d\min}, f_{d\max}] \otimes [S_{i\min}, S_{i\max}]$$

$$(7-1)$$

式中，$[R_{\min}, R_{\max}]$、$[\alpha_{\min}, \alpha_{\max}]$、$[\beta_{\min}, \beta_{\max}]$、$[f_{d\min}, f_{d\max}]$，$[S_{i\min}, S_{i\max}]$ 分别为雷达最小和最大的距离检测范围、方位检测范围、仰角检测范围、多普勒频率检测范围和信号功率检测范围，雷达能够区分 V 中两个最接近的目标的能力称为雷达的空间分辨力 ΔV，

$$\Delta V = \Delta R \otimes \Delta \alpha \otimes \Delta \beta \otimes \Delta f_d \otimes [S_{i\min}, S_{i\max}] \qquad (7-2)$$

式中，ΔR、$\Delta \alpha$、$\Delta \beta$、Δf_d 分别称为雷达的距离分辨力、方位分辨力、仰角分辨力和速度分辨力。一般雷达没有信号能量的分辨能力，因此信号能量的分辨力是与检测范围相同的。

理想的点目标 T 在任意时刻都只是 V 中具有五维确定参数的某一个点

$$T = \{R, \alpha, \beta, f_d, S_i\} \in V \qquad (7-3)$$

式中，R、α、β、f_d、S_i 分别为目标的距离、方位、仰角、多普勒频率和回波信号功率。在雷达检测空间 V 中，任何目标始终都是以雷达所在的参考坐标系为度量基准的。在一般情况下，欺骗性干扰所形成的假目标 T_f 也是 V 中的某一个或某一群不同于目标 T 参数的特定集合：

$$T_f = \{T_{fi}\}_{i=1}^{n} \qquad T_{fi} \in V, T_{fi} \neq T, i \in \mathbf{N}_{n+1}^{*} \qquad (7-4)$$

所以它也能够被雷达检测，并起到以假作真和以假乱真的作用。需要特别说明的是，许多遮盖性干扰信号在某一瞬间也可以形成 V 中的假目标，但它们往往缺乏与被干扰雷达坐标系的多维同步，从而在时间、空间和频谱等方面呈现严重的不确定性(出现在 V 中的时间、空间位置和频谱是随机的)，与真目标的时、空、频特性(出现在 V 中的时间、空间位置和频谱是稳定的)相去甚远，不会被雷达当做真目标检测和跟踪，充其量只是一种无规则的扰乱。式(7-4)所表现的多维空间同步，既是欺骗干扰的基本条件，也是欺骗干扰实现的关键技术。

由于目标的距离、角度、速度和散射图像信息等都表现在雷达接收信号与发射信号在振幅、频率和相位调制的相关性中,不同雷达获取目标距离、角度、速度和图像信息的原理不尽相同,而且许多雷达的信息获取原理又是与其发射信号调制密切相关的。因此实现欺骗性干扰必须准确掌握雷达获取目标距离、角度、速度和图像信息的基本原理,实时利用和借鉴雷达发射信号和信号参数,有针对性地、合理地设计干扰的调制方式和调制参数,才能达到预期的欺骗干扰目的。

对欺骗性干扰的分类主要采用以下两种方法:

1. 根据假目标 T_f 与真目标 T 在 V 中参数信息的差别分类

由此产生的干扰分类有 6 种。

1) 距离欺骗干扰

$$R_f \neq R, \alpha_f \approx \alpha, \beta_f \approx \beta, f_{df} \approx f_d, S_{if} > S_i \qquad (7-5)$$

式中,R_f、α_f、β_f、f_{df}、S_{if} 分别为假目标的距离、方位、仰角、多普勒频率和信号功率。距离欺骗是指假目标的距离不同于真目标,能量往往大于真目标,而其余参数则近似等于真目标参数。

2) 角度欺骗干扰

$$R_f \approx R, \alpha_f \neq \alpha \text{ 或 } \beta_f \neq \beta, f_{df} \approx f_d, S_{if} > S_i \qquad (7-6)$$

角度欺骗干扰是指假目标的方位或仰角不同于真目标,能量大于真目标,而其余参数近似相等。

3) 速度欺骗干扰

$$R_f \approx R, \alpha_f \approx \alpha, \beta_f \approx \beta, f_{df} \neq f_d, S_{if} > S_i \qquad (7-7)$$

速度欺骗干扰是指假目标的多普勒频率不同于真目标,能量大于真目标,而其余参数近似相等。

4) AGC 欺骗干扰

$$S_{if} > S_i \qquad (7-8)$$

AGC 欺骗干扰是指假目标的功率不同于真目标,而其余参数近似相等。其作用是使雷达接收机的增益控制按照干扰信号的功率发生变化。

5) 图像欺骗干扰

$$\begin{cases} S_{if}(R_i, \alpha_i, \beta_i) \neq S_i(R_i, \alpha_i, \beta_i) \\ S_{if}(R_i, \alpha_i, \beta_i) + S_i(R_i, \alpha_i, \beta_i) \approx S_{if}(R_i, \alpha_i, \beta_i) \end{cases} \quad i \in \mathbf{N}^* \qquad (7-9)$$

式中,R_i、α_i、β_i 是某一个坐标位置,$S_{if}(R_i, \alpha_i, \beta_i)$ 和 $S_i(R_i, \alpha_i, \beta_i)$ 分别为欺骗干扰在该位置的干扰信号功率和该位置的散射回波功率。如果满足式(7-9)中所有点都集中在距离维上,则称为距离像欺骗干扰;如果除了距离还有方位维,则称为面目标像欺骗干扰;如果三维都有,则称为体目标像欺骗干扰。显然,图像欺骗干扰改变了原目标的散射特性 $S_i(R_i, \alpha_i, \beta_i)$,而 $S_i(R_i, \alpha_i, \beta_i)$ 又是很难控制和利用的。因此对成像雷达欺骗干扰时,都提高 $S_{if}(R_i, \alpha_i, \beta_i)$,以至于它与 $S_i(R_i, \alpha_i, \beta_i)$ 叠加后呈现的散射特性近似为 $S_{if}(R_i, \alpha_i, \beta_i)$。

6) 多参数欺骗干扰

多参数欺骗干扰是指在 V 中 T_f 有两维或两维以上参数不同于真目标 T,以便进一步改善欺骗干扰效果。多参数欺骗干扰中，经常用于配合其它欺骗干扰使用的是 AGC 欺骗干扰，此外还有距离—速度同步欺骗干扰等。

2. 根据 T_f 与 T 在 V 中差别的大小和时变特性分类

由此产生的干扰有 3 种。

1）质心干扰

$$\| T_f - T \| \leqslant \Delta V \tag{7-10}$$

即真假目标的参数差别小于雷达的空间分辨能力，雷达不能区分 T 与 T_f 为两个不同目标，而将两者作为一个目标来检测和跟踪。由于在许多情况下，雷达对此的最终检测跟踪结果 T_f' 往往是真假目标参数的能量加权质心，故称为质心干扰。

$$T_f' = \frac{S_f T_f}{S_i + S_f} \tag{7-11}$$

2）假目标干扰

$$\| T_f - T \| > \Delta V \tag{7-12}$$

即真假目标的参数差别大于雷达的空间分辨能力，雷达能够区分 T 与 T_f 为两个不同目标，但可能将假目标当作真目标检测和跟踪，从而造成虚警；也可能由于强功率的假目标抑制雷达对真目标的检测，从而造成漏警。大量的虚警还可能造成雷达检测、跟踪和信号处理的数据溢出和处理器饱和。

3）拖引干扰

这是一种周期性地从质心干扰到假目标干扰的连续变化过程，典型的拖引干扰过程分为停拖、拖引、关闭三个时间阶段，如下式：

$$\| T_f - T \| = \begin{cases} 0 & 0 \leqslant t < t_1，\text{停拖} \\ 0 \rightarrow \delta V_{\max} & t_1 \leqslant t < t_2，\text{拖引} \\ T_f \text{消失} & t_2 \leqslant t < T_j，\text{关闭} \end{cases} \tag{7-13}$$

在停拖阶段，假目标与真目标参数近似一致，雷达不能区分两者，处于质心干扰状态，但假目标的干扰信号功率很大，经过 t_1 时间，使雷达接收机的增益控制响应假目标功率（强信号下接收机增益调整到较低的状态），可以完成对真/假目标的检测、跟踪和其它信号处理。

在拖引阶段，假目标的参数逐渐与真目标脱离，且脱离的速度应控制在雷达跟踪电路能够响应的范围之内，以便使雷达的目标跟踪系统能够平稳地响应到假目标参数上来，直到真假目标的参数偏差达到预定的要求 $\delta V_{\max}$。由于在停拖阶段，假目标功率已经控制了接收机增益，尽管真目标仍然存在，但由于此时接收机增益较低，真目标回波信号受到了较大抑制，在质心上已经发生了很大的偏移，雷达跟踪系统会在强干扰作用下逐渐跟踪到假目标 T_f 上。拖引段的时间长度主要取决于需要造成的最大偏差 $\delta V_{\max}$ 和拖引的速度。

在关闭阶段，欺骗干扰信号突然消失，造成雷达跟踪信号中断。在一般情况下，雷达跟踪系统会滞留和等待一段时间，AGC 电路也需要重新调整控制状态（增益逐渐增大）。如果信号重新出现在滞留的跟踪系统中，则雷达可以继续跟踪；如果假目标消失时间超过跟踪系统的滞留时间，则雷达在确认目标消失后，会重新开始进行目标的检测和跟踪。因此关闭阶段的时间长度主要取决于雷达滞留和调整的时间。

随着近年来多功能雷达和边扫边跟雷达的发展，为了适应多目标的复杂环境，许多雷达已经用对数放大器等取代了传统的 AGC，波门滞留时间很短，因此许多干扰机的拖引干扰样式也相应地取消了式(7-13)中的关闭阶段和停拖阶段。

7.1.2　欺骗性干扰的效果度量

根据欺骗性干扰的作用原理，度量其干扰效果主要采用以下几项指标。

1. 受欺骗概率 P_f

P_f 是在欺骗干扰作用下，雷达检测跟踪系统发生以假目标当做真目标的概率。如果存在 n 个假目标，则只要有一个假目标被当做真目标，都会发生受欺骗的事件。如果将雷达对每个假目标的检测和识别都作为独立事件，假设其对第 i 个假目标的检测概率为 P_{fi}，则存在 n 个假目标时的受欺骗概率为

$$P_f = 1 - \prod_{i=1}^{n} (1 - P_{fi}) \tag{7-14}$$

显然，在 V 中的假目标数量越多，P_f 也越大，所以许多欺骗干扰机经常采用密集假目标干扰。

2. 参数测量(跟踪)误差均值 δV_{av} 和方差 σ_V^2

参数测量误差是一个统计量，δV_{av} 是指雷达检测跟踪的参数值与目标真值之间的平均偏差，σ_V^2 是偏差的平均起伏情况。根据欺骗干扰的第一种分类方法，δV_{av} 和 σ_V^2 还可以具体分为距离偏差均值 δR_{av}，方差 σ_R^2；角度偏差均值 $\delta \alpha_{av}$、$\delta \beta_{av}$，方差 σ_α^2、σ_β^2；速度偏差均值 δf_{dav}，方差 $\sigma_{f_d}^2$；图像的相似度 γ 等。其中 γ 定义为

$$\gamma \stackrel{\text{def}}{=} \frac{\int_{V_J} G_J(v) S_J(v) \, \mathrm{d}v}{\sqrt{\int_{V_J} G_J^2(v) \, \mathrm{d}v} \sqrt{\int_{V_J} S_J^2(v) \, \mathrm{d}v}} \tag{7-15}$$

式中，$G_J(v)$、$S_J(v)$、V_J 分别为实际的成像干扰结果、预定的成像结果和考核的成像干扰区间。如果将 $S_J(v)$ 选为真实目标的图像，则 γ 表现了干扰后的图像与真实图像的相似程度，$|\gamma|$ 越小，则与真实图像的相似程度越小(或偏差越大)。如果将 $S_J(v)$ 选为我们希望出现的某种人为干扰图像，$|\gamma|$ 越大，则表明干扰后出现的实际图像越接近我们希望出现的图像(欺骗越逼真)。在一幅大的图像中，可能会分割成若干个成像干扰区 $\{V_{Ji}\}_i$，分别采用不同的干扰样式和相应的度量方法。

7.2　对雷达距离信息的欺骗

7.2.1　雷达对目标距离信息的检测和跟踪

众所周知，目标的距离信息 R 表现为雷达发射信号 $s_T(t)$ 与接收信号 $s_R(t)$ 之间的时间迟延 t_r，$t_r = 2R/c$，c 为电波传播速度。雷达常用的测距方法有脉冲包络测距法和连续波调频测距法。

1. 脉冲包络测距法

脉冲包络测距法是最常用的雷达测距方法。典型的脉冲雷达测距原理如图 7-1 所示。定时器产生周期为 T_r 的触发脉冲信号①，它是距离测量的基准(通常称为零距离脉冲)。该信号分别送给雷达发射机的脉冲调制器、距离检测跟踪电路和雷达显示器等。脉冲调制器在信号①作用下，产生大功率的调制脉冲②，在脉冲②的宽度范围内，射频振荡器产生大功率的射频振荡脉冲③，通过收发开关，由雷达天线辐射到指定空间。发射结束后，收发开关将天线联通接收机，如果在该空间存在目标，则目标回波信号④将经天线、收发开关、混频、中放、包络检波、视频放大成为视频脉冲⑤，分别送给距离检测、跟踪电路和雷达显示器，进行目标、目标距离的检测跟踪和显示等。图中 t_r 为收发脉冲包络的迟延时间。

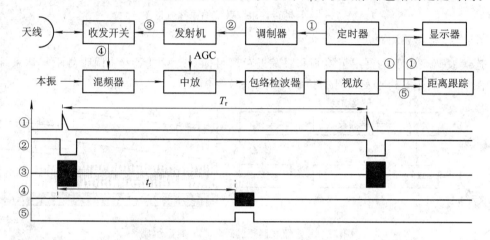

图 7-1　脉冲雷达的距离检测、跟踪原理

雷达对目标距离的检测和跟踪分为自动跟踪、半自动跟踪和人工跟踪三种。

在跟踪雷达中主要采用自动跟踪。自动距离检测和跟踪电路的典型组成如图 7-2 所示。当前/后跟踪波门②/③内均未重合回波脉冲①时，电路处于搜索状态。截获电路控制转换开关将搜索锯齿电压送给距离电压积分器，距离电压积分器的输出为距离搜索电平⑨(该电压变化很慢，近似为一直流电平)。定时脉冲❶加给距离波门产生电路，首先形成短周期的锯齿电压⑩。⑨、⑩信号经过电压比较器，当电压相等时形成波门触发脉冲❷。经过整形、迟延后输出前/后跟踪波门②/③。由于搜索电平是从低至高线性渐变的，因此在搜索状态时的前/后跟踪波门②/③也是由近至远匀速运动的。当跟踪波门②/③与回波脉冲①重合时，截获检测控制转换开关转入跟踪状态。转换开关将差压检波器的输出信号⑧送给距离电压积分器，前后跟踪波门②/③在时间上分别选通输入的回波脉冲信号①。前后波门积分器将波门内选通的回波信号④、⑤能量转换成相应的积分电平⑥、⑦。差压检波器取出二者的电平差⑧，通过转换开关修正距离积分电压⑨。电平差信号⑧的极性控制积分电压的增减，它的绝对值控制增减的数量。⑨、⑩信号经过电压比较器，产生相等时刻的波门触发脉冲❷，使波门产生器修正前后跟踪波门的时间位置，直到波门的中心对准回波脉冲的能量中心。此时差压检波器输出⑧为零，距离电压⑨保持不变，跟踪波门②/③的位置达到稳定状态。

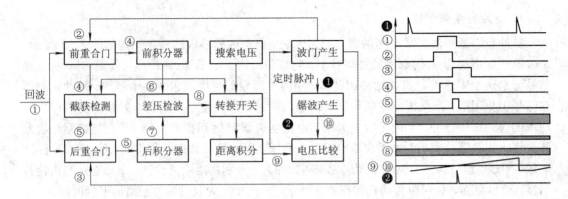

图 7-2　自动距离跟踪系统的原理方框图

2. 连续波调频测距法

连续波调频测距主要用于检测和跟踪近距离目标。典型的锯齿波调频测距雷达系统组成如图 7-3 所示，其收发信号的频率调制如图 7-4 所示。

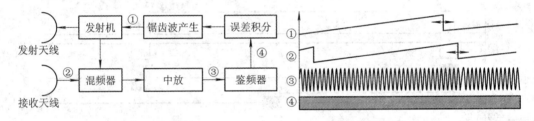

图 7-3　连续波调频测距雷达的典型组成

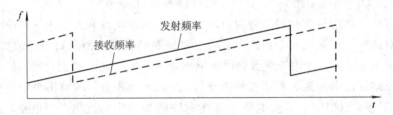

图 7-4　锯齿波调频测距雷达收发频率

当雷达处于搜索状态时，其发射信号频率 $f_t(t)$ 按照调频锯齿波①周期 T 在 $[f_0, f_0 + \Delta f_m]$ 区间内逐渐变化，

$$f_t(t) = f_0 + \frac{\Delta f_m}{T} t \qquad 0 \leqslant t < T \qquad (7-16)$$

式中 Δf_m 为调频带宽。经过距离 R 的双程传播，回波信号②频率为

$$f_r(t) = f_t\left(t - \frac{2R}{c}\right) \qquad (7-17)$$

收发信号下变频后为输出信号③，其频率为收发频差 f_c，

$$f_c = f_t(t) - f_r(t) = \frac{2R\Delta f_m}{cT} \qquad (7-18)$$

信号③送至通带为 $[f_i - \Delta f_r/2, f_i + \Delta f_r/2]$ 的中放。当 f_c 不在中放通带内时，中放没有输出，锯齿波产生电路使锯齿波①的周期 T 在 $[T_{min}, T_{max}]$ 范围内逐渐变化，力求捕获目标

回波信号；当 f_c 位于中放通带内时，锯齿波产生电路使锯齿波①的周期按照频率误差积分器的电压进行微调。此时，鉴频器根据频差 f_c 偏离中心频率的大小和方向输出距离误差信号④，经过积分，产生锯齿波周期的微调电压，直到使 $f_c = f_i$，误差信号④为零，电路达到稳定跟踪状态。典型的鉴频电路和鉴频特性如图 7-5 所示。

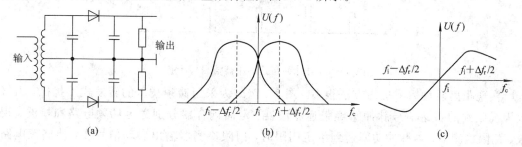

图 7-5　典型的鉴频电路和鉴频特性

在跟踪稳定状态下，锯齿波周期 T 与目标距离 R 之间的关系为

$$R = \frac{cTf_i}{2\Delta f_m} \tag{7-19}$$

在上述的连续锯齿波调频测距、跟踪雷达中，由调频周期 T 所确定的雷达目标检测跟踪范围 $[R_{min}, R_{max}]$ 为

$$R_{min} = \frac{cT_{min}f_i}{2\Delta f_m}, \quad R_{max} = \frac{cT_{max}f_i}{2\Delta f_m} \tag{7-20}$$

7.2.2　对脉冲雷达距离信息的欺骗

对脉冲雷达距离信息的欺骗主要是通过对收到的雷达照射信号进行时延调制和放大转发来实现的。由于单纯距离质心干扰造成的距离误差较小（小于雷达的距离分辨单元），所以对脉冲雷达距离信息的欺骗主要采用距离假目标干扰和距离波门拖引干扰。

1. 距离假目标干扰

距离假目标干扰也称为距离同步干扰。设 R 为真实目标所在的距离，经雷达接收机输出的回波脉冲包络时延 $t_r = 2R/c$，R_f 为假目标的所在距离，则在雷达接收机内干扰脉冲相对于雷达定时脉冲的时延为

$$t_f = \frac{2R_f}{c} \tag{7-21}$$

当其满足：

$$|R_f - R| > \Delta R \tag{7-22}$$

时，便形成距离假目标，如图 7-6 所示。t_f 通常由两部分组成，

$$t_f = t_{f0} + \Delta t_f, \qquad t_{f0} = \frac{2R_j}{c} \tag{7-23}$$

其中 t_{f0} 是由雷达与干扰机之间距离 R_j 所引起的电波传播迟延。在一般情况下，干扰机无法确定 R_j，所以 t_{f0} 是未知的，主要控制迟延 Δt_f。这就要求干扰机与被保护目标之间具有良好的空间配合关系，将假目标的距离 R_f 设置在合适的位置，避免发生假目标 R_f 与真目标距离 R 重合。因此，假目标干扰多用于目标的自卫干扰，以便与自身目标配合。由于自卫干扰时的 $\Delta t_f \geqslant 0$，因此一般假目标距离都会位于真目标之后。

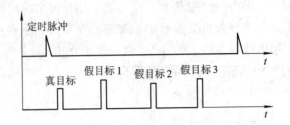

图 7-6 对脉冲雷达的距离假目标干扰

实现距离假目标干扰的方法很多。图 7-7(a) 为采用储频技术的转发式干扰机，由接收天线收到的雷达信号脉冲①经带通滤波器、定向耦合器分别送至储频电路和检波、视放、门限检测器；当脉冲功率达到给定门限时，门限检测器输出启动信号②，使储频电路对信号①取样，并将所取样本以一定的形式（模拟或数字）保存在储频电路中；启动信号②同时还用作干扰控制电路的触发信号；由干扰控制电路产生各迟延时间 $\{t_{fi}\}_{i=1}^{n}$ 的干扰调制脉冲③，按照脉冲列③重复取出储频器中保存的取样信号①，送给末级功放输出④，经干扰发射天线辐射到空间。储频电路的工作原理可参见第 8 章。

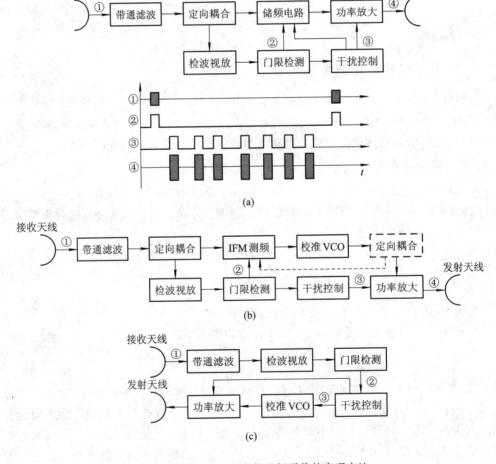

图 7-7 脉冲雷达距离假目标干扰的实现方法

图 7 - 7(b)是采用频率引导技术的应答式干扰机。由接收天线收到的雷达信号脉冲①经带通滤波器、定向耦合器分别送至 IFM 瞬时测频接收机和检波、视放、门限检测器。当脉冲功率达到给定门限时，门限检测器输出信号②，启动 IFM 接收机迅速测量信号的载频 f_{RF}，并以 f_{RF} 为地址，读取校准存储器中的调谐电压数据 $U(f_{RF})$，经 DAC 转换成压控振荡器(VCO)的调谐电压，产生频率近似等于信号①的连续振荡。振荡器输出送给末级功放，产生大功率干扰输出④，再送至干扰发射天线。信号②同时触发干扰控制电路，形成迟延时间分别为 $\{t_{fi}\}_{i=1}^{n}$ 的各干扰调制脉冲③。干扰调制脉冲③也用作末级功放的振幅调制。

图 7 - 7(c)是采用锯齿波扫频技术的干扰机。

当扫频范围$[f_{j\min}, f_{j\max}]$覆盖雷达接收机通带 Δf_r 时，也可以形成距离假目标干扰。如图 7 - 8 所示，接收信号①经带通滤波、检波视放、门限检测输出②，使干扰控制器输出同步的扫频锯齿波③，在每个锯齿波扫频周期 T 中都将在雷达接收机中形成一个宽度为 τ 的干扰脉冲，

$$\tau = T \frac{\Delta f_r}{f_{j\max} - f_{j\min}} \tag{7-24}$$

只要用接收到的雷达脉冲信号包络同步扫频锯齿波电压的起始点，就可以在雷达上形成与雷达脉冲重复周期同步的一串假目标，且各假目标的间隔与扫频锯齿波的各周期对应。

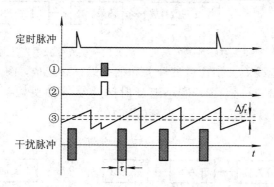

图 7 - 8 同步锯齿波扫频形成的脉冲干扰

2. 距离波门拖引干扰

距离波门拖引干扰的假目标距离函数 $R_f(t)$ 可用式(7 - 25)表示，其中 R 为目标所在距离，v 和 a 分别为匀速拖引时的速度和匀加速拖引时的加速度。

$$R_f(t) = \begin{cases} R & 0 \leqslant t < t_1 \\ R+v(t-t_1) \text{或} R+a(t-t_1)^2 & t_1 \leqslant t < t_2 \\ 干扰关闭 & t_2 \leqslant t < T_j \end{cases} \tag{7-25}$$

在自卫干扰的条件下，R 也就是目标的所在距离。将式(7 - 25)转换成为干扰机对收到的雷达照射信号进行转发时延，则距离波门拖引干扰的转发时延 $\Delta t_f(t)$ 为

$$\Delta t_f(t) = \begin{cases} 0 & 0 \leqslant t < t_1 \\ \frac{2v}{c}(t-t_1) \text{或} \frac{2a}{c}(t-t_1)^2 & t_1 \leqslant t < t_2 \\ 干扰关闭 & t_2 \leqslant t < T_j \end{cases} \tag{7-26}$$

当 $t = t_2$ 时，距离偏差最大，也称为最大拖引距离 $\Delta R_{f\,max}$（或最大转发时延 $\Delta t_{f\,max}$），

$$\Delta R_{f\,max} = v(t_2 - t_1) \text{ 或 } a(t_2 - t_1)^2 \tag{7-27a}$$

$$\Delta t_{f\,max} = \frac{2v}{c}(t_2 - t_1) \text{ 或 } \frac{2a}{c}(t_2 - t_1)^2 \tag{7-27b}$$

实现距离波门拖引干扰的基本方法有射频延迟方法和射频储频方法。其中采用射频延迟方法的干扰技术产生器如图 7-9 所示。收到的雷达射频信号①经过定向耦合器，主路送给可编程迟延线 L，辅路送给包络检波器。检波器输出信号经过对数视放、门限检测得到信号②，用作干扰控制器的触发。干扰控制器根据式（7-26）产生时延为 $\Delta t_f(t)$ 的拖引干扰控制脉冲③，作为对末级功放的调制脉冲，同时也对可编程迟延线 L 发出迟延时间的控制字 $D[\Delta t_f(t)]$，

$$D[\Delta t_f(t)] = int\left(\frac{\Delta t_f(t)}{\Delta t}\right) \tag{7-28}$$

其中 Δt 为数字式可编程迟延线的单位量化时间。经迟延输出的射频脉冲与调制脉冲③同时到达末级功放，产生大功率的射频拖引干扰脉冲④。

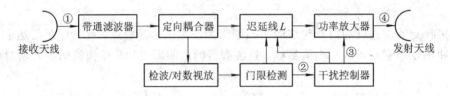

图 7-9　射频延迟方法的距离波门拖引干扰技术产生器

数字式可编程迟延线 L 一般由微波开关和抽头迟延线组成，图 7-10 为其典型电路。图中相邻抽头的迟延时间比为 2，最小迟延时间为 Δt，抽头数为 n，迟延时间控制字 $D[\Delta t_f(t)]$ 为 n bit，可编程控制的最大迟延时间为

$$\Delta t_{f\,max} = \Delta t(2^n - 1) \tag{7-29}$$

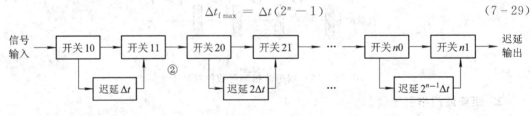

图 7-10　可编程数字迟延线的典型组成

常用的迟延线有同轴线，波导，表声和体声波器件，光纤等。其中表声和体声波器件、光纤延迟线的体积小，重量轻，迟延时间长，但需要经过一定的电声、声电，电光、光电转换，损耗较大，价格较高，适用于较长迟延时间使用。在许多干扰机中，距离拖引的时间是以 Δt 为单位离散变化的，为了防止其过大造成雷达距离跟踪的中断，一般要求 Δt 小于跟踪波门宽度的 $1/3 \sim 1/2$。

射频存储方法的距离拖引电路组成仍同图 7-7(a)。只是干扰控制电路按照式（7-26）产生干扰调制脉冲和干扰机的控制信号。

7.2.3　对连续波调频雷达距离信息的欺骗

连续波调频测距雷达的目标距离信息来自于收发信号迟延 t_r，以及由 t_r 引起的收发信

号频差 f_c。因此对连续波调频测距雷达距离信息的欺骗可以采用对接收信号的频移转发和迟延转发两种干扰方式。

移频转发距离欺骗的原理主要是根据干扰样式的要求,对接收到的雷达照射信号产生适当的频移 f_{cj},再将频移后的干扰信号放大,转发到雷达接收天线。主要干扰样式分为距离假目标干扰和距离波门拖引干扰。

1. 距离假目标干扰

设连续波调频测距雷达如图 7-3 所示,R 为真目标的所在距离,当雷达捕获和跟踪该目标后,其回波信号与当前发射信号的频差为 f_i,调频锯齿波的周期稳定在

$$T = \frac{2R\Delta f_m}{c f_i} \qquad (7-30)$$

设 f_{cj} 为干扰机对收到雷达照射信号频率的移频量,$f_{cj} > 0$,表示转发频率高于接收频率,反之,$f_{cj} < 0$,则表示转发频率低于接收频率;R_j 为干扰机与雷达间的距离。当雷达捕获和跟踪此干扰信号时,其调频锯齿波周期 T' 的稳定条件是

$$\frac{2R_j \Delta f_m}{c T'} - f_{cj} = f_i \qquad (7-31)$$

即由空间传播引起的频差(接收信号频率低于发射频率)与移频值之代数和等于频差鉴频器的中心频率 f_i。求解式(7-31),可得到此干扰条件下雷达稳定的调频周期 T' 和跟踪的假目标距离 R_f 为

$$\begin{cases} T' = \dfrac{2R_j \Delta f_m}{c(f_i + f_{cj})} \\[3mm] R_f = \dfrac{cT'f_i}{2\Delta f_m} = \dfrac{R_j f_i}{f_i + f_{cj}} \end{cases} \qquad (7-32)$$

在自卫干扰条件下,$R = R_j$,假目标与真目标的相对距离偏差 $\delta R/R$ 为

$$\frac{\delta R}{R} = \frac{R_f - R}{R} = -\frac{f_{cj}}{f_i + f_{cj}} = \frac{T' - T}{T} \qquad (7-33)$$

式(7-33)表明,由于我们不能确知 R_j,所以移频转发干扰不像迟延转发干扰那样可以直接得到假目标干扰的绝对距离偏差 ΔR_f,而只能根据移频转发干扰前后雷达发射信号调频周期 T' 和 T 的变化,计算相对距离偏差 $\delta R/R$。f_{cj} 的正负决定偏差的方向,f_{cj} 的大小影响偏差的大小。

采用移频转发干扰的干扰技术产生器组成如图 7-11 所示,接收到的雷达信号通过移频电路获得移频量 f_{cj},再经过功率放大后输出。该干扰信号所引起的距离偏差 $\delta R/R$ 可按式(7-33)计算。移频电路的具体技术参见第 8 章。

图 7-11　移频转发干扰电路组成

2. 距离波门拖引干扰

对连续波调频测距雷达的距离波门拖引干扰是指干扰形成的假目标距离满足式 (7-25)的要求，仍然可以采用图 7-11 的移频转发干扰电路，使移频量 f_{cj} 按照式(7-34)变化：

$$f_{cj}(t) = \begin{cases} 0 & 0 \leqslant t < t_1 \\ k(t-t_1) & t_1 \leqslant t < t_2 \\ 干扰关闭 & t_2 \leqslant t < T_j \end{cases} \tag{7-34}$$

其中，k 为常数，$k>0$ 时，为距离前拖（假目标位于自卫干扰机之前）；$k<0$ 时，为距离后拖（假目标位于自卫干扰机之后）；$|k|$ 对应于拖引的速度。

由于雷达探测目标的距离信息都来自于回波信号时间迟延，因此对连续波雷达采用迟延转发距离欺骗干扰的原理同脉冲雷达的一样。但由于连续波雷达没有脉冲调制的包络，所以不能采用图 7-9 那样的脉冲包络检波器进行时间同步，而需要利用图 7-12 所示的窄带滤波器和检波输出来测量调频信号的周期 T，从而估计迟延转发干扰的效果。图 7-13 为主要调制信号波形。

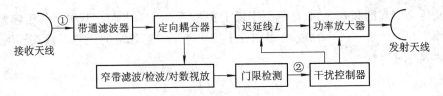

图 7-12　对调频连续波雷达的迟延转发欺骗干扰机组成

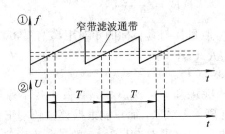

图 7-13　主要调制信号波形

接收天线输出的信号通过带通滤波器和定向耦合器分别送至迟延线和窄带滤波器。窄带滤波器的通带位于雷达信号的调频带宽之内，当调频信号经过该带宽时会输出一个脉冲，脉宽为调频信号在该窄带内的驻留时间。该脉冲经过检波、对数视放和门限检测，用以测量当前的调频周期 T，估计干扰效果。迟延线 L 仍然可以采用图 7-10 的数字式可编程迟延线。当转发迟延时间为 Δt_f 时，由空间传播与迟延转发引起的收发频差 f_c 为

$$f_c = \frac{\Delta f_m}{T}\left(\frac{2R_j}{c} + \Delta t_f\right) \tag{7-35}$$

当 $f_c = f_i$ 时，雷达测距稳定。代入式(7-35)，可得此时的假目标距离 R_f 为

$$R_f = R_j + \frac{c}{2}\Delta t_f = \frac{c}{2}\frac{f_i T}{\Delta f_m} \tag{7-36}$$

显然，转发迟延时间 Δt_f 与距离偏差 δR 直接对应，

$$\delta R = R_{\mathrm{f}} - R_{\mathrm{j}} = \frac{c}{2}\Delta t_{\mathrm{f}} \tag{7-37}$$

该结果与对脉冲雷达的干扰结果一致。

采用迟延转发方式对连续波调频雷达产生距离假目标干扰的原理同对脉冲雷达产生距离假目标干扰的原理类似，不再赘述。

7.3　对雷达角度信息的欺骗

7.3.1　雷达对目标角度信息的检测和跟踪

雷达对目标角度信息的检测和跟踪主要依靠雷达收发天线对不同方向入射电磁波的振幅和相位响应。常用的角度测量和跟踪方法有：圆锥扫描角度跟踪、线性扫描角度跟踪和单脉冲角度跟踪。

1. 圆锥扫描角度跟踪

暴露式圆锥扫描角度跟踪系统的典型方框图如图 7-14 所示。其天线方向图 $F(\theta)$ 的最大增益方向偏离瞄准轴 OA（等信号轴）的角度为 θ_0，且波束以角频率 Ω_{s} 围绕轴 OA 旋转，如图 7-15 所示。假设目标距离为 R，偏离等信号方向的张角为 θ、方向为 ϕ，则照射到目标方向的雷达天线发射脉冲串为

$$s_{\mathrm{t}}(t) = AF(\theta_0 - \theta\cos(\Omega_{\mathrm{s}}t + \phi))\sum_{n}\mathrm{rect}(t - nT_{\mathrm{r}},\ \tau)\mathrm{e}^{\mathrm{j}\omega t + \varphi} \tag{7-38}$$

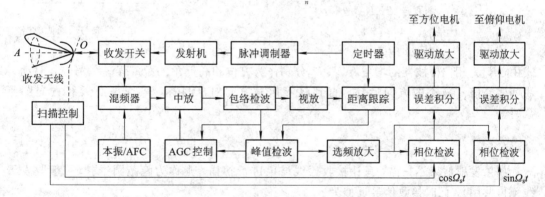

图 7-14　暴露式圆锥扫描雷达的典型方框图

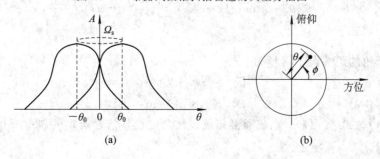

图 7-15　暴露式圆锥扫描雷达的天线调制

接收到的目标回波信号也将受到接收天线的圆锥扫描调制，如果忽略雷达天线与目标

之间电波传播时间里波束扫描的微小变化，可得到雷达接收信号为

$$s_r(t) = \eta A F^2 (\theta_0 - \theta \cos(\Omega_s t + \phi)) \sum_n \mathrm{rect}\left(t - nT_r - \frac{2R}{c}, \tau\right) e^{j\omega\left(t - \frac{2R}{c}\right) + \varphi} \quad (7-39)$$

式中 η 为传播衰减。$s_r(t)$ 经混频、中放（包括 AGC 控制）、包络检波和峰值检波后的输出信号 $s_e(t)$ 为

$$s_e(t) = K \frac{F^2 (\theta_0 - \theta\cos(\Omega_s t + \phi))}{F^2(\theta_0)} \quad (7-40)$$

K 为幅度常数。将天线方向图在 θ_0 方向展开幂级数，并取一阶近似，

$$F(\theta_0 \pm \theta) \approx F(\theta_0) \mp |F'(\theta_0)|\theta \quad (7-41)$$

将近似式(7-41)代入式(7-40)，

$$s_e(t) = K \left(1 + \frac{|F'(\theta_0)|}{F(\theta_0)} \theta\cos(\Omega_s t + \phi)\right)^2 \quad (7-42)$$

经过对频率 Ω_s 的选频放大器，取出 $s_e(t)$ 中的 Ω_s 基频项，

$$s_{eb}(t) = 2K \frac{|F'(\theta_0)|}{F(\theta_0)} \theta\cos(\Omega_s t + \phi) \quad (7-43)$$

分别与图 7-16 的相位检波器进行相位检波。两路相位检波器的基准电压 $U_{ref}(t)$ 分别取自基准电压发生器的输出信号 $\cos\Omega_s t$ 和 $\sin\Omega_s t$，再由低通滤波器取出其中的低频分量，则

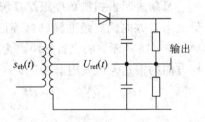

$$\begin{cases} U_\alpha = 2KK_d\mu\theta\,\cos\phi \\ U_\beta = 2KK_d\mu\theta\,\sin\phi \\ \mu = \dfrac{|F'(\theta_0)|}{F(\theta_0)} \end{cases} \quad (7-44)$$

图 7-16　相位检波与低通滤波器

式中，K_d 为相位检波器的增益，U_α、U_β 分别作为方位和高低角的跟踪误差信号，并驱动天线朝误差信号减小的方向运动，直到将等信号方向对准目标。采用高斯天线方向图函数时，

$$\mu = 2.8 \frac{\theta_0}{\theta_{0.5}^2} \quad (7-45)$$

　　如果发射波束不扫描，只让接收天线波束进行扫描，则称为隐蔽圆锥扫（一般收发天线不再共用），此时接收信号近似为

$$s_r(t) \approx \eta A F(\theta_0) F(\theta_0 - \theta\cos(\Omega_s t + \phi)) \sum_n \mathrm{rect}\left(t - nT_r - \frac{2R}{c}, \tau\right) e^{j\omega\left(t - \frac{2R}{c}\right) + \varphi}$$

$$(7-46)$$

其方位和高低角的跟踪误差信号为

$$\begin{cases} U_\alpha = KK_d\mu\theta\,\cos\phi \\ U_\beta = KK_d\mu\theta\,\sin\phi \end{cases} \quad (7-47)$$

比较式(7-44)与式(7-47)，隐蔽圆锥扫仅仅使角度误差信号产生的斜率降低为暴露式圆锥扫的 1/2。

2. 线性扫描角跟踪系统

　　一维线性扫描角度跟踪系统的典型组成方框图和波束扫描方式如图 7-17 所示，其收

发天线波束指向以 T 为周期、Ω_s 为角速度在区间 $[\theta_{\min}, \theta_{\max}]$ 内匀速扫描。由于其波束扫描信息也表现在发射信号中，也称为暴露式线性扫描。若以每次扫描的起始时刻 t_0 为基准，忽略目标回波传播时间内天线扫描引起角度的微小变化，则接收信号 $s_r(t)$ 将受到天线一维线性扫描的调制，

$$s_r(t) = \eta A F^2(\theta - (\theta_{\min} + \Omega_s t)) \sum_n \mathrm{rect}\left(t - nT_r - \frac{2R}{c}, \tau\right) \mathrm{e}^{\mathrm{j}\omega\left(t - \frac{2R}{c}\right) + \varphi} \quad (7-48)$$

$s_r(t)$ 经混频、中放（包括 AGC 控制）、包络检波和峰值检波后的输出信号 $s_e(t)$ 为

$$s_e(t) = K \frac{F^2(\theta - (\theta_{\min} + \Omega_s t))}{F^2(0)} \quad (7-49)$$

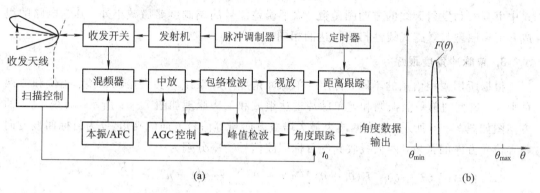

图 7-17　一维线性扫描雷达角度跟踪系统方框图与扫描示意图

在首次由信号 $s_r(t)$ 检测到目标回波时，角度跟踪电路开始工作，记下此时刻 t_1，并在 $t_1 + \tau_c$ 时刻前后形成一对时间宽度均为 τ_c 的前后跟踪波门，随后转入对该信号的角度跟踪，如图 7-18 所示。

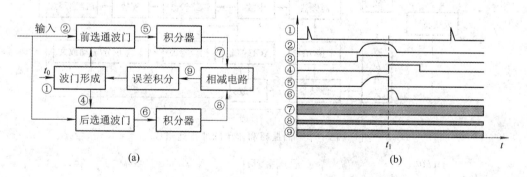

图 7-18　线性扫描雷达的角度跟踪电路

在角度跟踪过程中，通过前后跟踪波门选通、积分电路对前后跟踪波门内收到的目标回波扫描包络信号能量进行积分，形成前后波门内的能量：

$$\begin{cases} \text{前波门能量 } E_F = \displaystyle\int_{t_1 - \tau_c}^{t_1} s_e(\tau)\,\mathrm{d}\tau \\[2mm] \text{后波门能量 } E_A = \displaystyle\int_{t_1}^{t_1 + \tau_c} s_e(\tau)\,\mathrm{d}\tau \end{cases} \quad (7-50)$$

并以积分电平差 $E_F - E_A$ 作为角度误差，控制前后波门中心 t_1 对准目标回波信号的能量中

心时刻。当误差信号为零时,目标所在角度 θ 与 t_1 时间的关系为

$$\theta = \theta_{\min} + \Omega_s t_1 \tag{7-51}$$

如果雷达发射天线的波束不作扫描,而只有其接收天线进行线性扫描,则称为隐蔽线性扫描(一般收发天线不再共用),此时的接收信号近似为

$$s_r(t) \approx \eta A F(\theta - (\theta_{\min} + \Omega_s t)) \sum_n \text{rect}\left(t - nT_r - \frac{2R}{c}, \tau\right) e^{j\omega\left(t - \frac{2R}{c}\right) + \varphi} \tag{7-52}$$

经混频、中放(包括 AGC 控制)、包络检波和峰值检波后的输出信号 $s_e(t)$ 为

$$s_e(t) = K \frac{F(\theta - (\theta_{\min} + \Omega_s t)) F_T(\theta)}{F^2(0)} \tag{7-53}$$

式中 $F_T(\theta)$ 为发射天线的方向图函数。除了误差信号的调制度略微减小外,其它电路的组成和工作原理与暴露式线性扫描雷达的相同。

3. 单脉冲角度跟踪

根据所用幅相信息的不同,常用的单脉冲角度跟踪系统主要为振幅和差、相位和差两种形式。典型的单平面振幅和差单脉冲雷达组成和工作原理如图 7-19 所示。天线 1、2 的方向图如图 7-20 所示,θ_0 为两波束最大增益方向与等信号方向的夹角,θ 为目标回波方向与等信号方向的张角,两天线收到的目标回波信号功率分别为

$$\begin{cases} E_1 = A[F(\theta_0 - \theta) + F(\theta_0 + \theta)]F(\theta_0 - \theta) \sum_n \text{rect}\left(t - nT_r - \frac{2R}{c}, \tau\right) e^{j\omega t + \varphi} \\ E_2 = A[F(\theta_0 - \theta) + F(\theta_0 + \theta)]F(\theta_0 + \theta) \sum_n \text{rect}\left(t - nT_r - \frac{2R}{c}, \tau\right) e^{j\omega t + \varphi} \end{cases} \tag{7-54}$$

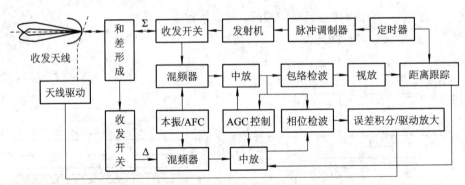

图 7-19 单平面振幅和差单脉冲雷达组成

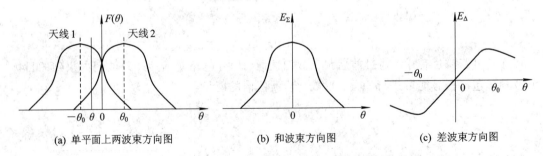

(a) 单平面上两波束方向图   (b) 和波束方向图   (c) 差波束方向图

图 7-20 天线波束与和差波束形成

经过波束形成网络，得到的和差信号为

$$\begin{cases} E_{\Sigma} = E_1 + E_2 = A[F(\theta_0 - \theta) + F(\theta_0 + \theta)]^2 \sum_n \text{rect}\left(t - nT_r - \frac{2R}{c}, \ \tau\right) e^{j\omega t + \varphi} \\ E_{\Delta} = E_1 - E_2 = A[F^2(\theta_0 - \theta) - F^2(\theta_0 + \theta)] \sum_n \text{rect}\left(t - nT_r - \frac{2R}{c}, \ \tau\right) e^{j\omega t + \varphi} \end{cases}$$

$$(7-55)$$

E_{Σ}、E_{Δ} 分别经混频、中放（包括 AGC 控制）、相位检波后的输出信号 $s_e(t)$ 为

$$s_e(t) = K \frac{F^2(\theta_0 - \theta) - F^2(\theta_0 + \theta)}{F^2(\theta_0)} \tag{7-56}$$

仍然采用式(7-41)天线方向图的近似：

$$s_e(t) \approx 4K\theta \frac{|F'(\theta_0)|}{F(\theta_0)} \tag{7-57}$$

误差信号经过积分、放大、驱动天线向误差信号减小的方向运动，直到将天线的等信号方向对准目标。

典型的单平面相位和差单脉冲雷达的组成和工作原理如图 7-21 所示。天线 1、2 具有相同的振幅方向图 $F(\theta)$，天线间距为 d，目标回波方向与天线法线方向的张角为 θ，两天线收到的目标回波信号分别为

$$\begin{cases} E_1 = AF^2(\theta)(1 + e^{-j\phi}) e^{-j\phi} \sum_n \text{rect}\left(t - nT_r - \frac{2R}{c}, \ \tau\right) e^{j\omega t + \varphi} \\ E_2 = AF^2(\theta)(1 + e^{-j\phi}) \sum_n \text{rect}\left(t - nT_r - \frac{2R}{c}, \ \tau\right) e^{j\omega t + \varphi} \end{cases}$$

$$(7-58)$$

式中 $\phi = \frac{2\pi d}{\lambda} \sin\theta$。

经过波束形成网络，得到的和差信号为

$$\begin{cases} E_{\Sigma} = E_1 + E_2 = AF^2(\theta)(1 + e^{-j\phi})^2 \sum_n \text{rect}\left(t - nT_r - \frac{2R}{c}, \ \tau\right) e^{j\omega t + \varphi} \\ E_{\Delta} = E_1 - E_2 = AF^2(\theta)(1 - e^{-j2\phi}) \sum_n \text{rect}\left(t - nT_r - \frac{2R}{c}, \ \tau\right) e^{j\omega t + \varphi} \end{cases}$$

$$(7-59)$$

E_{Σ}、E_{Δ} 分别经混频、中放（包括 AGC 控制）、相位检波后的输出信号为

$$s_e(t) = 2K \sin\left(\frac{2\pi d}{\lambda} \sin\theta\right) \tag{7-60}$$

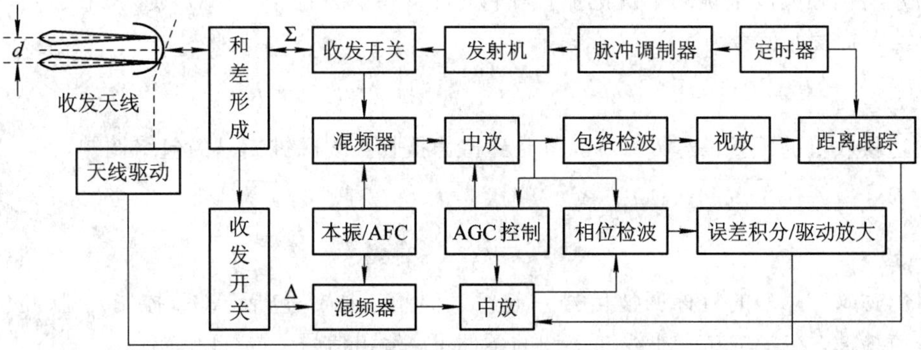

图 7-21　单平面相位和差单脉冲雷达的组成

由于 $\theta \ll 1$，$\dfrac{2\pi d}{\lambda}\sin\theta \approx \dfrac{2\pi d}{\lambda}\theta \ll 1$，因而式（7-60）可近似为

$$s_e(t) \approx K\,\frac{4\pi d}{\lambda}\theta \qquad\qquad (7-61)$$

该误差信号经过积分、放大，驱动天线向误差信号减小的方向运动，直到将两天线的法线方向对准目标。

7.3.2　对圆锥扫描雷达角度信息的欺骗干扰

1. 倒相干扰与倒相方波干扰

　　由于暴露式圆锥扫描角度跟踪系统的收发天线是共用的，因此圆锥扫描信息或者误差信号包络也表现在其发射信号中，比较容易被雷达侦察机检测和识别出来，所以对暴露式圆锥扫描角度跟踪系统的主要干扰样式是采用倒相干扰与倒相方波干扰。倒相干扰的干扰机组成如图7-22所示。暴露式圆锥扫描雷达的发射信号①经干扰机接收天线送至低噪声放大/定向耦合器。定向耦合器的主路输出送给前级功放，辅路输出经包络检波、视放、峰值检波、选频放大，输出误差信号包络②，将误差信号包络倒相，形成倒相方波信号③，经过功率驱动，用作末级功放的振幅调制。这种调制方式称为倒相方波干扰，如果用信号②倒相后的正弦波对末级功放调幅，则称为倒相干扰。由于倒相方波的基波分量就是倒相正弦波，其基波的有效功率是倒相正弦波有效功率的1.62倍，且通断性的方波调制比振幅连续性的正弦调制易于实现。因此在实际工程中几乎都采用倒相方波干扰。功放输出的射频信号④经干扰机的发射天线辐射到空间。

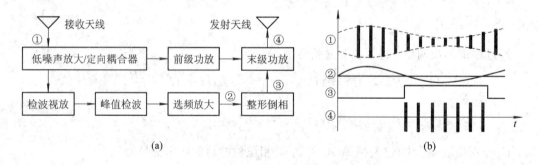

图7-22　倒相方波干扰机组成与工作原理

　　通常将倒相方波干扰的干扰机配置在目标上，雷达发射信号 $s_t(t)$ 仍可用式（7-38）表示，转发干扰发射信号为

$$U_j(t) = u_j[1 + m_j\cos(\Omega'_s t + \phi_j)]\sum_n \mathrm{rect}(t - nT_r,\ \tau)\mathrm{e}^{\mathrm{j}\omega t + \varphi} \qquad (7-62)$$

进入雷达接收机的干扰信号 $U'_j(t)$ 也将受到雷达接收天线圆锥扫描的包络调制，

$$U'_j(t) = u'_j[1 + m_j\cos(\Omega'_s t + \phi_j)]F(\theta_0 - \theta\cos(\Omega_s + \phi))\sum_n \mathrm{rect}(t - nT_r,\ \tau)\mathrm{e}^{\mathrm{j}\omega t + \varphi}$$

$$(7-63)$$

$U'_j(t)$ 将与式（7-39）的目标回波信号一起经过混频、中放（包括 AGC 控制）、脉冲包络检波和峰值检波，在忽略其中非线性交调的条件下，输出信号 $s_e(t)$ 近似为

$$s_{e}(t) \approx \frac{u_{j}^{'}}{F(\theta_{0})}[1 + m_{j}\cos(\Omega_{s}^{'}t + \phi_{j})]F(\theta_{0} - \theta\cos(\Omega_{s} + \phi))$$

$$+ \frac{u_{s}}{F^{2}(\theta_{0})}F^{2}(\theta_{0} - \theta\cos(\Omega_{s} + \phi)) \tag{7-64}$$

仍将天线方向图采用幂级数近似,且设 $\Omega_{s}^{'} = \Omega_{s}$,$s_{e}(t)$ 通过选频放大器,其输出信号为

$$s_{e}^{'}(t) \approx u_{j}^{'}[m_{j}\cos(\Omega_{s}^{'}t + \phi_{j}) + \mu\theta\cos(\Omega_{s} + \phi) + 2u_{s}\mu\theta\cos(\Omega_{s} + \phi)] \tag{7-65}$$

经相位检波后输出的方位角和高低角误差信号分别为

$$\begin{cases} U_{\alpha} = K[u_{j}^{'}m_{j}\cos((\Omega_{s}^{'} - \Omega_{s})t + \phi_{j}) + (u_{j}^{'} + 2u_{s})\theta\mu\cos\phi] \\ U_{\beta} = K[u_{j}^{'}m_{j}\sin((\Omega_{s}^{'} - \Omega_{s})t + \phi_{j}) + (u_{j}^{'} + 2u_{s})\theta\mu\sin\phi] \end{cases} \tag{7-66}$$

圆锥扫描雷达天线稳定跟踪时的指向 θ 应达到两维角误差信号为 0,由此解得

$$\begin{cases} \theta = -\dfrac{\sqrt{\dfrac{J}{S}}m_{j}\cos((\Omega_{s}^{'} - \Omega_{s})t + \phi_{j})}{\left(\sqrt{\dfrac{J}{S}} + 2\right)\mu\cos\phi} = -\dfrac{\sqrt{\dfrac{J}{S}}m_{j}\sin((\Omega_{s}^{'} - \Omega_{s})t + \phi_{j})}{\left(\sqrt{\dfrac{J}{S}} + 2\right)\mu\sin\phi} \\ \sqrt{\dfrac{J}{S}} = \dfrac{u_{j}^{'}}{u_{s}} \end{cases} \tag{7-67}$$

式中 J/S 为雷达接收机输入端的干扰信号与目标回波信号的功率比(干信比)。在倒相方波干扰时,$\Omega_{s}^{'} = \Omega_{s}$,$\phi_{j} = \phi + \pi$,$m_{j} = 1$,$J/S \gg 1$,代入式(7-67),可得

$$\theta = \frac{1}{\mu} \tag{7-68}$$

对于高斯天线方向图,$\mu = 2.8(\theta_{0}/\theta_{0.5}^{2})$,代入式(7-68),可得

$$\theta = \frac{\theta_{0.5}^{2}}{2.8\theta_{0}} \tag{7-69}$$

如果等信号方向为半功率点 $\theta_{0} = \theta_{0.5}/2$,则 $\theta = \theta_{0.5}/1.4$。

实际干扰机中经常用倒相方波代替倒相正弦波,称为倒相方波干扰。由于相同幅度方波的基频分量是正弦波的 1.27 倍,等效于式(7-67)中的 $m_{j} = 1.27$,其余参数与倒相正弦波干扰的相同,代入式(7-67),可得

$$\theta = \frac{1.27}{\mu} \tag{7-70}$$

2. 随机方波干扰

对于圆锥扫描角跟踪雷达,倒相方波干扰是一种行之有效的干扰方法,但其需要检测雷达天线当前波束扫描位置信息。对于暴露式圆锥扫描雷达,该信息来源于雷达发射信号的圆锥扫描调制,而当雷达采用隐蔽圆锥扫描方式工作时,由于干扰机无法确定其当前的锥扫频率 Ω_{s} 和相位 ϕ,只能就该雷达可能使用的锥扫频率范围 $[\Omega_{s\,min}, \Omega_{s\,max}]$,实施随机方波调幅干扰,其中方波的基频范围与 $[\Omega_{s\,min}, \Omega_{s\,max}]$ 一致。根据上述圆锥扫描雷达角度跟踪的原理,其锥扫频率的选频放大器通带 B 一般只有几弧度,只有当方波基频 $\Omega_{s}^{'}$ 与锥扫频率 Ω_{s} 非常接近时,干扰信号才能通过选频放大器。因此当干扰信号的基频在 $[\Omega_{s\,min}, \Omega_{s\,max}]$ 内均匀分布时,随机方波干扰相当于是对锥扫频率范围的阻塞干扰,落入雷达角度跟踪系统带内的有效干扰功率和干信比 J/S 将下降为原来的 $1/K$,

$$K = \frac{B}{\Omega_{s\,max} - \Omega_{s\,min}} \qquad (7-71)$$

此外，由于 $\Omega_s' \approx \Omega_s$，将使天线波束的指向 θ 受到频差的调制而不稳定：

$$\theta(t) = -\frac{\sqrt{\frac{J}{S}}\, m_j \cos((\Omega_s' - \Omega_s)t + \phi_j)}{\left(\sqrt{\frac{J}{S}} + 1\right)\mu\,\cos\phi} = -\frac{\sqrt{\frac{J}{S}}\, m_j \sin((\Omega_s' - \Omega_s)t + \phi_j)}{\left(\sqrt{\frac{J}{S}} + 1\right)\mu\,\sin\phi}$$

$$(7-72)$$

$\theta(t)$ 的分布区间为 $[0, \theta_{max}]$，其中

$$\theta_{max} = \frac{1.27\sqrt{\frac{J}{S}}\,\theta_{0.5}}{1.4\left(\sqrt{\frac{J}{S}} + 1\right)} \qquad (7-73)$$

3. 扫频方波干扰

使干扰调制方波的基频以扫频速度 a 周期性地从 $\Omega_{s\,min}$ 到 $\Omega_{s\,max}$ 逐渐变化，称为扫频方波干扰。扫频周期 T 为

$$T = \frac{\Omega_{s\,max} - \Omega_{s\,min}}{a} \qquad (7-74)$$

由于在每个周期内都将形成一次近似为倒相方波干扰的条件，从而使雷达角度跟踪出现周期性的不稳，其最大偏差仍可按式(7-73)计算，扫频周期时间内造成雷达跟踪严重不稳定的时间 t_j 为

$$t_j \approx \frac{B}{a} = \frac{BT}{\Omega_{s\,max} - \Omega_{s\,min}} \qquad (7-75)$$

扫频速度 a 的选择依据主要是根据隐蔽圆锥扫描雷达跟踪系统的带宽 B，扫频干扰方波基频扫过带宽 B 的时间应略大于角度跟踪系统的响应时间 t_s $(t_s \approx 1/B)$。

4. 扫频锁定干扰

扫频锁定干扰是扫频干扰的改进，其初始时刻的干扰形式同扫频干扰，但在实施扫频干扰的同时，还需要通过侦察接收机监测被干扰雷达发射信号的功率变化。由于扫频方波基频接近隐蔽圆锥扫描频率时，雷达接收天线的指向将出现严重的不稳，与接收天线同步运动的发射天线信号功率也将出现相应的不稳定变化，侦察接收机监测到这种变化后，立即停止调制波的基频变化，并且继续采用该基频方波（锁定）对干扰机的末级功放实施固定频率的通断调制。

7.3.3 对线性扫描雷达角度信息的欺骗干扰

1. 角度波门挖空干扰

暴露式线性扫描角度跟踪系统天线扫描调制的包络也表现在其发射信号中，比较容易被雷达侦察机检测和识别出来，所以对暴露式线性扫描角跟踪系统的主要干扰样式为角度波门挖空干扰。其干扰机组成和干扰控制电路加给末级功放的调制信号波形如图7-23(a)和(b)所示。角度波门挖空干扰与倒相方波干扰的主要差别是加给末级功放的调制信号。

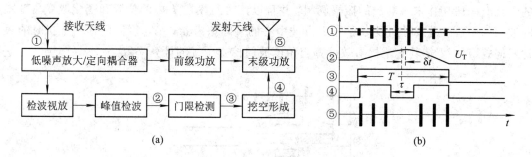

图 7-23　角度波门挖空干扰的干扰机组成与调制波形

低噪声放大、定向耦合器的辅路输出经包络检波、视放、峰值检波、低频放大，输出天线扫描包络调制信号②，将包络信号②限幅、整形，成为干扰机选通干扰方波③。方波的有效时间 T 取决于接收信号的功率和门限检测电平 U_T，适当降低 U_T 有利于增加角度误差的范围。若以半功率波束宽度定义检测门限，则

$$T = \frac{\theta_{0.5}}{\Omega_s} \tag{7-76}$$

方波③经过干扰控制电路，产生挖空干扰方波④，用作对末级功放的通断调制。功放输出的射频信号⑤经干扰机的发射天线辐射到空间。挖空干扰方波④是在干扰方波的有效时间 T 内（高电平）产生一个宽度为 τ 的空缺（低电平），$\tau = T/4 \sim T/5$，该空缺的位置和变化将影响波门对目标回波角度包络跟踪时的能量中心。设空缺的时间中心与 T 方波中心的时间差为 δt，角度波门挖空干扰时，δt 是以周期 T 为变化的函数，其表达式（挖空拖引函数）如下：

$$\delta t = \begin{cases} 0 & 0 \leqslant t < t_1 & \text{停拖期} \\ a(t - t_1) & t_1 \leqslant t < t_2 & \text{拖引期} \\ \text{干扰关闭} & t_2 \leqslant t < T & \text{关闭期} \end{cases} \tag{7-77}$$

其中 a 的正负对应于拖引的方向，a 的绝对值对应于拖引的速度 v_θ，

$$v_\theta = \frac{a}{\Omega_s} \ (°/s) \tag{7-78}$$

拖引期结束时，空缺最多移到方波的边缘，即

$$|a(t_2 - t_1)| = \frac{T - \tau}{2} \tag{7-79}$$

由此可求得拖引期的时间为

$$t_2 - t_1 = \left| \frac{T - \tau}{2a} \right| \tag{7-80}$$

角度波门挖空干扰引起线性扫描角跟踪系统的最大跟踪误差为

$$\Delta\theta_{\max} = \left| \frac{T - \tau}{2\Omega_s} \right| \tag{7-81}$$

停拖期和关闭期的时间主要对应于线性扫描雷达从搜索转为跟踪和从跟踪转为搜索所需要的时间，也包括其中接收机增益控制电路的响应时间，通常为 0.5~2 s。

2. 角度波门拖引干扰

对暴露式线性扫描角度跟踪系统的角度波门拖引干扰的干扰机组成同图 7-23(a)，加给末级功放的调制信号波形如图 7-24 所示。在挖空干扰的选通方波中产生一个宽度为 τ

的干扰时间段用作末级功放的振幅调制，并且以该时间段在 T 内的位置和变化改变角度跟踪波门的中心。设该时间段中心与 T 方波中心的时间差为 δt，则角度波门拖引干扰时的表达式同式(7-77)，其它干扰参数计算与角度波门挖空干扰的计算一致。

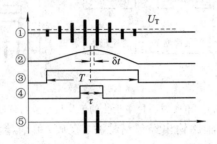

图 7-24　角度波门拖引干扰波形

3. 随机方波与扫频方波干扰

当雷达采用隐蔽线扫时，由于无法保证干扰的欺骗调制与雷达接收天线的扫描同步，不便使用角度波门挖空干扰或角度波门拖引干扰，此时随机方波干扰或扫频方波干扰就是一种常用的干扰样式。针对线性扫描雷达多为边扫边跟工作的特点，方波周期的下限 T_{min} 和上线 T_{max} 分别取为

$$T_{min} = \frac{2\theta_{0.5}}{\Omega_s}, \qquad T_{max} = \frac{\theta_{max} - \theta_{min}}{2\Omega_s} \tag{7-82}$$

随机方波干扰和扫频方波干扰对隐蔽线扫雷达的干扰为角度误差信息的杂乱方波扰动，其效果是造成雷达角度跟踪系统工作状态的不稳定和跟踪误差的随机起伏。

7.3.4　对单脉冲雷达角度信息的欺骗干扰

1. 非相干干扰

单脉冲角度跟踪系统具有良好的抗单点源干扰的能力，非相干干扰是在单脉冲雷达的分辨角内设置两个或两个以上的干扰源，它们到达雷达接收天线口面的信号没有稳定的相位关系(非相干)。在单平面内非相干干扰的原理如图 7-23 所示，单平面内雷达接收波束 1、2 收到两个干扰源 J_1、J_2 的信号分别为

$$\begin{cases} E_1 = A_{J_1} F\left(\theta_0 - \frac{\Delta\theta}{2} - \theta\right) e^{j\omega_1 t + \phi_1} + A_{J_2} F\left(\theta_0 + \frac{\Delta\theta}{2} - \theta\right) e^{j\omega_2 t + \phi_2} \\ E_2 = A_{J_1} F\left(\theta_0 + \frac{\Delta\theta}{2} + \theta\right) e^{j\omega_1 t + \phi_1} + A_{J_2} F\left(\theta_0 - \frac{\Delta\theta}{2} + \theta\right) e^{j\omega_2 t + \phi_2} \end{cases} \tag{7-83}$$

式中，A_{J_1}、A_{J_2} 分别为 J_1、J_2 的信号幅度。经过波束形成网络，得到和差信号 E_Σ、E_Δ 为

$$\begin{cases} E_\Sigma = E_1 + E_2 = A_{J_1}\left[F\left(\theta_0 - \frac{\Delta\theta}{2} - \theta\right) + F\left(\theta_0 + \frac{\Delta\theta}{2} + \theta\right)\right] e^{j\omega_1 t + \phi_1} \\ \qquad\qquad + A_{J_2}\left[F\left(\theta_0 + \frac{\Delta\theta}{2} - \theta\right) + F\left(\theta_0 - \frac{\Delta\theta}{2} + \theta\right)\right] e^{j\omega_2 t + \phi_2} \\ E_\Delta = E_1 - E_2 = A_{J_1}\left[F\left(\theta_0 - \frac{\Delta\theta}{2} - \theta\right) - F\left(\theta_0 + \frac{\Delta\theta}{2} + \theta\right)\right] e^{j\omega_1 t + \phi_1} \\ \qquad\qquad + A_{J_2}\left[F\left(\theta_0 + \frac{\Delta\theta}{2} - \theta\right) - F\left(\theta_0 - \frac{\Delta\theta}{2} + \theta\right)\right] e^{j\omega_2 t + \phi_2} \end{cases} \tag{7-84}$$

E_Σ、E_Δ 分别经混频、中放(包括 AGC 控制),再经过相位检波、误差积分(低通滤波)后的输出角度误差信号 $s_e(t)$ 为

$$s_e(t) = K\left[A_{J_1}^2\left(F^2\left(\theta_0 - \frac{\Delta\theta}{2} - \theta\right) - F^2\left(\theta_0 + \frac{\Delta\theta}{2} + \theta\right)\right)\right.$$
$$\left. + A_{J_2}^2\left(F^2\left(\theta_0 + \frac{\Delta\theta}{2} - \theta\right) - F^2\left(\theta_0 - \frac{\Delta\theta}{2} + \theta\right)\right)\right] \tag{7-85}$$

式中 K 为系统的振幅响应。代入式(7-41)天线方向图的近似式,可得

$$S_e(t) = 4K\left[A_{J_1}^2\left(\theta + \frac{\Delta\theta}{2}\right) + A_{J_2}^2\left(\theta - \frac{\Delta\theta}{2}\right)\right] \tag{7-86}$$

设 J_1、J_2 的功率比为 $b^2 = A_{J_1}^2/A_{J_2}^2$,当误差信号 $s_e(t) = 0$ 时,跟踪天线的指向角为

$$\theta = \frac{\Delta\theta}{2}\frac{b^2 - 1}{b^2 + 1} \tag{7-87}$$

式(7-87)表明:在非相干干扰条件下,单脉冲雷达的天线指向位于干扰源之间的能量质心处。

根据上述非相干干扰的原理,在作战使用中还可以进一步派生出以下三种使用方式:

1) 同步闪烁干扰

由 J_1、J_2 配合,轮流通断干扰,使 J_1、J_2 的功率比 b^2 按照周期 T 变化:

$$b^2 = \begin{cases} 0 & kT \leqslant t < (k+0.5)T \\ \infty & (k+0.5)T \leqslant t < (k+1)T \end{cases} \quad k \in \mathbf{N} \tag{7-88}$$

周期 T 的时间一般为 1~6 s,造成雷达跟踪天线的指向在 J_1、J_2 之间来回摆动。除了可以采用 J_1、J_2 配合以外,也可以采用目标与其附近的干扰机配合。由于干扰的功率远远大于目标回波,因此只要周期性地通断干扰机,也可以起到同步闪烁干扰的效果,而且简化了同步配合的要求。

2) 误引干扰

由干扰机组 $\{J_i\}_{i=1}^n$ 配合,分布在预定的误引方向上,如图 7-25 所示,其中任意两部相邻干扰机相对于雷达的张角均小于雷达的角度分辨力。实施干扰时,首先由 J_1 开机干扰,诱使雷达跟踪 J_1,然后 J_2 开机干扰,诱使雷达跟踪 J_1、J_2 质心,再使 J_1 关机,诱使雷达跟踪 J_2,以后 J_3 开机干扰,如此继续,直到关机,诱使雷达跟踪到预定的误引方向。误引干扰主要用于保护重要的目标免遭末制导雷达和反辐射导弹的攻击。

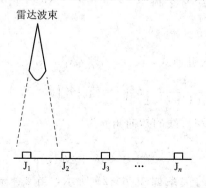

图 7-25　误引干扰的配置示意图

3) 异步闪烁干扰

由 J_1、J_2 按照各自的控制逻辑交替通断干扰机。由于 J_1、J_2 是异步通断的，将形成以下四种组合状态：

(1) J_1、J_2 同时工作，诱使雷达跟踪能量质心；

(2) J_1、J_2 同时关闭，雷达跟踪信号消失，转而重新捕获目标；

(3) J_1 工作，J_2 关闭，诱使雷达跟踪 J_1；

(4) J_2 工作，J_1 关闭，诱使雷达跟踪 J_2。

显然，如果各干扰机的通断比均为 50%，则上述四种状态是等概率的，雷达跟踪状态将直接受到上述状态的影响，不能准确跟踪目标。

2. 相干干扰

在图 7-25 所示的条件下，如果 J_1、J_2 到达雷达天线口面的信号具有稳定的相位关系（相位相干），则称为相干干扰。设 ϕ 为雷达天线处 J_1、J_2 信号的相位差，雷达接收波束 1、2 接收 J_1、J_2 两干扰源的信号分别为

$$\begin{cases} E_1 = \left\{ A_{J_1} F\left(\theta_0 - \dfrac{\Delta\theta}{2} - \theta\right) + A_{J_2} F\left(\theta_0 + \dfrac{\Delta\theta}{2} - \theta\right) e^{j\phi} \right\} e^{j\omega t} \\ E_2 = \left\{ A_{J_1} F\left(\theta_0 + \dfrac{\Delta\theta}{2} + \theta\right) + A_{J_2} F\left(\theta_0 - \dfrac{\Delta\theta}{2} + \theta\right) e^{j\phi} \right\} e^{j\omega t} \end{cases} \tag{7-89}$$

通过波束形成网络，得到 E_1、E_2 的和差信号 E_Σ、E_Δ 分别为

$$\begin{cases} E_\Sigma = \left\{ A_{J_1}\left[F\left(\theta_0 - \dfrac{\Delta\theta}{2} - \theta\right) + F\left(\theta_0 + \dfrac{\Delta\theta}{2} + \theta\right) \right] \right. \\ \qquad \left. + A_{J_2}\left[F\left(\theta_0 + \dfrac{\Delta\theta}{2} - \theta\right) + F\left(\theta_0 - \dfrac{\Delta\theta}{2} + \theta\right) \right] e^{j\phi} \right\} e^{j\omega t} \\ E_\Delta = \left\{ A_{J_1}\left[F\left(\theta_0 - \dfrac{\Delta\theta}{2} - \theta\right) - F\left(\theta_0 + \dfrac{\Delta\theta}{2} + \theta\right) \right] \right. \\ \qquad \left. + A_{J_2}\left[F\left(\theta_0 + \dfrac{\Delta\theta}{2} - \theta\right) - F\left(\theta_0 - \dfrac{\Delta\theta}{2} + \theta\right) \right] e^{j\phi} \right\} e^{j\omega t} \end{cases} \tag{7-90}$$

E_Σ、E_Δ 分别经混频、中放（包括 AGC 控制），再经过相位检波、误差积分（低通滤波）后的输出误差信号为

$$\begin{cases} s_e(t) = K\left[A_{J_1}^2 \left(F^2(\theta_0 - \theta_1) - F^2(\theta_0 + \theta_1) \right) + A_{J_2}^2 \left(F^2(\theta_0 + \theta_2) - F^2(\theta_0 - \theta_2) \right) \right. \\ \qquad \left. + 2 A_{J_1} A_{J_2} \cos\varphi \left(F(\theta_0 - \theta_1) F(\theta_0 + \theta_2) - F(\theta_0 + \theta_1) F(\theta_0 - \theta_2) \right) \right] \\ \theta_1 = \dfrac{\Delta\theta}{2} + \theta, \ \theta_2 = \dfrac{\Delta\theta}{2} - \theta \end{cases} \tag{7-91}$$

代入式 (7-41) 天线方向图的近似式，设 $b^2 = A_{J_1}^2 / A_{J_2}^2$，则

$$s_e(t) = \frac{4K}{A_{J_2}^2 (1+b^2)} \left[b^2 \left(\theta + \frac{\Delta\theta}{2} \right) + \left(\theta - \frac{\Delta\theta}{2} \right) + 2b\theta \cos\phi \right] \tag{7-92}$$

当误差信号 $s_e(t) = 0$ 时，跟踪天线的指向角 θ 为

$$\theta = \frac{\Delta\theta}{2} \frac{1-b^2}{1+b^2+2b\cos\phi} \tag{7-93}$$

在式 (7-93) 中，θ 与 b、ϕ 的关系如图 7-26 所示，当 $\phi = \pi$，$b=1$ 时，$\theta \to \infty$。由于式 (7-93) 中的天线方向图采用了等信号方向的近似展开式，它只在等信号方向附近具有良

好的近似性质，当误差严重偏离等信号方向时，实际的误差角将受到天线方向图的限制。

　　相干干扰可以形成很大的角度测量和跟踪误差，该误差可以偏出两个干扰源实际的张角之外，这是非相干干扰不能达到的。实现相干干扰的主要技术难度是保证 J_1、J_2 的信号在雷达天线口面处于稳定的反相。一般需要采用图 7-27 所示的收发互补型天线，其中接收天线 R_1 与发射天线 J_2 处于同一位置，接收天线 R_2 与发射天线 J_1 处于同一位置，并在其中一路插入了相移 π。工作时还需要保证两路射频通道宽带内的相位一致性。

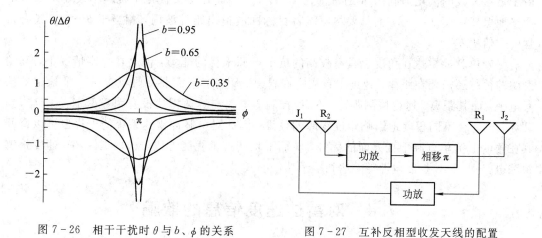

　　图 7-26　相干干扰时 θ 与 b、ϕ 的关系　　　　图 7-27　互补反相型收发天线的配置

3. 交叉极化干扰

　　设 γ 为雷达信号的主极化方向，图 7-28(a) 为单平面内主极化的天线方向图，其中等信号方向与雷达跟踪方向一致。$\gamma+\pi/2$ 为交叉极化方向，图 7-28(b) 为单平面内交叉极化的方向图，它的等信号方向与跟踪方向之间存在着 $\delta\theta$ 偏差。

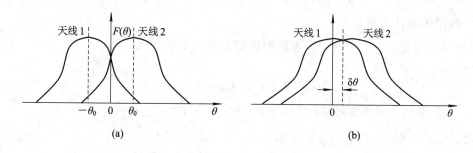

(a)　　　　　　　　　　　　　　　(b)

图 7-28　雷达天线主极化与正交极化的等信号方向

　　在相同入射场强时，雷达天线对主极化电场的输出功率为 P_M，对交叉极化电场的输出功率为 P_C，它们之间的比值称为天线的极化抑制比 A，即

$$A = \frac{P_M}{P_C} \tag{7-94}$$

交叉极化干扰正是利用雷达天线极化对交叉极化信号固有的跟踪偏差 $\delta\theta$，发射交叉极化的干扰信号到达雷达天线，造成雷达天线的跟踪误差。设 A_t、A_j 分别为雷达天线处的目标回波信号振幅和干扰信号振幅，β 为干扰信号极化方向与主极化方向的夹角，且干扰源与目标位于相同的方向，则雷达在主极化和交叉极化方向收到的信号功率 P_M、P_C 分别为

$$\begin{cases} P_{\mathrm{M}} = A_{\mathrm{t}}^2 + (A_{\mathrm{j}}\cos\beta)^2 \\ P_{\mathrm{C}} = \dfrac{(A_{\mathrm{j}}\sin\beta)^2}{A} \end{cases} \qquad (7-95)$$

雷达天线跟踪的方向 θ 近似为主极化与交叉极化两个等信号方向的能量质心，

$$\theta = \delta\theta\frac{P_{\mathrm{C}}}{P_{\mathrm{C}}+P_{\mathrm{M}}} = \delta\theta\frac{b^2\sin^2\beta}{b^2\sin^2\beta + A + Ab^2\cos^2\beta}, \quad b = \frac{A_{\mathrm{j}}}{A_{\mathrm{t}}} \qquad (7-96)$$

由于雷达天线的极化抑制比 A 通常都在 10^2 以上，因此在交叉极化干扰时不仅要求尽可能严格地保持正交 $\beta = \pi/2$，而且要尽可能将目标回波拖出跟踪波门，相当于 $b\rightarrow\infty$，或有很强的干信比 b^2。

尽管单脉冲雷达在角度上具有较高的抗单点源干扰的能力，但是在一定情况下，其角度跟踪往往还需要在距离、速度上首先完成检测、跟踪，还需要接收机提供一个稳定的信号电平，而其距离、速度检测跟踪、AGC 控制等电路与普通雷达没有明显差别，一旦遭到破坏，也都会不同程度地影响角度跟踪的效果。因此对单脉冲雷达系统的干扰也可以避开其在角度上抗单点源干扰方面的优势，转而干扰其抗干扰能力比较薄弱的距离、速度检测跟踪电路和 AGC 控制电路等，达到事半功倍的效果。

7.4 对雷达速度信息的欺骗

7.4.1 雷达对目标速度信息的检测和跟踪

雷达对目标速度信息的检测和跟踪主要是根据雷达接收到的目标回波信号与雷达发射信号之间的频率差 f_{d}，该频率差通常称作多普勒频率。常用的速度检测和跟踪方法有：连续波测速跟踪和脉冲多普勒测速跟踪。

1. 连续波测速跟踪

主动式连续波测速与速度跟踪系统的典型方框图如图 7-29 所示。基准信号 $s_{\mathrm{t}}(t)$ 为雷达发射信号，

$$s_{\mathrm{t}}(t) = A\mathrm{e}^{\mathrm{j}(\omega t + \phi)} \qquad (7-97)$$

式中，ω 为发射信号的载波频率，目标回波信号 $s_{\mathrm{r}}(t)$ 为

$$s_{\mathrm{r}}(t) \approx \eta A F_{\mathrm{t}}(\theta)F_{\mathrm{r}}(\theta)\mathrm{e}^{\mathrm{j}\left(\omega\left(t-\frac{2R}{c}\right)+\phi\right)} \qquad (7-98)$$

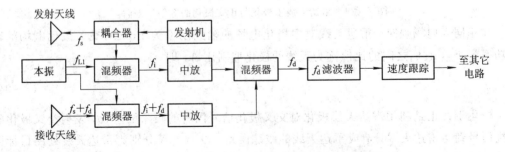

图 7-29 主动式连续波速度跟踪系统典型方框图

式中，$F_t(\theta)$、$F_r(\theta)$ 分别为雷达收发天线的方向图函数，θ 为目标方向，η 为传播衰减，R 为目标距离。当目标从初始距离 R_0 以径向速度 v_r 向雷达运动时，$R = R_0 - v_r t$。$s_t(t)$、$s_r(t)$ 与同一本振频率 f_{L1} 进行混频，并通过各自的中放通道，其输出信号频率分别为

$$
\begin{cases}
\text{基准信道频率：} \dfrac{\partial(\omega t + \phi)}{2\pi \partial t} - f_{L1} = f_i \\[3mm]
\text{回波信道频率：} \dfrac{\partial\left(\omega\left(t - \dfrac{(R_0 - v_r t)}{c}\right) + \phi\right)}{2\pi \partial t} - f_{L1} = f_i + \dfrac{2v_r}{\lambda}
\end{cases}
\tag{7-99}
$$

式中 f_i 为第一中频频率。两通道中频信号进行第二次混频，取出多普勒频率 f_d 信号送入对预定目标的速度跟踪电路

$$
f_d = \frac{2v_r}{\lambda} \tag{7-100}
$$

速度跟踪电路的基本组成如图 7-30 所示，第二次混频的输出信号 f_d 与频率为 f_L 的 VCO 本振信号进行第三次混频，输出信号经过窄带滤波器送给截获电路。窄带滤波器和误差鉴频器的中心频率均为 f_I，带宽为 Δf，当第三次混频输出信号频率满足：

$$
f = f_L - f_d \in \left[f_I - \frac{\Delta f}{2},\ f_I + \frac{\Delta f}{2} \right] \tag{7-101}
$$

时，差频 f 通过窄带滤波器，截获电路使截获开关断开搜索锯齿波，速度跟踪电路进入跟踪状态。在速度跟踪状态下，鉴频器将差频 $f - f_I$ 转换成相应的速度跟踪误差电压 u，

$$
u \approx K(f - f_I) \qquad |f - f_I| \leqslant \frac{\Delta f}{2} \tag{7-102}
$$

典型的鉴频器和鉴频特性如图 7-5 所示，只是将图 7-5 中鉴频器中心频率从 f_i 变为 f_I。鉴频误差电压 u 通过误差电压积分器，产生跟踪状态时 VCO 的调谐电压 $U(t)$，

$$
U(t) = \int_{-\infty}^{t} u(\tau) h(t - \tau)\, d\tau \tag{7-103}
$$

式中 $h(t)$ 为积分器的传递函数。$U(t)$ 通过截获开关调整 VCO 频率 f_L，达到误差 $f - f_I = 0$ 的稳定跟踪状态。如果在上述跟踪过程中，差频信号突然消失（窄带滤波器没有输出信号），并且消失时间超过接收机和速度跟踪电路的等待时间（包括 AGC 电路从低增益状态到高增益状态的恢复时间），则截获电路使截获开关发生转换，速度跟踪电路将重新转入搜索状态，即截获开关将用搜索锯齿波控制 VCO 的频率调谐，直到再次捕获新的差频信号。

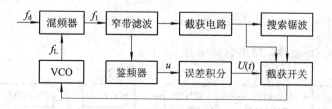

图 7-30　速度跟踪电路组成

半主动式连续波测速与速度跟踪系统的典型方框图如图 7-31 所示，收发信号是异地工作的，基准信号 $s_t(t)$ 为接收天线 B 收到的雷达照射信号，忽略照射天线的方向性，$s_t(t)$ 为

$$s_t(t) = F_B(\theta_B) e^{j(\omega(t - R_1/c) + \phi)} \tag{7-104}$$

式中，R_1 为天线 B 与照射雷达间的距离，θ_B 为天线 B 的指向，$F_B(\theta_B)$ 为天线 B 的方向响应。$s_r(t)$ 为雷达照射到目标，由目标散射到天线 A，再被天线 A 接收到的目标回波信号，

$$s_r(t) = \eta F_A(\theta_A) e^{j\left(\omega\left(t - \frac{R + R_2}{c}\right) + \phi\right)} \tag{7-105}$$

式中，$F_A(\theta_A)$ 为天线 A 的方向响应，R_2 为目标到天线 A 的距离，R 为目标与照射雷达的距离，η 为传播的相对振幅衰减。半主动式连续波雷达 $s_r(t)$ 与 $s_t(t)$ 的多普勒频率是三者距离变化率（径向速度）的函数，

$$f_d = \frac{v_r + v_{r2} - v_{r1}}{\lambda} \tag{7-106}$$

半主动式连续波测速、速度跟踪系统的电路组成和工作原理与主动式的相同，不再赘述。

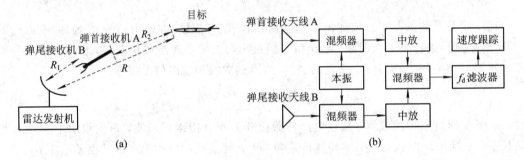

(a)　　　　　　　　　　　　　　　　(b)

图 7-31　半主动式连续波测速跟踪系统方框图

2. 脉冲多普勒测速跟踪

脉冲多普勒雷达测速与速度跟踪系统的典型方框图如图 7-32 所示。其中，作为基准的本振信号 $s_L(t)$ 和中频相干振荡器信号 $s_c(t)$ 与发射信号 $s_t(t)$ 不仅保持十分准确的频率关系：

$$|f_L - f_t| \equiv f_c \tag{7-107}$$

而且保持十分稳定的相位关系。式中 f_L、f_t、f_c 分别为本振、发射与相干振荡信号的频率。雷达发射信号为相干脉冲列，即

$$s_t(t) = A \sum_n \mathrm{rect}(t - nT_r, \tau) e^{j(2\pi f_t t + \phi)} \tag{7-108}$$

目标回波信号 $s_r(t)$ 为

$$s_r(t) = \eta A F_t(\theta) F_r(\theta) \sum_n \mathrm{rect}\left(t - nT_r - \frac{2R}{c}, \tau\right) e^{j\left(2\pi f_t\left(t - \frac{2R}{c}\right) + \phi\right)} \tag{7-109}$$

$s_r(t)$ 与本振信号 $s_L(t)$ 混频，输出中频信号 $s_1(t)$ 为

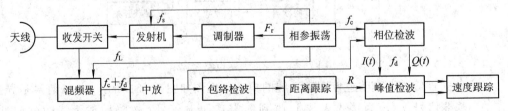

图 7-32　脉冲多普勒雷达速度跟踪系统的典型方框图

$$s_{\mathrm{I}}(t) = \eta A F_{\mathrm{t}}(\theta) F_{\mathrm{r}}(\theta) \sum_n \mathrm{rect}\left(t - nT_{\mathrm{r}} - \frac{2R}{c},\ \tau\right) \mathrm{e}^{\mathrm{j}(2\pi(f_{\mathrm{c}}+f_{\mathrm{d}})t+\phi)} \quad (7-110)$$

$s_{\mathrm{I}}(t)$ 与 $s_{\mathrm{c}}(t)$ 进行正交相干检波，得到幅度受频差调制的正交相干脉冲列

$$\begin{cases} I(t) = KAF_{\mathrm{t}}(\theta) F_{\mathrm{r}}(\theta) \sum_n \mathrm{rect}\left(t - nT_{\mathrm{r}} - \dfrac{2R}{c},\ \tau\right) \cos(2\pi f_{\mathrm{d}} t + \phi) \\[2mm] Q(t) = KAF_{\mathrm{t}}(\theta) F_{\mathrm{r}}(\theta) \sum_n \mathrm{rect}\left(t - nT_{\mathrm{r}} - \dfrac{2R}{c},\ \tau\right) \sin(2\pi f_{\mathrm{d}} t + \phi) \end{cases} \quad (7-111)$$

再对本次天线扫描过程中，目标所在空间单元(方位、仰角和距离)处的相干脉冲列进行峰值检波。当雷达的脉冲重复频率 $F_{\mathrm{r}} > 2|f_{\mathrm{d}}|$ 时，可以无模糊地恢复连续的正交多普勒频率信号 $I_{\mathrm{L}}(t)$、$Q_{\mathrm{L}}(t)$，如图 7-33 所示。

$$\begin{cases} I_{\mathrm{L}}(t) \propto A \cos(2\pi f_{\mathrm{d}} t) \\ Q_{\mathrm{L}}(t) \propto A \sin(2\pi f_{\mathrm{d}} t) \end{cases} \quad (7-112)$$

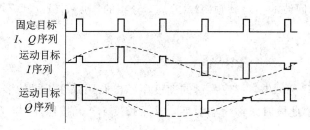

图 7-33　正交相干脉冲列示意图

此后的速度跟踪电路与连续波时的情形完全相同，但一般的模拟信号处理往往只需要其中的一路信号 $I_{\mathrm{L}}(t)$ 或 $Q_{\mathrm{L}}(t)$。随着现代数字信号处理技术的发展，对于相干检波后 $I(t)$、$Q(t)$ 信号的检测和跟踪主要采用数字信号处理技术，首先对目标所在距离单元 R 处的模拟信号经 ADC 将其数字化

$$\begin{cases} I(n) = \mathrm{int}\left(\dfrac{KAF_{\mathrm{t}}(\theta) F_{\mathrm{r}}(\theta) \cos(2\pi f_{\mathrm{d}} nT_{\mathrm{r}} + \phi)}{\Delta u}\right) \\[3mm] Q(n) = \mathrm{int}\left(\dfrac{KAF_{\mathrm{t}}(\theta) F_{\mathrm{r}}(\theta) \sin(2\pi f_{\mathrm{d}} nT_{\mathrm{r}} + \phi)}{\Delta u}\right) \end{cases}$$
$$n \in \mathbf{N} \quad (7-113)$$

Δu 为单位量化电压。然后对存在目标的复序列 $\{I(n), Q(n)\}_n$ 进行 FFT 谱分析、检测和跟踪。数字处理方法等效于采用了一组并行的窄带滤波器覆盖整个需要检测的多普勒频率范围，如图 7-34 所示。其中，N 为天线波束在目标空间获得的相干脉冲数量(脉冲积累数)，F_{r} 为雷达的脉冲重复频率($F_{\mathrm{r}} = 1/T_{\mathrm{r}}$)。频率分辨力 Δf(也是窄带滤波器的等效带宽)为

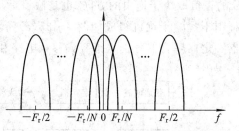

图 7-34　数字处理的多普勒滤波器组

$$\Delta f = \frac{F_{\mathrm{r}}}{N} \quad (7-114)$$

因此数字处理不仅提高了速度检测、跟踪的精度，而且便于实现对同一空间中多目标的识

别和分辨，以及对多目标的同时检测和跟踪。

7.4.2 对测速跟踪系统的欺骗干扰

对测速跟踪系统欺骗干扰的目的是给雷达造成一个虚假或错误的速度信息。主要的干扰样式有：速度波门拖引干扰、假多普勒频率干扰、多普勒频率闪烁干扰和距离—速度同步拖引干扰等。

1. 速度波门拖引干扰

速度波门拖引干扰的基本原理是：首先转发与目标回波具有相同多普勒频率 f_d 的干扰信号，且干扰信号的能量大于目标回波，使雷达的速度跟踪电路能够捕获目标与干扰的多普勒频率 f_d。AGC 电路按照干扰信号的能量控制雷达接收机的增益，此段时间称为停拖期，时间长度约为 $0.5 \sim 2$ s（略大于速度跟踪电路的捕获时间）；然后使干扰信号的多普勒频率 f_{dj} 逐渐与目标回波的多普勒频率 f_d 分离，分离的速度 v_f(Hz/s)不大于雷达可能跟踪的目标最大加速度 a，即

$$v_f \leqslant \frac{2a}{\lambda} \tag{7-115}$$

由于干扰能量大于目标回波，将使雷达的速度跟踪电路跟踪在干扰的多普勒频率 f_{dj} 上，造成速度信息的错误。此段时间称为拖引期，时间长度 $t_2 - t_1$ 按照 f_{dj} 与 f_d 的最大频差 δf_{max} 计算：

$$t_2 - t_1 = \frac{\delta f_{max}}{v_f} \tag{7-116}$$

当 f_{dj} 与 f_d 的频率差达到 δf_{max} 后，关闭干扰机。由于被跟踪的信号突然消失，且消失的时间（也就是干扰机关闭的时间）大于速度跟踪电路的等待时间和 AGC 电路的恢复时间（约为 $0.5 \sim 2$ s），速度跟踪电路将重新转入搜索状态。在速度波门拖引干扰中，干扰信号多普勒频率 f_{dj} 的变化过程如下：

$$f_{dj}(t) = \begin{cases} f_d & 0 \leqslant t < t_1 & \text{停拖期} \\ f_d + v_f(t - t_1) & t_1 \leqslant t < t_2 & \text{拖引期} \\ \text{干扰关闭} & t_2 \leqslant t < T & \text{关闭期} \end{cases} \tag{7-117}$$

v_f 的正负取决于拖引的方向（也是假目标加速度的方向）。对连续波测速雷达进行速度波门拖引干扰的干扰机组成如图 7-35(a)所示。接收天线 A 收到的雷达发射信号经带通滤波器和定向耦合器分别送给载频移频电路和雷达信号检测电路，其中雷达信号检测电路的作

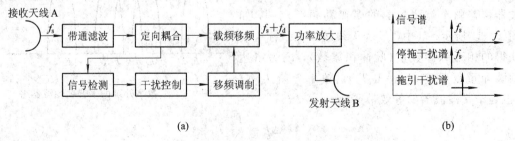

(a)   (b)

图 7-35 速度波门拖引干扰的干扰机组成

用是检测和识别连续波雷达信号，判断其威胁程度，并作出对该雷达的干扰决策，将决策结果传送到干扰控制器。干扰控制器按照干扰决策制定干扰样式和干扰参数，并给载频移频电路提供实时控制信号。载频移频电路根据实时控制信号完成对输入射频信号的移频调制，并将经过移频调制后的信号输出给末级功放。通过干扰发射天线 B 将大功率的干扰信号辐射到空间。载频移频电路的组成和工作原理可参见第 8 章内容。

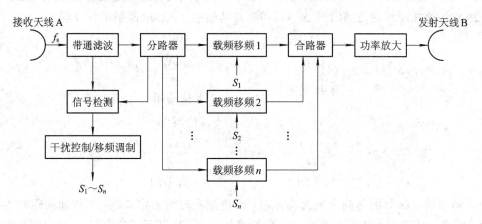

图 7 - 36　多路假多普勒频率干扰的干扰机组成

2. 假多普勒频率干扰

假多普勒频率干扰的原理是：根据收到的雷达信号，同时转发与目标回波多普勒频率 f_d 不同的若干个干扰信号频率 $\{f_{dji}\}_{i=1}^n$，使雷达的速度跟踪电路可同时检测到多个不同多普勒频率的信号。如果干扰信号功率远大于目标回波信号功率，则由于 AGC 响应大信号，将使雷达难以检测到功率较小的目标信号及其多普勒频率 f_d，并造成其检测跟踪的错误。假多普勒频率干扰的干扰机组成如图 7 - 36 所示，与速度波门拖引干扰时的主要差别是当需要产生 n 个不同的多普勒频率时，需要有 n 路载频移频器同时工作。在实际工程中，一般选择 $n=1$。

3. 多普勒频率闪烁干扰

多普勒频率闪烁干扰的基本原理是在雷达速度跟踪电路的带宽 Δf 内，以 T 为周期，交替产生 f_{dj1}、f_{dj2} 两个不同频移的干扰信号，造成雷达速度跟踪波门在两个干扰频率之间的摆动，始终不能正确、稳定地捕获目标速度。由于速度跟踪系统的响应时间为其跟踪带宽 Δf 的倒数，所以交替周期 T 选为

$$T \geqslant \frac{1}{2\Delta f} \tag{7-118}$$

多普勒频率闪烁干扰的干扰机组成与速度波门拖引干扰的相同，由其中的干扰控制电路送给移频电路的两个不同频率调制信号是分时交替的。

4. 距离—速度同步干扰

目标的径向速度 v_r 是距离对时间的导数，也是多普勒频率的函数，

$$v_r = \frac{\partial R}{\partial t} = \frac{\lambda}{2} f_d \tag{7-119}$$

对于只有距离 R 或速度 v_r 检测、跟踪能力的雷达，单独采用上述对其距离或速度跟踪系统

的欺骗干扰是可以奏效的。但是对于具有距离—速度两维信息同时检测、跟踪的雷达,只在某一维进行欺骗或者对其两维信息欺骗的参数不一致时,就很可能会被雷达识别出假目标,从而达不到预定的干扰效果。

距离—速度同步干扰主要用于干扰具有距离—速度两维同时信息检测、跟踪能力的雷达(如脉冲多普勒雷达),在进行距离波门拖引干扰的同时,进行速度波门欺骗干扰,在匀速拖距和加速拖距时的距离时延 $\Delta t_{\text{rj}}(t)$ 和多普勒频移 $f_{\text{dj}}(t)$ 的调制函数分别为

$$\Delta t_{\text{rj}}(t) = \begin{cases} 0 \\ v(t - t_1) \\ \text{干扰关闭} \end{cases}, \quad f_{\text{dj}}(t) = \begin{cases} 0 & 0 \leqslant t < t_1 \\ -\dfrac{2v}{\lambda} & t_1 \leqslant t < t_2 \\ \text{干扰关闭} & t_2 \leqslant t < T \end{cases} \tag{7-120}$$

$$\Delta t_{\text{rj}}(t) = \begin{cases} 0 \\ \dfrac{a(t - t_1)^2}{2} \\ \text{干扰关闭} \end{cases}, \quad f_{\text{dj}}(t) = \begin{cases} 0 & 0 \leqslant t < t_1 \\ -\dfrac{2a(t - t_1)}{\lambda} & t_1 \leqslant t < t_2 \\ \text{干扰关闭} & t_2 \leqslant t < T \end{cases} \tag{7-121}$$

对于距离波门后拖时的移频方向为负方向,匀速拖距时为固定移频,匀加速拖距时为线性频移,距离—速度同步干扰的技术产生器组成如图 7-37 所示,其中图(a)采用的是迟延转发方式,图(b)采用的是相干储频方式。在迟延转发方式的干扰技术产生器中,输入的射频信号首先经过数字可编程迟延线,产生所需要的距离迟延量 $\Delta t_{\text{rj}}(t)$,然后再经过数字移相器,产生与多普勒频率 $f_{\text{dj}}(t)$ 相对应的相移量 $\phi(t)$。由于距离迟延量是以 Δt 为单位离散变化的,相移量计算中还要考虑迟延变化量的影响,

$$\phi(t) = \begin{cases} 2\pi T_r f_{\text{dj}}(t) & t \text{ 时刻 } \Delta t_{\text{rj}}(t) \text{ 无变化} \\ 2\pi T_r f_{\text{dj}}(t) - \omega \Delta t & t \text{ 时刻 } \Delta t_{\text{rj}}(t) \text{ 有变化} \end{cases} \tag{7-122}$$

式中 ω 为雷达的载频。对于大多数雷达来说,可能需要许多个脉冲重复周期才能发生一次 Δt 的距离迟延变化,也可以忽略距离迟延量对相位的影响,只需要按照 $\Delta t_{\text{rj}}(t)$ 无变化时的情况来近似。在相干储频方式中,可以由相干储频器同时完成迟延和移频的调制。迟延和移频的调制精度较高,但电路复杂,也可以先由相干储频器完成迟延调制,再由数字移相器完成移频调制。射频储频电路的组成和工作原理参见第 8 章内容。

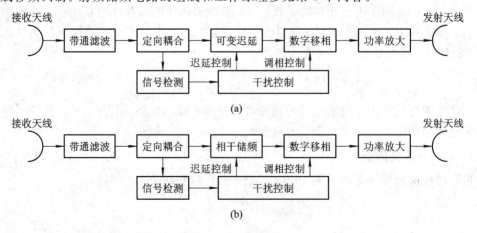

图 7-37　距离—速度同步欺骗干扰的干扰机组成

7.5 对雷达 AGC 电路的欺骗干扰

7.5.1 跟踪雷达的 AGC 电路

设 $[S_{i\,min}, S_{i\,max}]$ 为接收机的输入信号动态范围，$[S_{o\,min}, S_{o\,max}]$ 为接收机的输出信号动态范围，在正常情况下，接收机的增益范围为

$$\left[G_{min} = 10 \lg \frac{S_{o\,max}}{S_{i\,max}}, \ G_{max} = 10 \lg \frac{S_{o\,min}}{S_{i\,min}} \right] \tag{7-123}$$

AGC 电路的工作原理如图 7-38 所示，它对接收机包络检波、相位检波和视频放大后的输出信号进行时频滤波，由距离波门进行时域选通，由多普勒滤波器进行频域滤波，选择相应的参考输出信号(通常为需要跟踪的目标回波信号)功率 S_o，然后按照一定的控制方式进行连续积累(低通滤波)，以便消除信号瞬时起伏对增益控制平稳性带来的影响，产生与 S_o 对应的增益控制电压 U，再由电压 U 控制接收机增益 G，从而使输入、输出信号功率满足如下关系：

$$S_o = S_i G \in [S_{o\,min}, S_{o\,max}], \quad \forall S_i \in [S_{i\,min}, S_{i\,max}] \tag{7-124}$$

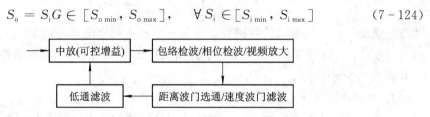

图 7-38 AGC 电路的工作原理

$[S_{o\,min}, S_{o\,max}]$ 也是接收机信号处理电路正常工作时的信号功率范围，如果输出信号超出该范围，都可能引起接收机或信号处理机的工作异常或性能下降(如信号过大时接收机饱和，信号过小时无法检测等)。AGC 电路的另一个重要参数是响应时间 T，为了避免短暂出现的大信号对 AGC 电压的影响，在 AGC 电路中普遍采用较大时常数的积分环节来稳定增益控制电压 U，从而在输入信号功率变化时，AGC 电压的响应有一定的滞后，而在此滞后时间内，由于 AGC 电路正处于动态调整过程中，输出信号的功率是不一定合适的，甚至可能超出原定的输出动态范围。典型 AGC 的动态响应如图 7-39 所示。

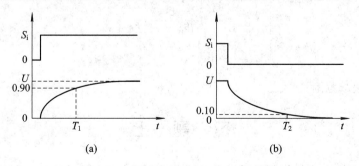

图 7-39 AGC 电路的响应时间

其中图(a)为从小信号状态到大信号状态时控制电压 U 的变化，滞后时间为 T_1，图

(b)为从大信号状态到小信号状态时控制电压 U 的变化，滞后时间为 T_2，响应时间 T 则是其平均值，即

$$T = \frac{T_1 + T_2}{2} \qquad (7-125)$$

7.5.2 对 AGC 控制系统的欺骗干扰

除了配合对雷达距离、角度、速度检测、跟踪系统的干扰之外，对 AGC 控制系统的干扰样式还有：通断调制干扰和工作比递减转发干扰。

1）通断调制干扰

通断调制干扰即以已知的 AGC 响应时间 T，周期性地通断干扰发射机，使雷达接收机的 AGC 控制系统在强、弱信号之间不断发生控制转换，造成接收机工作状态和输出信号的不稳、检测跟踪中断或性能下降。根据 AGC 电路的工作原理，在干扰机发射期间进入雷达接收机输入端的干扰功率 P_{rj} 与目标回波功率 P_{rt}（也近似为干扰机关闭期间的剩余功率）之比（输入端干信比）应大于输出动态范围，即

$$1 + \frac{P_{rj}}{P_{rt}} > \frac{S_{o\ max}}{S_{o\ min}} \qquad (7-126)$$

才能使通断干扰后的雷达接收机暂态输出越出原定的输出动态范围，且干信比越大，越出的范围也越大，时间越长，效果越好。通断工作比 τ/T 对 AGC 电路的性能也有一定影响，一般选为 $0.3 \sim 0.5$。

2）工作比递减转发干扰

工作比递减转发干扰即是在通断周期 T 内，逐渐改变干扰发射工作 τ 的时间宽度，改变的方式通常有均匀变化和减速变化两种，分别如下面两式所示：

均匀变化：

$$\frac{\tau}{T} = D_{j\ max} - V_D t \qquad 0 \leqslant t < T_D \qquad (7-127)$$

减速变化：

$$\frac{\tau}{T} = D_{j\ max} - \ln(at+1) \qquad 0 \leqslant t < T_D \qquad (7-128)$$

式中，$D_{j\ max}$ 为最大工作比，T_D 为变化周期，V_D、a 则根据最小工作比 $D_{j\ min}$ 确定：

$$\begin{cases} V_D = \dfrac{D_{j\ max} - D_{j\ min}}{T_D} \\ a = \dfrac{1}{T_D}[e^{(D_{j\ max}-D_{j\ min})} - 1] \end{cases} \qquad (7-129)$$

常用的工作比递减范围是 $D_{j\ min} = 0.2$，$D_{j\ max} = 0.8$。

习 题 七

1. 简述欺骗性干扰的作用原理以及与遮盖性干扰的区别，比较质心干扰、假目标干扰和拖引干扰的特点，说明为什么欺骗干扰大多用于目标的自卫干扰。

2. 某作战飞机装有距离欺骗干扰机，已知威胁雷达可跟踪径向速度为 1500 m/s 的高

速目标，最大跟踪距离为 30 km，AGC 系统的响应时间为 0.5 s，脉冲重复周期为 0.3 ms，目标丢失后等待 20 个脉冲重复周期再转入搜索，火力系统有效射程为 20 km，杀伤半径为 100 m。

(1) 试设计距离波门拖引干扰的各时间参数与拖引速度。

(2) 如果飞机本身以径向速度 500 m/s 接近雷达，干扰机要对雷达形成一个以径向速度 500 m/s 背离雷达运动的拖引假目标，则如何选择收到雷达信号后进行干扰的拖引干扰函数？

(3) 如果雷达的脉冲重复周期是非稳定的，能否实现距离波门的前拖干扰？如何设计此时拖引干扰的时间和参数？

3. 已知某连续波雷达采用正向锯齿波调频测距，其调频周期为 10 ms，调频带宽为 100 MHz。

(1) 如果给雷达造成一个距离为 20 km 的假目标，则该目标与雷达当前发射信号的频率偏移应为多少？

(2) 如果假目标干扰机与雷达的距离为 40 km，要给雷达造成一个距离为 20 km 的假目标，应对收到的雷达信号进行多少频率偏移调制？

4. 已知 A、B 两目标均位于暴露式圆锥扫描雷达的跟踪角内，两目标的张角为 3°，相对于锥扫中心的位置如题 4 图所示。若 A 目标信号功率为 B 目标的 4 倍，试求此时的两维角度跟踪误差电压。在该误差电压作用下，天线的锥扫中心将如何运动？跟踪的稳定指向位置在哪里？

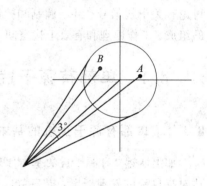

题 4 图

5. 已知线性扫描角跟踪雷达的天线扫描周期为 10 s，扫描范围为 30°，波束宽度为 2°，可跟踪角度为 0.1°/s 的运动目标，捕获目标需要一个天线扫描周期。试设计角度波门挖空干扰的时间和拖引函数。

6. 单脉冲角度跟踪与圆锥扫描角度跟踪、线性扫描角度跟踪有哪些差异？实现非相干干扰、相干干扰需要哪些基本条件？这些干扰是否也可用于干扰圆锥扫描角度跟踪雷达和线性扫描角度跟踪雷达？

7. 某飞机两翼展 30 m，正面相距单脉冲雷达 10 km，采用相干干扰，到达雷达天线口面的干扰信号相位差为 180°，功率比为 0.95。试求其对雷达角跟踪所造成的角度误差。

8. 某雷达可检测和跟踪径向速度为：-1000 m/s～1000 m/s、加速度为 $2g$ 的目标，AGC 电路等的响应时间为 0.5 s。其中 g 为重力加速度。

(1) 如果忽略干扰机与雷达之间的运动，要形成一个以径向速度为 300 gm/s 接近雷达运动的假目标，则应如何设计干扰信号的多普勒频移？

(2) 如果干扰机与雷达之间已有 100 m/s 的径向运动，要形成一径向速度为 300 m/s 接近雷达运动的假目标，则应如何设计干扰信号的多普勒频移？

(3) 试设计对该雷达进行速度波门拖引干扰的时间和拖引函数。

第8章 干扰机构成及干扰能量计算

有源干扰的基本原理是发射适当的干扰信号进入雷达接收机，以此破坏和扰乱雷达对目标的检测和跟踪。为了完成预定的作战任务，产生出满足复杂电磁环境要求的干扰信号，达到有效干扰的目的，现代雷达有源干扰系统必须合理地组织、管理、控制和利用各项干扰资源，制定有效的干扰策略和干扰样式，以期达到对整个战场环境的威胁雷达信号形成最佳干扰的目的。

本章首先讨论空间集中式单部遮盖性干扰与欺骗性干扰的干扰机组成，工作原理和主要的性能指标，讨论这两种干扰资源的有效干扰空间，干扰能量的计算和时间计算，然后讨论有关干扰信号产生、调制和控制方面的若干关键技术，最后讨论空间分布式干扰系统的组成、工作原理和有效干扰空间。

8.1 单部有源干扰系统的基本组成和主要性能指标

8.1.1 单部有源干扰机的基本组成

如上所述，有源干扰的基本原理分为遮盖性干扰和欺骗性干扰，它们分别是从降低雷达对真目标的发现概率，提高雷达检测的虚警概率，炮制错误的目标参数等方面来破坏和扰乱雷达的正常工作的。单部有源干扰机是指在空间集中在一起的一个干扰系统，它也是组成空间分布式有源干扰系统的基础，是在战场综合电子战系统的统一指挥控制、信息支援条件下，执行作战任务的基本单元。

典型的单部有源雷达干扰系统组成如图 8-1 所示。其中雷达侦察引导子系统是由战区内陆、海、空、天分布的各种雷达侦察平台与本机的侦察引导资源共同担任的，负责提供本干扰机所在当前战场电磁环境中敌方威胁雷达的信息，并将本机侦收的结果提交上级指控中心；然后雷达系统综合上级指控中心的管理控制命令和本机侦收结果，确定各威胁雷达的威胁等级，分配和调用本机所辖的干扰资源，为其制定最合适的干扰样式和干扰参

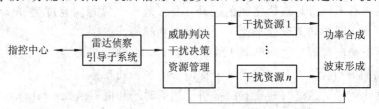

图 8-1 单部有源雷达干扰系统的组成

数,经过功率合成与波束形成,向指定的空间发出各种干扰信号。

常用的干扰资源主要有:以压控振荡器(VCO)为代表的引导式干扰资源,以射频存储(RFM)为代表的转发式干扰资源,以数字干扰合成为代表的数字合成(DJS)式干扰资源。

1) 引导式干扰资源的基本组成

引导式干扰资源的基本组成如图 8-2 所示。引导式干扰资源的工作过程是:由干扰决策和资源管理单元提供的威胁雷达信号频率数据 f_0,调频干扰波形和参数数据 FM,调幅干扰波形和参数数据 AM,通过频率设置电路产生对应的直流调谐电压 $U(f_0)$,控制 VCO 振荡器的中心频率 f_{j0},并力求使频率偏差 $\Delta f = |f_{j0} - f_0|$ 尽可能小(该偏差一般称为置频误差或频率瞄准误差);调频信号产生电路输出指定调制波形和参数的频率调制信号 $U_{FM}(t)$,使 VCO 以 f_{j0} 为中心,产生指定带宽 Δf_j 的调频干扰信号;调幅信号产生电路输出指定调制波形和参数的幅度调制信号 $U_{AM}(t)$,使输出干扰信号幅度发生相应的变化。

图 8-2　引导式干扰资源的基本组成

目前引导式干扰资源的 VCO 大多采用微波固态器件,具有较高的调频斜率,容易获得很大的 Δf_j。幅度调制主要采用固态 PIN 调制器,其它电路主要采用 FPGA 和 DAC 混合电路,具有良好的波形产生和参数设置的数字编程控制能力,简捷可靠,价格低廉。它的主要缺点是输出信号与雷达信号非相参,因此在相参雷达信号处理的过程中干扰能量的分布较为分散。

2) 转发式干扰资源的基本组成

转发式干扰资源的基本组成如图 8-3 所示。转发式干扰资源的基本干扰信号来源于被干扰的雷达发射信号,因此自身必须具有接收机。转发式干扰发射之前一般由干扰决策和资源管理单元提供初始引导,首先需要判断当前是否存在需要干扰的威胁雷达信号,是否需要对其实施转发式干扰。如果确实存在需要实施转发式干扰的威胁雷达信号,则还要设置转发式干扰资源当前的工作频段、转发干扰的调制样式和调制参数等。转发式干扰资源具有直接转发、存储转发和组合转发 3 种工作模式。

直接转发干扰是将接收天线截获的带内信号经过带通滤波、低噪声放大、定向耦合器,主路输出经过移频调制、激励放大和末级功放,输出干扰信号。定向耦合器的辅路输出信号经过包络检波、放大、门限检测后送交干扰调制信号产生电路。干扰调制信号产生电路输出移频干扰的调制信号和末级功放的脉冲调制信号。因此直接转发干扰信号本质上是对接收信号的移频和放大,具有较好的相参性,也容易获得很大的瞬时带宽,且只要信号处于其瞬时带宽内,反应十分迅速,但每次只能产生一个转发信号,还必须具有良好的收发隔离度。对此将在 8.4 节详细讨论。

与直接转发干扰不同的是:存储转发干扰是将定向耦合器的主路输出送给了 RFM,由 RFM 完成射频信号的保存和输出,相应的干扰调制信号产生电路需要产生对 RFM 的一系列控制信号。如果忽略 RFM 的失真,则存储转发干扰信号也是对接收信号的多次延迟、

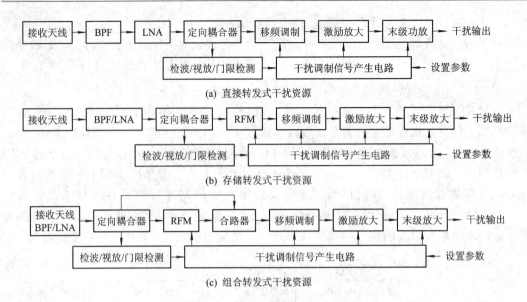

(a) 直接转发式干扰资源

(b) 存储转发式干扰资源

(c) 组合转发式干扰资源

图 8-3　转发式干扰资源的基本组成

移频和放大，同样具有较好的相参性。RFM 的种类很多，瞬时带宽差别很大，如果信号处于其瞬时带宽内，反应也比较迅速，且每次能产生许多个转发信号。详情将在 8.5 节详细讨论。

组合转发干扰综合了直接转发干扰快速和存储转发干扰多次的特点，通过合路器将两种干扰信号组合在一起，并且可以分别控制两者转发干扰信号的功率，在一般情况下使直接转发干扰工作在线性增益状态，以满足收发隔离的要求；使存储转发干扰工作在饱和发射状态，以获得最大的干扰输出功率。

3）数字合成式干扰资源的基本组成

数字合成式干扰(DJS)资源是随着近年来高速数字电路和器件技术的发展而出现在雷达干扰领域的，其基本组成如图 8-4 所示。这种干扰资源的工作过程是：干扰判决管理单元提供需要同时干扰的基带信号种类 n，每一种信号的调制样式和调制参数，或者是每一种信号的功率谱。数字干扰波形合成单元按照上述要求首先产生相应的 n 种基带干扰信号合成波形的连续数据流，为了获得尽可能大的瞬时干扰带宽，基带干扰信号通常采用正交零中频数字波形，直接通过双路 DAC 转换成为正交零中频模拟信号，或者通过数字上变频(DUC) 和 DAC 后，成为具有一定非零载频的基带干扰信号，再经过变频、滤波达到指定的微波频段。在理想情况下，DJS 输出的每一区干扰功率谱都是对该区内威胁雷达信号的最佳干扰样式。因此 DJS 干扰的突出优点是：便于连续、同时干扰多威胁信号，干扰功率谱的分配和使用合理，合成干扰信号的精度高。但 DJS 的波形数据生成需要一定的时间，因此它的反应时间比较长，此外它对后续模拟电路的线性要求较高，否则会引起较大的同时多信号交调。

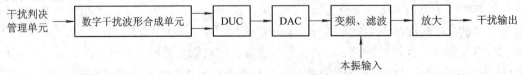

图 8-4　数字合成式干扰资源的基本组成

8.1.2　分布组网式有源雷达干扰系统的基本组成

早期的雷达干扰系统将引导、指控和干扰设置在同一平台上，无需使用无线数据链路，适于独立作战使用。以后加装了简单的通信链路，可以实现简单的人工指挥和任务分配。随着战场电磁信号环境的日趋复杂，威胁雷达的不断增加，迫使干扰系统的规模急剧膨胀，战术技术指标要求越来越高，而各种限制条件却越来越苛刻，甚至到了无法实现的程度。

分布组网式有源雷达干扰系统是由若干雷达侦察引导传感器、指控中心和雷达干扰机通过专用或通用数据链路组织在一起的，它的作战对象是战场环境中的全体敌方威胁雷达。雷达侦察引导传感器网络向各级指控中心报告当前战场的威胁雷达信息和威胁态势，指控中心完成战场威胁判决、干扰决策、干扰资源管理和控制，并将决策结果分发给各干扰机和干扰资源。雷达干扰系统一般采用地域分层组网原则，就近引导、指控和干扰，再由指控中心完成与高层系统的信息交互。

8.1.3　有源雷达干扰系统的主要性能指标

有源雷达干扰系统包括侦察引导资源(含指挥控制)和干扰发射资源两个子系统，其中有关雷达侦察引导子系统的主要性能指标可参见第 5 章，本节主要讨论与干扰发射资源有关的性能指标。

1. 有效辐射功率(ERP)

有效辐射功率是干扰机的发射功率 P_J 与干扰发射天线增益 G_J 的乘积，即

$$\text{ERP} = P_J G_J \tag{8-1}$$

它表明了干扰机在主瓣方向上的干扰发射功率。对于采用 n 阵元空间发射功率合成方式的干扰机

$$\text{ERP} = \eta P_J G_J n^2 \tag{8-2}$$

式中，P_J、G_J 分别为每个阵元的发射功率和增益，η 为合成效率。在一般情况下，干扰机末级功放处于饱和输出状态，P_J 就是其饱和输出功率 P_{JS}，与接收到的雷达信号功率 P_{in} 无关(恒功率发射)。但对于直接转发式的干扰发射机，当 P_{in} 低于饱和输入信号功率 P_{ins}(通常 $P_{ins} = P_{JS}/K_P$，K_P 为转发增益)时，其 P_J 是对 P_{in} 的线性放大(恒增益发射)；当 P_{in} 高于 P_{ins} 时，输出信号功率为饱和输出功率 P_{JS}，即

$$P_J = \begin{cases} K_P P_{in} & P_{in} < P_{ins} \\ P_{JS} & P_{in} \geqslant P_{ins} \end{cases} \tag{8-3}$$

2. 干扰的工作频率范围 Ω_{JF}、干扰带宽 Δf_j、频率引导精度 δf_J、引导时间 t_{JF}

Ω_{JF} 是指干扰发射机能够工作的频率范围，通常应包括所有预定被干扰雷达的工作频率范围；Δf_j 是指任意瞬间干扰的功率谱宽度；δf_J 是指干扰发射信号与被干扰雷达中心频率的偏差；t_{JF} 是指从被干扰雷达信号到达至发出指定干扰信号之间的时间间隔。

对于引导式干扰资源，δf_J 主要是测频误差 δf 与置频误差 δf_s 的代数和：$\delta f_J = \delta f + \delta f_s$。对于频率瞄准式干扰，通常要求 $\delta f_J < \Delta f_r/2$；对于频率阻塞式干扰，通常要求 $\delta f_J < \Delta f_j/2$。$t_{JF}$ 主要是测频时间 t_f 与置频时间 t_{fs} 之和：$t_{JF} = t_f + t_{fs}$。对于 SFJ，通常要求 $t_{JF} <$

$2\Delta R_{tj}/c$，ΔR_{tj} 为近距离干扰与目标相对于被干扰雷达的导前距离，以便能够瞄准干扰捷变频雷达；对于其它干扰，t_{JF} 应尽可能小于被干扰雷达的变频时间，以便采用频率瞄准干扰。对于转发式干扰资源，通常 $\delta f_J = 0$，t_{JF} 为最小转发迟延。对于波形合成式干扰资源，由于数值计算的精度很高，δf_J 主要来自测频误差 δf，但 t_{JF} 是测频时间 t_f 与波形数据产生、处理、合成输出时间之和，需要的时间较长。

3. 干扰的工作空间范围 $\Omega_{J\theta}$、干扰波束宽度 $\Delta\theta_J$、指向引导精度 $\delta\theta_J$、指向引导时间 $t_{J\theta}$

$\Omega_{J\theta}$ 是指干扰发射天线能够指向的角度范围，通常应包括所有预定被干扰的雷达方向；$\Delta\theta_J$ 是指任意时刻干扰波束 3 dB 点之间的宽度；$\delta\theta_J$ 是指干扰发射天线对被干扰雷达方向的指向偏差；$t_{J\theta}$ 是指从被干扰雷达信号到达至对其方向发出干扰信号之间的时间间隔。

对于引导式干扰资源，$\delta\theta_J$ 主要是测向误差 $\delta\theta$ 与方向设置误差 $\delta\theta_s$ 的代数和：$\delta\theta_J = \delta\theta + \delta\theta_s$，通常要求 $\delta\theta_J < \theta_J/2$，$\theta_J$ 为干扰发射天线的波束宽度。$t_{J\theta}$ 主要是测向时间 t_θ 与方向设置时间 $t_{\theta s}$ 之和：$t_{J\theta} = t_\theta + t_{\theta s}$。由于被干扰雷达相对于干扰发射天线的方向不会捷变，允许 $t_{J\theta}$ 较长。

4. 干扰的极化方式 F_{JP}、极化引导精度 δP_J、极化引导时间 t_{JP}

F_{JP} 是指干扰发射极化的方式。雷达干扰通常采用圆极化或椭圆极化，以适应于各种线极化的被干扰雷达，仅存在近似为 3 dB 的极化失配损失。由于这种圆或椭圆极化的干扰信号具有两个近似相等的正交线极化分量，且与被干扰雷达信号的极化无关，当雷达采用变极化、正交线极化或极化对消抗干扰措施时，这种不变的圆/椭圆极化干扰会受到很大的抑制。因此近年来出现了极化瞄准干扰方式，使干扰信号的极化尽可能与被干扰雷达的极化一致，不仅可以挽回极化失配损失，而且可以使雷达的上述抗干扰措施失效。δP_J 是指干扰发射信号与被干扰雷达信号的极化偏差；t_{JP} 是指从被干扰雷达信号到达至对其极化发出干扰信号之间的时间间隔。

对于极化引导式干扰资源，δP_J 主要是极化测量误差 δP 与方向设置误差 δP_s 的代数和：$\delta P_J = \delta P + \delta P_s$，一般要求其小于雷达的极化鉴别能力。$t_{JP}$ 是极化测量时间 t_P 与极化设置时间 t_{Ps} 之和：$t_{JP} \approx t_P + t_{Ps}$。

5. 对多威胁雷达的干扰能力

在复杂战场电磁环境中，经常会同时存在多部威胁雷达，雷达干扰系统首先需要通过合理的规划和决策，充分发挥所辖各种干扰资源的干扰能力，有效地干扰多部威胁雷达。但在干扰资源有限或对多威胁雷达不能瞬时分辨的情况下，也需要有一种干扰资源同时干扰多种威胁雷达信号的能力。其中波形合成式干扰在对抗多威胁信号方面具有明显的优势。

8.2　干扰系统的有效干扰空间

干扰系统能够有效破坏或扰乱敌方雷达网对我方目标检测、跟踪的空间范围 Ω_{EJ}，Ω_{EJ} 称为有效干扰空间。对于压制干扰来说，当目标处于 Ω_{EJ} 内时，就能够使雷达对其的检测概率降到 10% 以下；对于欺骗干扰来说，可以在 Ω_{EJ} 内炮制诸多的假目标或错误的目标参数，这些假目标和目标参数都可能被雷达当成真目标和真目标参数进行检测和跟踪。因此 Ω_{EJ}

集中体现了干扰系统的有效干扰能力。

8.2.1　单部干扰资源对单部雷达的基本干扰方程

假设单部干扰资源、单部雷达和目标的空间位置关系如图 8-5 所示，其中雷达天线主瓣指向目标，干扰发射天线主瓣指向雷达，干扰资源、目标相对于雷达空间张角为 θ，则雷达收到的目标回波信号功率 P_{rs} 和干扰信号功率 P_{rj} 分别为

$$P_{rs} = \frac{P_t G_t \sigma A_r}{(4\pi)^2 R_t^4} = \frac{P_t G_t^2 \lambda^2 \sigma}{(4\pi)^3 R_t^4} \qquad (8-4)$$

$$P_{rj} = \frac{P_J G_J G_t(\theta) \gamma_J}{4\pi R_j^2} = \frac{P_J G_J \lambda^2 G_t(\theta) \gamma_J}{(4\pi)^2 R_j^2} \qquad (8-5)$$

式中，P_t、G_t、A_r、σ、R_t 分别为雷达发射脉冲功率(W)、发射天线增益、接收天线有效面积(m^2)、目标的雷达截面积(m^2)、目标与雷达之间的距离(m)，λ 为工作波长(m)，$A_r(\theta)$、$G_t(\theta)$、γ_J、R_j 分别为雷达天线在干扰机方向的等效面积(m^2)、等效增益、极化失配损失(圆极化对线极化为 0.5)、干扰机至雷达的距离(m)。

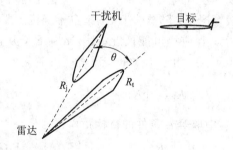

图 8-5　空间关系示意图

干扰机能够对雷达实施有效干扰的空间能量条件和时间条件分别是：

$$\begin{cases} \dfrac{P_{rj}}{P_{rs}} \geqslant K_J \\[2mm] t_{rj} \leqslant t_{rs} + \Delta t \end{cases} \qquad (8-6)$$

式中，K_J 定义为在雷达接收机输入端的压制系数，对于矩形谱的干扰带宽 Δf_j 和矩形响应的雷达接收机带宽 Δf_r，

$$K_J = \frac{\Delta f_j}{\Delta f_r} K_a \qquad (8-7)$$

t_{rj}、t_{rs}、Δt 分别为干扰反应时间、雷达对目标信息的检测时间和雷达的时间分辨力。满足式(8-6)的目标所在空间称为在单部雷达、单部干扰机条件下的有效干扰空间 $\Omega_{EJ}^{1;1}$，即它满足干扰方程：

$$\Omega_{EJ}^{1;1} = \left\{ (\theta, R_t) \left| \frac{G_t(\theta)}{G_t} R_t^4 \geqslant K_J \frac{P_t G_t \sigma R_j^2}{4\pi P_J G_J \gamma_J}, \ t_{rj} \leqslant t_{rs} + \Delta t \right. \right\} \qquad (8-8)$$

$\Omega_{EJ}^{1;1}$ 在平面上的典型示意图如图 8-6(a)所示，它以雷达和干扰机所在位置为参考，在不同方向的边界线与雷达的距离取决于雷达天线的方向图特性。在干扰机方向的距离最近。如果干扰机近似与被掩护目标同方向，$G_t(\theta) \approx G_t$，则干扰方程中的能量条件成为

$$R_t \geqslant \left(K_J \frac{P_t G_t \sigma R_j^2}{4\pi P_J G_J \gamma_J} \right)^{\frac{1}{4}} \qquad (8-9)$$

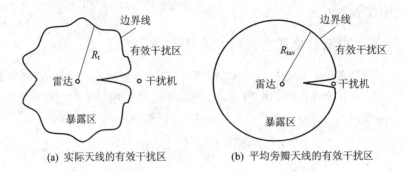

(a) 实际天线的有效干扰区　　　　　　(b) 平均旁瓣天线的有效干扰区

图 8-6　能量条件下的平面有效干扰区示意图

如果将雷达天线的旁瓣用平均旁瓣描述，则旁瓣干扰不等式为

$$R_{\text{tav}} \geqslant \left(K_J \frac{P_t G_{\text{tav}} \sigma R_j^2}{4\pi P_J G_J \gamma_J} \right)^{\frac{1}{4}} \qquad \theta \in \text{雷达天线旁瓣区间} \tag{8-10}$$

如图 8-6(b)所示，除了在主瓣方向的边界线较近以外，其它方向是圆弧。为了充分发挥干扰能量的作用，应尽可能将干扰机配置在目标方向，这也是各种干扰功率设计及其相对空间配置的基本原则。在一般情况下，随队、伴飞、拖曳干扰机主要伴随在目标附近；近距离干扰不仅配置在目标方向上，且应尽可能抵近雷达，$R_j \ll R_t$，从而利用距离优势扩大 $\Omega_{\text{EJ}}^{1,1}$ 或节省干扰功率；对于自卫干扰，由于 $R_j = R_t$，不等式可简化为

$$R_t \geqslant \left(K_J \frac{P_t G_t \sigma}{4\pi P_J G_J \gamma_J} \right)^{\frac{1}{2}} \tag{8-11}$$

满足不等式(8-9)、(8-11)中取等号条件的目标距离称为最小干扰距离，

$$R_{t\,\min} = \left(K_J \frac{P_t G_t \sigma R_j^2}{4\pi P_J G_J \gamma_J} \right)^{\frac{1}{4}} \text{ 或 } R_{t\,\min} = \left(K_J \frac{P_t G_t \sigma}{4\pi P_J G_J \gamma_J} \right)^{\frac{1}{2}} \tag{8-12}$$

它总是出现在雷达、目标、干扰机共线的方向上。

K_J 称为在雷达接收机输入端实现有效干扰的干扰信号功率与目标回波信号功率之比，简称为压制系数，它是干扰信号调制样式、调制参数和雷达信号形式、参数和信号处理方法等诸多因素的复杂函数(详见第 6、7 章内容)。

在理论上，雷达只需要发射一个脉冲就可以确定目标的距离，单脉冲雷达还可以确定目标的方向，因此 t_{rs} 就是雷达通过收发一个射频脉冲就可检测目标信息的时间，

$$t_{\text{rs}} = \frac{2R_t}{c} \tag{8-13}$$

对于在收到当前雷达发射脉冲之前就可利用先期引导信息发出的干扰(如宽带阻塞干扰、扫频干扰和对固定频率雷达的瞄准干扰等)，只要先期引导成功，就可以始终满足时间条件；对于必须利用雷达当前发射脉冲信息才能实时引导的干扰(如典型的 DRFM 干扰，对捷变频雷达的频率瞄准干扰等)，则需要有电波空间传播和引导处理的时间，

$$t_{\text{rj}} = \begin{cases} 0 & \text{先期引导干扰} \\ \dfrac{2R_j}{c} + \Delta t_j & \text{实时引导干扰} \end{cases} \tag{8-14}$$

其中，Δt_j 是干扰机的实时引导时间，也称为最小反应时间。实时引导干扰的时间条件是将 $\Omega_{\text{EJ}}^{1,1}$ 限制在以雷达为圆心，以 $c t_{\text{rj}}/2$ 为半径的球面之外的空间，其平面投影如图 8-7 所示。

根据式(8-13)，减小 t_{rj} 的主要措施分别是采用近距离抵近干扰和减小信号处理时间。

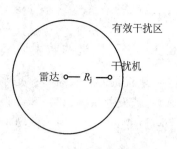

图 8-7　干扰方程的时间条件

实际雷达为了获取目标速度信息和改善检测信噪比，一般都采用 n 个脉冲积累，特别是相干脉冲积累检测，其连续发射的若干个脉冲的频率和调制都是相同的，如果由于引导时间的存在，使同频脉冲串中的第 1 个脉冲未受到干扰，而后续的脉冲受到了干扰，则对总的干扰效果影响较小，也等效于放宽了对 t_{rj} 的约束条件。这对在频率成组捷变雷达的干扰中是可以采用的。

8.2.2　多部干扰资源对多部雷达的有效干扰空间

假设 t 时刻第 i 部干扰资源对第 j 部雷达的有效干扰空间为 $\Omega_{EJ}^{i,j}(t)$，该时刻对该雷达实施干扰的多部干扰资源子集为 $\boldsymbol{J}_j(t)$，则 $\boldsymbol{J}_j(t)$ 对该雷达的有效干扰空间为各干扰资源对该雷达干扰功率非相干合成后的有效作用空间：

$$\Omega_{EJ}^{j}(t) = \left\{ (\theta, R_t) \left| \frac{\sum\limits_{i \in \boldsymbol{J}_j(t)} P_{rj,i}(t)}{P_{rs}} \geqslant K_J ; t_{rj,i} \leqslant t_{rs} + \Delta t_i, i \in \boldsymbol{J}_j(t) \right. \right\} \quad (8-15a)$$

式中，$P_{rj,i}(t)$、$t_{rj,i}$、Δt_i 分别为该雷达收到 i 干扰源的功率、i 干扰信号的传输迟延和 i 干扰机的实时引导时间。由于式(8-15a)的计算较复杂，有时采用各有效干扰空间的合并来近似。即只要有一部干扰资源能够有效干扰的空间就是多资源干扰的有效干扰空间：

$$\Omega_{EJ}^{j}(t) \supset \Omega_{EJ}^{j}(t) = \bigcup_{i \in \boldsymbol{J}_j(t)} \Omega_{EJ}^{i,j}(t) \quad (8-15b)$$

对于由 m 部雷达组成的雷达网，在最苛刻的条件下，可以认为必须是对各雷达有效干扰空间的相交空间才是对该雷达网的有效干扰空间。即必须是对所有雷达都能有效干扰的空间才是对组网雷达的有效干扰空间：

$$\Omega_{EJ}(t) = \bigcap_{j=1}^{m} \Omega_{EJ}^{j}(t) \quad (8-16)$$

该式表明，雷达干扰系统应该根据目标的空间位置和运动，雷达网的威力范围和空间分布，及时、合理地调配和管理所辖的有限干扰资源，构成合理、有效的干扰空间。

8.3　干扰机的收发隔离与效果监视

使干扰发射机的发射信号不影响自身侦察接收机的正常工作，称为收发隔离。在实施干扰的过程中，通过侦察接收机监视周围威胁电磁信号环境和被干扰的威胁雷达信号变化，由此判断干扰效果的优劣，称为效果监视。显然，收发隔离是效果监视的前提和保证。

收发隔离是收发双工的电磁系统普遍存在的问题，主要是在时间、空间、频谱、极化等方面采取一定的措施，从而达到收发隔离的要求。而在雷达干扰机中存在的困难主要是：干扰机的发射和接收往往是同距离或近距离、同频率、同方向、同带宽的，且干扰机的辐射功率很大，远远高于侦察接收设备的灵敏度。收发隔离不好，轻则降低侦察接收机的实际灵敏度，减小侦察作用距离，重则使干扰机自发自收，形成收发自激，无法检测雷达信号。

8.3.1 干扰机的收发隔离

干扰机的收发隔离程度称为收发隔离度，简称为隔离度。通常在干扰机的发射天线输入端(或发射机输出端)和接收天线输出端(或接收机输入端)测量，如图 8 - 8 中的 A、B 两点，隔离度 g 一般用分贝(dB)表示

$$g = 10 \lg \frac{P_j}{P_r} \quad \text{(dB)} \tag{8 - 17}$$

式中，P_j、P_r 分别为发射天线端口的输出信号功率和接收天线端口的输入信号功率。干扰机对收发隔离度的基本要求(或称为隔离度门限 g_J)为

$$g_J = 10 \lg \frac{P_j}{P_{r\,min}} \quad \text{(dB)} \tag{8 - 18}$$

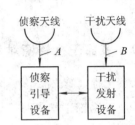

图 8 - 8　收发隔离示意图

式中，P_j、$P_{r\,min}$ 分别是干扰发射机的输出功率和侦察接收机灵敏度。如果干扰机的实际隔离度高于该门限，即 $g > g_J$，则可以保证干扰机工作时不会发生收发自激(但不能保证侦收信号信噪比不降低)；如果 $g \leqslant g_J$，则会出现干扰机收发自激。

实现收发隔离的主要方法有 3 种。

1. 降低收发天线之间的耦合

收发天线间的耦合包括直接耦合(由发射天线直接传播到接收天线)和间接耦合(发射天线经由其它路径传播到接收天线)。降低各种耦合的主要措施有：

(1) 增大收发天线间的距离。每增加 1 倍距离，可使直接耦合的隔离度提高 6.02 dB；

(2) 减小收发天线相互指向的旁瓣电平。天线设计采用低旁瓣措施，周围附加吸收材料，根据实际安装空间和周围背景，选择收发天线彼此耦合最弱的安装位置和安装方向。

(3) 极化隔离。选择左、右旋圆极化或正交斜线极化分别用作接收和发射天线。从原理上讲，完全正交的两种天线极化可使相互间的耦合为 0。但实际天线都存在交叉极化分量，因此在宽频带内，极化隔离得到的隔离度仅为 10~20 dB。由于在宽频带内线极化的正交分量会比圆极化的正交分量低 10~15 dB，因此在许多场合采用正交斜 45°线极化的收发天线。

(4) 在收发天线之间增加吸收性隔离屏，使其不能直接传播；对发射天线周围的金属材料表面进行电波吸收处理，降低间接耦合。

2. 采用收、发时分工作方式

由于隔离度的门限要求很高，而提高实际隔离度又受到各种因素的限制，因此在许多干扰机中普遍采用收、发时分工作方式，即对干扰机的发射时间开窗(Lookthrough)，在窗口宽度 t_w 内关闭干扰发射，保证侦察机在窗口内具有足够的侦察引导工作时间。窗口宽度之外为干扰发射时间，此时闭锁侦察接收机。窗口周期 T_w 应视侦察接收机的工作需要设定，但总的工作比

$$\frac{t_w}{T_w} \leqslant 1\% \sim 5\% \tag{8 - 19}$$

3. 灵敏度—发射功率控制

该方法是根据当前接收信号功率和干扰发射功率之间的需求关系，动态地调整接收机灵敏度和干扰发射功率，使其满足式(8-18)的要求。该方法特别适合于转发式自卫干扰机，当接收雷达信号功率小时，目标距离远，需要的干扰功率也可以适当减小；接收雷达信号功率大时，目标距离近，需要的干扰功率也要增大。只要保持转发增益低于隔离度门限，就可以有效地达到收发隔离的目的。

8.3.2　干扰效果的监视

效果监视的主要任务是：

(1) 监视周围威胁雷达信号环境有无变化。这些变化包括出现了新的威胁雷达信号，原有的威胁雷达信号消失了，威胁雷达信号的参数或威胁程度发生了变化等。

(2) 监视被干扰的威胁雷达信号参数变化，以便实时调控干扰参数，分析和判断干扰效果，修订干扰样式和对干扰资源的分配决策控制命令等。

(3) 监视干扰信号和被干扰雷达信号之间的调控状态，如频率是否对准，方向是否对准等。

效果监视是在收发隔离的条件下进行的，如果干扰机没有采用收发时分工作方式就达到了收发隔离的要求，则监视是连续进行的；反之，如果干扰机采用收发时分隔离工作方式，则监视也是间断进行的。

侦察接收机的干扰效果监视是在执行侦察引导任务的同时完成的，其信号处理与一般干扰引导的主要差别是注重比较干扰执行过程中被干扰雷达信号发生的各种变化，一方面用来对干扰决策控制和干扰调制参数进行引导，如引导干扰发射信号的频率、方向对准威胁雷达信号的频率和来波方向，根据雷达信号的参数变化制定更加合适的干扰调制样式等，另一方面用来分析、判断当前的干扰效果。

由侦察接收机通过信号处理来实施分析判断干扰效果是很不容易的。这是由于干扰效果最终表现为被干扰的雷达系统功能和性能的变化，这些变化并不一定表现在雷达的发射信号中，而侦察接收机只能根据接收到雷达发射信号的变化进行分析和判断，这种分析和判断显然是不全面、不充分的。

8.4　载频移频技术

雷达普遍利用运动目标回波中的多普勒频率，实现其在杂波和无源干扰背景中对运动目标的检测、显示、识别、选择和跟踪。因此，对这类雷达实施速度欺骗干扰的一个重要方法，就是对接收到的雷达信号频率进行适当的移频调制，从而破坏或扰乱雷达对真实目标的检测、显示、识别、选择和跟踪。

假设输入信号的频率为 f_0，经移频调制后的输出信号频率为 $f_0 + f_{dj}$，其中 f_{dj} 就是需要产生的干扰频移。载频移频电路的主要技术要求有以下 3 类。

1. 工作频率范围

目前具有动目标信号处理能力的雷达很多，频率覆盖范围很宽，干扰机需要尽可能干扰各种频率的雷达,其工作频率范围也很宽,一般为 1 到几个倍频程。

2. f_{dj} 的范围、精度 δf 和步进 Δf

作为速度欺骗干扰,f_{dj} 的范围与动目标回波信号中多普勒频率的范围一致,一般为数十千赫,毫米波频段可达兆赫级。f_{dj} 的精度 δf 与雷达对动目标信号的测量、跟踪精度相对应,一般为数十赫。f_{dj} 的步进 Δf 与雷达速度检测跟踪波门的宽度有关,一般取为速度跟踪波门宽度的 $1/3$,以便在进行速度波门拖引干扰时能够形成近乎连续的速度变化。

3. 载波抑制比 D_c 和杂散抑制比 D_d

由于原理、电路和器件等多方面原因,在移频干扰的输出信号中除了频率为 $f_0 + f_{dj}$、功率为 P_s 的信号以外,还有功率为 P_c 的原载波信号和其它频率分量的信号,若其它频率信号中功率最大的为 P_d,则载波抑制比 D_c 和杂散抑制比 D_d 分别为

$$\begin{cases} D_c = 10 \lg \dfrac{P_s}{P_c} \quad \text{(dB)} \\[2mm] D_d = 10 \lg \dfrac{P_s}{P_d} \quad \text{(dB)} \end{cases} \qquad (8-20)$$

D_c 和 D_d 是衡量载频移频信号质量的重要指标,一般应为 20 dB 以上。实现载频移频的技术主要有调相移频技术、IQ 调制移频技术和变频移频技术等。

8.4.1 调相移频技术

理想的调相移频电路的基本组成如图 8-9(a)所示,输入信号 $s(t)$ 经过移相器与相移因子 $e^{j2\pi f_{dj}t}$ 相乘,输出信号为 $s(t)e^{j2\pi f_{dj}t}$。根据傅立叶变换的频移不变性质,输出信号频谱仅仅是对输入信号频谱的简单频移。对宽带输入射频信号的调相主要有宽带模拟调相和宽带数字调相两类。

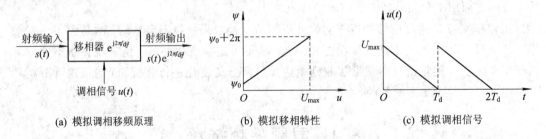

(a) 模拟调相移频原理　　　　(b) 模拟移相特性　　　　(c) 模拟调相信号

图 8-9　模拟调相移频示意图

在图 8-9(b)中,假设射频输出信号相位增量 $\psi(t)$ 与模拟移相器输入调制电压 $u(t)$ 具有无惰性的线性相位关系,

$$\psi(t) = \psi_0 + ku(t), \ 0 \leqslant u(t) < u_{\max}, \ ku_{\max} = 2\pi, \ k > 0, \ \forall t \qquad (8-21)$$

式中 k 为调相斜率(rad/V)。当 $u(t)$ 为负向、周期为 T_d 的锯齿波时,

$$u(t) = u_{\max}\left(1 - \frac{t'}{T_d}\right), \ t' = \mathrm{mod}(t, \ T_d), \ \forall t \qquad (8-22)$$

就可以得到 $[\psi_0, \ \psi_0 + 2\pi)$ 之间的线性相移为

$$\psi(t) = \psi_0 + 2\pi\left(1 - \frac{t'}{T_d}\right), \ t' = \mathrm{mod}(t, \ T_d), \ \forall t \qquad (8-23)$$

对该相位增量求导，可得到输出信号的频率增量（频移）

$$f_{dj}(t) = \frac{\partial \psi(t)}{2\pi \partial t} \equiv -\frac{1}{T_d}, \quad \forall \, t \qquad (8-24)$$

其中的负号表示相位是随着时间减小或输出频率升高的。常用的调相移频器件和电路主要有：模拟固态移相器和行波管螺线电极移相调制电路，虽然它们产生射频相移的物理机理不同，但都能够实现对输入射频信号的调相移频功能。

但在宽带工作条件下，由于其调频斜率的非线性、不一致性，调频锯齿波的非线性和回扫时间等原因，都会影响频移后的输出信号的载波抑制和杂散抑制性能。

在实际工程中使用最多的是固态数字移相器，它是由 PIN 管、变容管、雪崩管等半导体器件与驱动电路共同组成的一种微波器件，可以在较宽的频带内将 $[0, 2\pi)$ 的相位均匀量化为 2^n 个子区间，n 一般为 4～6。在忽略相位误差的情况下，由相位量化误差限制的信噪比为

$$\left(\frac{S}{N}\right)_q = 10 \lg[3(2^n-1)^2] \qquad (dB) \qquad (8-25)$$

固态数字移相器的移相控制电路如图 8-10(a)、(b)所示。图(a)中采用 n 位二进制可逆计数器，计数器的 n 位输出经驱动电路，分别控制移相器中的各相移元件。在 f_{ck} 计数时钟频率下，其移频频率 f_{dj} 和相移周期 T_{dj} 分别为

$$f_{dj} = \frac{1}{T_{dj}}, \qquad T_{dj} = \frac{2^n}{f_{ck}} \qquad (8-26)$$

适当选择 f_{ck} 和正负计数方向，可产生需要的 f_{dj} 绝对值和方向。图(b)是实际工程中应用最多的电路。在时钟 f_{ck} 作用下，m 位相位累加器对加数 N 进行连续累加，累加和的最高位接相移 π 控制引脚，其余次高 $n-1$ 位顺序接其它相移控制引脚。该电路的最小频率步进 Δf 和能够遍历每个相位状态的最大移频值 $f_{dj\,max}$ 分别为

$$\begin{cases} \Delta f = \dfrac{f_{ck}}{2^m} \\[2mm] f_{dj\,max} = \dfrac{f_{ck}}{2^n} = \Delta f \cdot 2^{m-n} \end{cases} \qquad (8-27)$$

移频频率 f_{dj} 取决于加数 N，N 取负数（补码）时的移频方向为输出频率增高，

$$f_{dj} = N \cdot \Delta f \qquad |N| \leqslant 2^{m-n} \qquad (8-28)$$

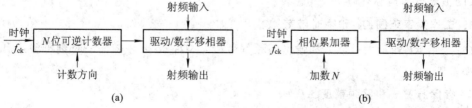

图 8-10 固态数字移相器的相移控制电路

8.4.2 IQ 调制移频技术

IQ 调制移频的关键器件是 IQ 调制器，它是一种模拟器件，如图 8-11(a)所示，输入射频信号经 90°电桥分为正交的两路输出，分别与输入的正交信号 $I(t)$、$Q(t)$ 相乘，两路乘

积信号再经过合成，输出一路上边带或下边带信号，而另一边带信号则通过匹配负载吸收。

利用 IQ 调制器实现移频的电路如图 8-11(b)所示，经电桥后的两路输出信号分别为

$$\begin{cases} s_1(t) = A\cos\omega t \\ s_2(t) = A\cos\left(\omega t - \dfrac{\pi}{2}\right) = A\sin\omega t \end{cases} \qquad (8-29)$$

由正交直接数字合成器(DDS)输出的一对 $I(t)$、$Q(t)$ 信号分别为

$$\begin{cases} I(t) = B\cos\omega_{dj}t \\ Q(t) = B\sin\omega_{dj}t \end{cases} \qquad (8-30)$$

分别相乘再取和、差后可以输出一对上、下边带信号，它们为

$$\begin{cases} s_U(t) = AB(\cos\omega t\,\cos\omega_{dj}t - \sin\omega t\,\sin\omega_{dj}t) = AB\cos(\omega+\omega_{dj})t \\ s_D(t) = AB(\cos\omega t\,\cos\omega_{dj}t + \sin\omega t\,\sin\omega_{dj}t) = AB\cos(\omega-\omega_{dj})t \end{cases} \qquad (8-31)$$

由于电路的幅相平衡和误差等影响，在宽带工作时该电路的载波抑制和杂散抑制一般为 20 dB~30 dB。

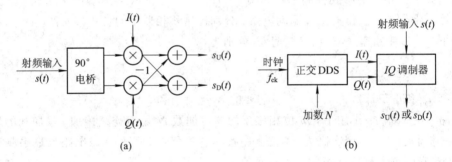

图 8-11　IQ 调制器及其移频调制电路

8.5　数字射频存储(DRFM)干扰技术

射频存储(RFM)是指将收到的雷达射频信号保存一定的时间，需要时再恢复输出。RFM 是转发式干扰机中的关键部件，它在雷达干扰、目标模拟等方面都具有广泛的应用。RFM 的主要技术指标有以下 4 组。

1. 工作频率范围 Ω_{RF} 和瞬时带宽 $\Delta\Omega_{RF}$

Ω_{RF} 是指 RFM 最大可输入和输出的频率范围，$\Delta\Omega_{RF}$ 是指其在任一时刻可输入和输出的频率范围。

2. 存储脉宽 τ_c 和储频精度 Δf

τ_c 是指 RFM 可存储的最大和最小射频脉冲宽度，Δf 是指 RFM 输入与输出信号的频率差。

3. 最小输入信号功率 $S_{i\,min}$、动态范围 D_c 和杂散抑制 d_{sc}

$S_{i\,min}$ 是指 RFM 正常工作时需要的最小输入信号功率，D_c 是指 RFM 允许输入的最大功率 $S_{i\,max}$ 与 $S_{i\,min}$ 之比(以分贝表示)：

$$D_c = 10 \lg \frac{S_{i\,\max}}{S_{i\,\min}} \quad (\text{dB}) \tag{8-32}$$

d_{sc} 是指 RFM 输出中需要的主信号功率 P_m 与不需要的最大杂散功率 P_{sc} 之比（以分贝表示）：

$$d_{sc} = 10 \lg \frac{P_m}{P_{sc}} \quad (\text{dB}) \tag{8-33}$$

4. 最小转发迟延 $\Delta t_{\min}$ 与最大保存时间 T_c

$\Delta t_{\min}$ 是指从射频信号输入到射频干扰信号输出之间的最小迟延时间，T_c 是指输入信号在 RFM 中的最大可保存时间。

此外还有部件的体积、重量、价格、功耗等要求。根据射频信号保存原理的差别，RFM 主要分为模拟储频（ARFM）技术和数字储频（DRFM）技术两类，其中采用光纤、体声波器件、射频电缆等保存模拟信号的 ARFM 技术已在第 7 章中讨论，它们具有 τ_c 和 D_c 范围大、$\Delta t_{\min}$ 小、响应快、原理和技术较为简便、成熟等特点，特别是采用光纤延迟的 ARFM，Ω_{RF} 和 $\Delta\Omega_{RF}$ 很大，体积小、重量轻，至今仍然是 ARFM 的主要方式。

DRFM 出现时间较晚，但它设计使用灵活，T_c 具有明显优势，特别是随着高速 ADC、DAC 和 FPGA 技术的发展，采用幅度量化方式的 DRFM 技术大量应用于各种有源干扰设备。本节主要讨论幅度量化的 DRFM 技术。

8.5.1　DRFM 的基本组成与工作原理

图 8-12 为 DRFM 部件的基本组成。输入信号一般为固定中频的基带信号，定向耦合器将其主路信号分给正交下变频器，辅路信号分给检波/对数视放（DLVA）和门限检测电路。稳定本振对准输入信号的中心频率，经正交下变频和低通滤波后输出一对零中频正交信号 $I(t)$，$Q(t)$，ADC 对两信号连续采样，在信号高于检测门限时，通过写控制电路将此时的采样数据 $I(n)$，$Q(n)$ 写入存储器。门限检测信号同时触发读控制电路和调制电路，其中读控制电路按照预定的方式输出存储器的读出信号（可以进行多次读出），将存储器内写入并保存的数据依次读出，通过干扰调制器进行各种时间、幅度、相位调制后，经两路 DAC 和低通滤波后恢复成为正交模拟信号，再由正交上变频与稳定本振混频、滤波，恢复成为基带干扰信号。

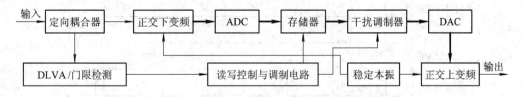

图 8-12　DRFM 部件的基本组成

采用模拟正交变频和采样的优点是可以获得比较大的瞬时带宽，但对上下变频和模拟电路的幅相一致性具有较高要求。如果采样频率为 f_{ck}，则在理论上，

$$\Delta\Omega_{RF} = f_{ck} \tag{8-34}$$

实际工程中为了保证杂散抑制满足指标要求，通常取 $f_{ck} = (1.5 \sim 2)\Delta\Omega_{RF}$。

如果 $\Delta\Omega_{RF}$ 要求较窄，则也可以采用如图 8-13 所示的单通道 DRFM。假设输入窄带信

号频率范围为 $\left[f_0 - \dfrac{\Delta\Omega_{RF}}{2},\ f_0 + \dfrac{\Delta\Omega_{RF}}{2} \right]$，$f_0 > \dfrac{\Delta\Omega_{RF}}{2}$，为了对最高频率信号采样不发生频谱混叠，在理论上要求：

$$f_{ck} > 2\left(f_0 + \frac{\Delta\Omega_{RF}}{2} \right) = 2f_0 + \Delta\Omega_{RF} \tag{8-35}$$

由于基带信号还要经过变频才能达到输出频段，为了抑制变频过程中的高次交调，一般要求：

$$2\left(f_0 - \frac{\Delta\Omega_{RF}}{2} \right) > f_0 + \Delta\Omega_{RF} \tag{8-36}$$

即

$$f_0 > \frac{3}{2}\Delta\Omega_{RF} \tag{8-37}$$

代入式(8-35)，可得

$$f_0 > 4\Delta\Omega_{RF} \tag{8-38}$$

在 ADC 输入信号满量程变换的条件下，量化噪声引起的信噪比 $(S/N)_q$ 与量化位数的关系近似为

$$\left(\frac{S}{N} \right)_q \approx 6.02n + 1.76 \quad (\text{dB}) \tag{8-39}$$

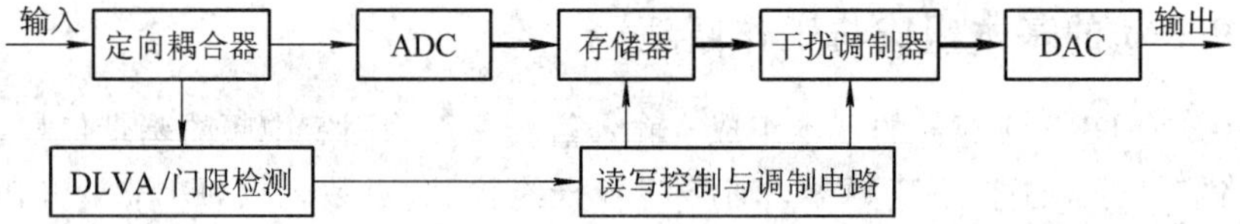

图 8-13 单通道采样 DRFM 部件的基本组成

8.5.2　DRFM 的读写方式

DRFM 中读写控制电路的作用就是在门限检测信号同步触发下，产生指定方式的读写控制信号。主要读写方式有：全脉冲读写，示样脉冲读写，间歇采样读写等。基本控制信号如图 8-14 所示。

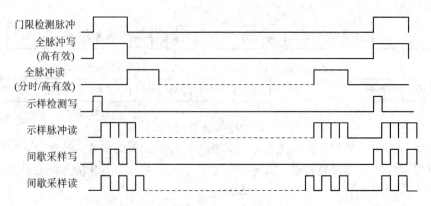

图 8-14　DRFM 的主要读写方式

在全脉冲读写方式下，每一个接收到的雷达脉冲信号基带波形采样数据都被完整地写入存储器，在分时读写的情况下，数据写入结束后才能进行读出，可以多次读出，但要在新脉冲到来之前结束读出，以便等待下一个脉冲到达，最大读出时间取决于需要干扰的距离范围。如果能够同时收发，则可以在数据写入的同时读出，且可以连续读出到下一个脉冲写入。全脉冲读写是 DRFM 中最常用的工作方式，它的主要缺点是在收发分时工作时，$\Delta t_{\min}$ 将大于雷达脉冲宽度。

示样脉冲读写方式只在收发分时的 DRFM 中使用，它只对每一个接收到的雷达脉冲信号基带波形前部进行采样和保存，并反复使用这些数据进行干扰。由于缩短了写入时间，它的 $\Delta t_{\min}$ 较小，但写入数据不完整，影响干扰信号的匹配性，如果遭遇到前沿假信号，则干扰可能完全失效。因此近年来已经逐渐被间歇采样读写方式所取代。

间歇采样读写也是只在收发分时的 DRFM 中使用，特别是针对大脉宽的雷达信号，在其脉宽内可进行多次采样和保存，相对于示样脉冲读写，可以改善干扰信号的匹配性，同时也兼顾了 $\Delta t_{\min}$ 的要求。

8.5.3　DRFM 的干扰调制

DRFM 的干扰调制主要有时间迟延调制、频谱搬移调制、幅度起伏调制和波形重叠调制等。

1. 时间迟延调制

时间迟延调制主要利用存储器读出控制电路实现，根据假目标的距离，合理设置每次从存储器读出数据的时间迟延（相对于门限检测脉冲），也可以控制触发后首次读出的时间和每次读出结束后下一次读出的时间间隔。

2. 频谱搬移调制

对于正交采样的 DRFM，可以很方便而准确地在数字域进行频谱搬移调制。根据三角函数的性质，对窄带信号 $s(t)=I(t)+jQ(t)$ 频谱搬移 $\omega_d t$ 时，只需要完成如下复乘：

$$s'(t) = s(t)e^{j\omega_d t} = I(t)\cos\omega_d t - Q(t)\sin\omega_d t + j(I(t)\sin\omega_d t + Q(t)\cos\omega_d t)$$

$$(8-40)$$

对应在数字信号处理中的电路如图 8-15 所示。

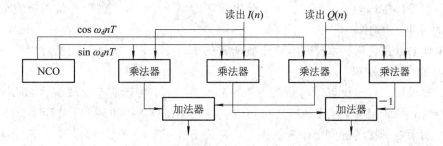

图 8-15　数字频谱搬移调制电路

如果将 NCO 改为正交随机相位信号发生器，则图 8-15 的电路也可以用作噪声调相电路，通常用以阻塞雷达的多普勒频率检测谱宽。

3. 幅度起伏调制

如果不加幅度起伏调制，则所有转发干扰信号都具有相同的振幅，容易被雷达识别。幅度起伏调制的目的是使每个转发干扰信号都具有不同的幅度和幅度起伏，它的实现只要以门限检测信号为同步，对 $s(t)=I(t)+jQ(t)$ 进行数乘即可。

4. 波形重叠调制

从存储器中读出一次全脉冲数据，转发后可形成一个假目标。随着脉冲压缩雷达的广泛应用，特别是大脉宽脉压信号的使用，造成转发干扰信号经过脉压后在时域非常稀疏。波形重叠调制的目的是在其经过压缩的宽脉冲时间内形成密集的假目标干扰信号。

波形重叠调制的原理如图 8-16 所示。由存储器读出的数据经过 N 个抽头的移位寄存器，每一个抽头对应于不同的迟延时间，各抽头输出数据经过复数叠加后输出。虽然存储器只读出了一次数据，但却可以形成 N 个密集的假目标，每个假目标分别具有不同的幅相加权调制。

$$s'(n)=\sum_{i=0}^{N-1}A_i s(n-n_i) \tag{8-41}$$

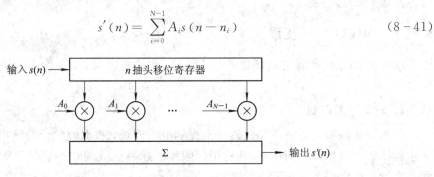

图 8-16　波形重叠调制电路组成

习　题　八

1. 某机载干扰机的干扰发射功率为 500 W，干扰发射天线增益为 20 dB，圆极化，在距敌雷达 100 km 处的作战飞机后方以噪声调频干扰敌雷达。每架作战飞机的雷达截面积为 5 m^2。雷达发射脉冲的功率为 5×10^5 W，收发天线的增益为 35 dB，波长为 10 cm。

（1）如果敌雷达为固定频率，有效干扰所需的 $K_J=5$，试求该干扰机可以有效掩护作战飞机的最小干扰距离。

（2）如果敌雷达为频率捷变有效干扰所需的 $K_J=200$，试求该干扰机可以有效掩护作战飞机的最小干扰距离。

（3）如果该干扰飞机可以与作战飞机一起编队飞行，并盘旋于距敌雷达 20 km 处，有效干扰所需的 $K_J=500$，试求该干扰机可以有效掩护作战飞机的最小干扰距离。

（4）如果该干扰飞机位于作战飞机上，有效干扰所需的 $K_J=500$，试求该干扰机可以有效掩护作战飞机的最小干扰距离。

（5）如果发射功率为 10 W、发射天线增益为 3 dB 的投掷式干扰机，距敌雷达 5 km，位于作战飞机前方，有效干扰所需的 $K_J=5$，试求该干扰机可以有效掩护作战飞机的最小干扰距离。

2. 某机载自卫欺骗干扰机采用转发式干扰，最小干扰距离为 1 km，收发天线圆极化，增益为 10 dB，系统损耗为 10 dB，波长为 3 cm，所需压制系数 $K_J=10$，飞机自身的雷达截面积为 10 m²，雷达的发射脉冲功率为 10^5 W，收发天线的增益为 35 dB。试求干扰机发射功率和干扰系统的转发增益。

3. 某防控雷达的发射脉冲功率为 10^6 W，收发天线的增益为 40 dB，工作频率为 3 GHz。重型轰炸机的雷达截面积为 50 m²，采用导前飞行 3 km 的无人驾驶干扰飞机进行掩护，干扰机采用圆极化，发射功率为 15 W，发射天线增益为 5 dB，有效干扰所需的 $K_J=10$。

（1）试求干扰机可以有效掩护目标的最小距离。

（2）如果干扰机为引导式干扰，如何要求它的引导时间？

4. 某大型水面舰艇的雷达截面积为 25 000 m²，敌轰炸瞄准雷达的发射信号功率为 10^5 W，收发天线增益为 30 dB，工作频率为 10 GHz。舰载自卫干扰机采用圆极化，噪声调频干扰时所需的压制系数 $K_J=100$。若要求最小干扰距离达到 1 km，则需要产生多大的有效干扰功率 $P_J G_J$？

5. 某收发信机的空间距离为 100 m，同频同极化收发，发射功率为 10 W，接收机灵敏度为 -80 dBm。

（1）该设备应该达到的收发隔离度为多少？

（2）如果收发天线在相互方向的增益各为 -15 dB，能否满足收发隔离的要求？

6. 模拟储频环路的延迟时间 τ_s 是根据什么进行选择的？它与储频环的信号取样时间 τ_c 有什么关系？数字储频中的 τ_c 是如何表现的？它的延迟时间 τ_s 是根据什么进行选择的？正交数字储频与单通道数字储频各有什么优点？

7. 题 7 图（一）为直接数字频率合成器（DDS）的基本组成，其中时钟频率为 30 MHz，加数 n 分别为 1、5、9。

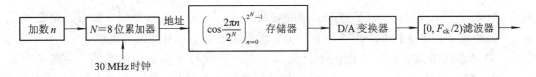

题 7 图（一）

（1）试求从存储器中读出存储数据序列和经过低通滤波器输出信号的频率。

（2）试求该合成器的频率分辨力（输出信号的最小频率间隔）和输出信号的最高频率。

（3）如果将 N 提高到 16，则合成器的频率分辨力有什么变化？

（4）分析题 7 图（二）中的电路，试求 DDS 输出信号的频率 f。该电路能否实现对输入信号的载频移频？移频频率为多少？

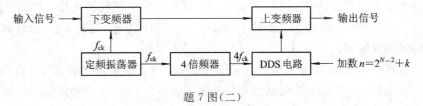

题 7 图（二）

第9章　对雷达的反辐射攻击

反辐射攻击是将无源探测、跟踪与飞行器和战斗部等子系统组合在一起,对敌方雷达辐射源进行直接攻击和杀伤的电子战武器装备,它的出现,极大地提高了电子战技术和装备的作战效能,并且在导弹、无人驾驶飞机、炮弹等兵器中迅速普及,具有非常重要的地位和作用。

9.1　概　　述

9.1.1　反辐射攻击的作用与主要技术要求

反辐射攻击的作用就是利用敌方威胁雷达的辐射信号,引导反辐射武器战斗部摧毁该辐射源,使其丧失作战能力。由于它对敌方装备和人员构成了严重的威胁,杀伤效果突出,已经成为近年来电子战武器装备和技术发展的热点。

反辐射攻击武器的主要战术技术指标有下面五组。

1. 最大作用距离 $R_{K\,max}$、飞行速度 v_K、引导精度 δR_K 与杀伤半径 r_K

$R_{K\,max}$ 取决于动力系统的能力和综合导引的能力。典型的反辐射攻击武器 $R_{K\,max}$ 为数十千米,但随着近年来远程、精确打击武器的发展需求,$R_{K\,max}$ 逐渐延伸到了数百甚至数千千米。在远距离上,反辐射攻击武器并不一定采用反辐射导引,而可以采用惯导、导航引导、指令引导等多种方式。v_K 主要取决于反辐射攻击平台和被攻击对象的类型,一般近程对地/海攻击的导弹速度为 1~3 马赫,无人机航速为 300 km/h~500 km/h。但为了突破反导武器的拦截,反辐射无人机的 v_K 正在迅速提高。在正常情况下,一般 δR_K 不大于数米。r_K 取决于战斗部的杀伤能力,一般为数十米至数百米。

2. 工作频段 Ω_{RF}、瞬时带宽 $\Delta\Omega_{RF}$、测频精度 δf 和频率分辨力 Δf

尽管人们希望一种反辐射武器能够具有尽可能宽的工作频段 Ω_{RF},有利于减少配置的种类,提高反辐射武器的适用范围,但由于受到空间尺寸和安装位置等对天线的限制,每一种反辐射武器导引设备的 Ω_{RF} 都是有限的。特别是在频率较低的频段,对天线尺寸的限制更加突出。目前大部分反辐射武器的 Ω_{RF} 都在 0.8 GHz 以上,具有 4~5 个倍频程,并且正在努力向低频段延伸。

如果导引设备的 $\Delta\Omega_{RF}$ 能够覆盖雷达的工作带宽,就可能捕获它的全部发射信号。但现代雷达为了抗干扰,工作带宽在不断加宽,无休止地展宽 $\Delta\Omega_{RF}$ 不但会影响系统灵敏度,而且会给后续的信号处理造成很大的负担,因此 $\Delta\Omega_{RF}$ 是诸多因素的折衷。目前典型的 $\Delta\Omega_{RF}$

有 20 MHz 和 200 MHz 两种，前者用于处理固定频率信号，后者用于处理捷变频信号，两种带宽可选。随着近年来信道化处理，特别是数字信道化处理技术的发展，$\Delta\Omega_{RF}$ 有进一步展宽的趋势，以便顺应威胁雷达工作带宽的扩展，并保持较高的灵敏度、测频精度 δf 和频率分辨力 Δf。

3. 角度工作范围 Ω_{AOA}、瞬时视野 $\Delta\Omega_{AOA}$、测角精度 $\delta\theta$ 和角度分辨力 $\Delta\theta$

较大的 Ω_{AOA} 和 $\Delta\Omega_{AOA}$ 既有利于捕获雷达辐射源信号，也有利于采用复杂、机动的反辐射攻击飞行航路，但也会带来多辐射源信号分选、识别和处理的困难。目前 Ω_{AOA} 的典型值为 $30°\times30°\sim60°\times60°$，$\Delta\Omega_{AOA}$ 的典型值为 $10°\times10°\sim30°\times30°$。较大的 $\Delta\Omega_{AOA}$ 不利于提高测角精度和分辨力。反辐射武器的测角精度 $\delta\theta$ 一般为 $1°$，采用干涉仪或比幅加干涉仪测向体制，由比幅粗测向解干涉仪测向的模糊，由干涉仪测向保证精度，因此它的 $\Delta\theta$ 与 $\Delta\Omega_{AOA}$ 相同。

4. 接收机灵敏度 $s_{i\,min}$、工作动态范围 D_{OP} 和瞬时动态范围 D_I

反辐射武器的接收信号一般来自雷达天线的旁瓣辐射，接收天线孔径小、增益低，因此需要有较高的接收机灵敏度 $s_{i\,min}$，并且会对接收系统的组成和工作流程产生重要的影响。D_{OP} 受辐射源功率、天线扫描、距离远近等因素影响，一般为 80 dB～100 dB。提高 D_{OP} 的主要措施是采用程控衰减器、对数放大器和较高位数的 ADC。由于在加载的辐射源参数中可以具有其辐射功率信息，可以此作为程控衰减器的控制依据。D_I 主要适应同一辐射源主、旁瓣信号的功率变化 30 dB～50 dB，一般在进行辐射源信号处理时采用较高位数（10 bit～14 bit）的 ADC。

5. 可攻击的雷达辐射源类型、参数范围、加载数量

需要进行反辐射攻击的雷达几乎可以囊括各种类型的敌方威胁雷达，如常规脉冲雷达、捷变频雷达、相控阵雷达、连续波雷达等等。因此一般反辐射攻击导引设备基本都可以攻击其所在工作频段内的各种雷达信号，具有很大的参数适应范围。加载威胁辐射源的数量与加载数据的来源有关，在大部分情况下，加载数据来源于当前战场的实时侦察设备，数据可靠性高，时效性强，数量可以少一些；如果数据来源于长期的情报积累和非实时的侦察设备，虽然数据可靠性较高，但与当前战场环境匹配的准确性和时效性不够，需要加载的数量也会较多，从而影响信号处理的时间。

典型的加载参数有：辐射源信号的种类，每种信号的频率范围、脉宽范围、脉冲重复间隔（PRI）范围，相对功率等。

9.1.2　反辐射攻击的系统组成与分类

对雷达的反辐射攻击系统包括：若干反辐射武器（含导引装置、飞行控制、动力装置和战斗部等），若干运输、装载和发射平台，雷达辐射源情报和战场信息探测传感器网络，作战任务规划、决策和指挥控制网络等，如图 9-1 所示。

雷达辐射源情报和战场信息探测传感器网络负责提供当前战场环境中敌方雷达的情报信息，包括敌方雷达的功能和性能、位置部署、发射信号参数等。作战任务规划、决策和指挥控制网络根据上述情报，确定各反辐射武器运输、装载和发射平台的部署配置，制定作战预案，将各攻击对象的信号参数分配到每一个平台。反辐射武器运输、装载和发射平台

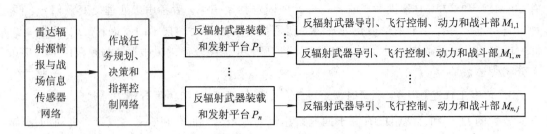

图 9-1 反辐射武器系统的基本组成

根据指挥控制命令，为每一个反辐射武器资源加载攻击对象的威胁等级和辐射信号参数，在适当的时间发射反辐射武器，并对部分武器提供飞行控制和导引。反辐射武器发出后，按照加载的威胁等级和威胁雷达信号参数，从最高威胁等级雷达信号开始，逐一搜索威胁雷达辐射源，一旦捕获，立即转入对该雷达辐射源的跟踪，为飞行控制部件提供截获和角度误差信息，引导反辐射武器按照预定的攻击飞行航路接近威胁辐射源，并在适当的时候启动战斗部，摧毁威胁雷达辐射源。

9.2 反辐射导引技术

9.2.1 反辐射导引设备的基本组成

反辐射导引设备的功能是：按照加载的威胁辐射源列表逐一搜索和捕获威胁雷达辐射源信号，一旦捕获，立即转入对该辐射源的连续跟踪，向反辐射武器飞行控制设备输出捕获指示信号和角度跟踪误差信号。典型的反辐射导引设备组成如图 9-2 所示。

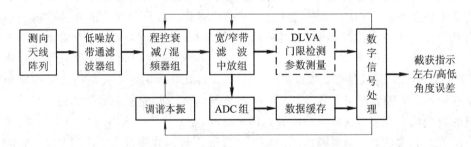

图 9-2 典型反辐射武器导引设备组成

测向天线阵列一般由 3～5 个天线阵元组成，常用阵型有 L 阵、十字阵等。如图 9-3 所示，以三单元 L 阵为例，0、1 阵元天线在水平方向的振幅方向图指向张角为 $\Delta\theta$，相位中心的间距为 d；0、2 阵元天线在垂直方向的振幅方向图指向张角也为 $\Delta\theta$，相位中心的间距为 d；每个波束的宽度 $\theta_{0.5} \gg \Delta\theta$，使它们都能够覆盖要求的瞬时视野，形成比幅和比相测向的基本条件。

每个天线阵元的输出信号经过低噪声放大、带通滤波器、程控衰减器，与调谐本振信号混频，输出固定中频的信号，其中程控衰减器的衰减和调谐本振的频率均由信号处理机根据当前需要搜索或已经捕获的威胁雷达相对功率和频率范围进行设置。

混频后输出的各通道中频信号可以经过信号处理机的控制，通过各自的窄带中放和宽

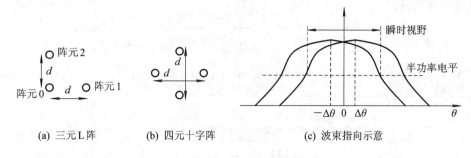

(a) 三元 L 阵　　　　　(b) 四元十字阵　　　　　(c) 波束指向示意

图 9 - 3　典型测向天线阵列组成

带中放，通常窄带中放(典型带宽为 20 MHz)可以满足系统灵敏度的要求，它的某一个通道输出(如天线阵元 0 对应的通道)经过检波/对数视放(DLVA)、门限检测，可以用作信号存在的指示，该信号可以启动 ADC 采集各窄带中放此时输出的中频信号波形，测量信号的到达时间 t_{TOA} 和脉冲宽度 τ_{PW}，结果提交信号处理机。如果宽带中放(典型带宽为 200 MHz)能够满足系统灵敏度的要求，也可以采用与窄带中放相同的处理方式，即取某一个宽带中放通道输出信号做 DLVA、门限检测、参数测量等处理，并启动 ADC 采集各宽带中放此时输出的中频信号波形。

　　如果宽带中放的直接检测不能满足系统灵敏度的要求，则图 9 - 2 中 DLVA、门限检测和参数测量将失去作用，此时必须要求 ADC 处于连续信号采集状态，采集数据进入数据缓存，其中某一通道的采集数据通过数字信道化滤波器组，再进行门限检测和参数测量，检测结果、测量参数和数据缓存区中保存的有效波形数据一起送给数字信号处理机。由于数字信道化减小了检测信道带宽，可以有效地改善系统灵敏度。

　　数字信号处理机首先根据当前搜索或跟踪的辐射源参数，对信号的测量参数进行匹配滤波，然后对满足参数要求的信号波形进行测向，输出辐射源的两维角度测量、跟踪数据。

9.2.2　反辐射导引的信号处理

　　反辐射导引的信号处理是在加载辐射源数据库引导下的信号处理，典型工作流程如图 9 - 4 所示。图中采用的基本信号处理准则如下：

1. 威胁排序

加载辐射源参数按照威胁等级从小至大排序。

2. 捕获准则

搜索时间为辐射源最低 PRI 的若干倍，若在搜索时间里未能够捕获到足够的辐射源脉冲数，则认为对该雷达辐射源的搜索失败，并顺序转入对下一个雷达辐射源的搜索，并依此循环。若在搜索时间内捕到足够的辐射源脉冲数，则转入对该辐射源的跟踪。

3. 跟踪中断准则

若在给定的时间(辐射源最低 PRI 的若干倍)里未能够捕获到一个辐射源脉冲，则认为跟踪中断，从而退出跟踪状态，重新转入搜索状态。对于有些反辐射武器，也可以根据具体情况，采用继续保持跟踪的准则。

　　在跟踪状态下，进行辐射源角度的测量和角度数据的进一步分选处理方法可参见第 3

章，这里不再展开讨论。

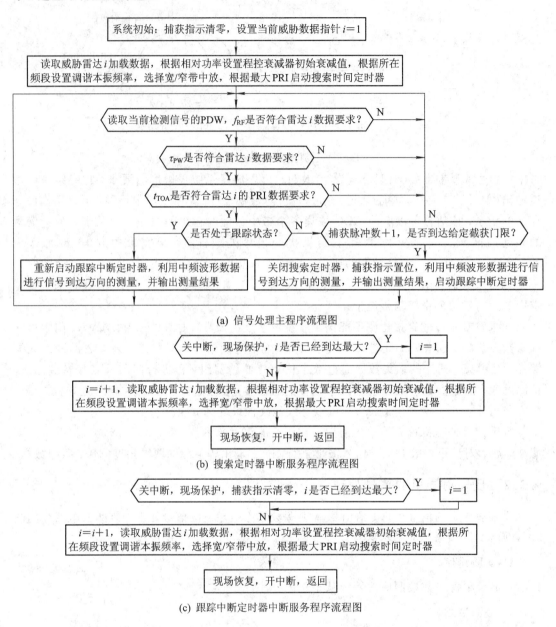

(a) 信号处理主程序流程图

(b) 搜索定时器中断服务程序流程图

(c) 跟踪中断定时器中断服务程序流程图

图 9-4 反辐射武器导引信号处理的典型流程图

习 题 九

1. 已知某雷达的工作频率范围为 5.2 GHz～5.9 GHz，垂直极化波束，发射脉冲功率为 10^5 W，平均旁瓣电平为 -10 dB，信号瞬时带宽为 5.4 MHz。反辐射导弹的天线增益为 0 dB，圆极化接收天线，接收机噪声系数为 4，分别采用 20 MHz 与 200 MHz 的两种窄带超外差接收机。

（1）试求两种带宽接收机的灵敏度和对该雷达旁瓣侦察时的最大作用距离。

（2）如果雷达天线的最大旁瓣增益为 15 dB，需要给该雷达配置专用诱饵。诱饵站采用全向发射天线，增益为 0 dB，诱饵到达导弹的功率密度要大于雷达最大旁瓣到达导弹功率密度的 4 倍，诱饵站与雷达站的间距为 1 km，如题 1 图所示。试求诱饵站的发射脉冲功率。

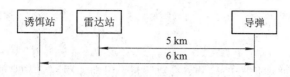

题 1 图

2. 反辐射武器导引设备的组成如题 2 图所示，其中的部分电路设计参数如表 1 所示，攻击对象的信号参数如表 2 所示。试设计反辐射接收机中截获各辐射源信号时的调谐本振频率设置和信号处理中的辐射源检测数据库设置。

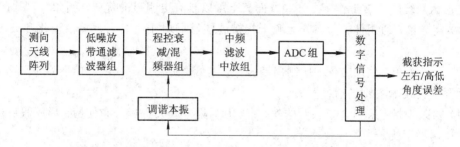

题 1 图

表 1

带通滤波器通带/GHz	调谐本振频率范围/GHz	调谐本振频率步长/MHz	中频通带/MHz	采样频率/MHz	数字信道化子带宽/MHz	到达时间和脉宽测量精度/ns
2～8	2.5～8.5	50	300～500	600	5	100

表 2

辐射源编号	最低工作频率/MHz	最高工作频率/MHz	最小脉宽/μs	最大脉宽/μs	最小 PRI/μs	最大 PRI/μs
1	2200	2205	0.5	0.8	205	210
	2300	2305	5	5.2	1000	1005
2	4620	4622	0.5	0.6	198	199
	4900	4905	20	21	1100	1120
3	7345	7348	5	5.1	375	390

第 10 章　对雷达的无源干扰技术

　　雷达通过对目标回波信号的检测、参数测量、识别和跟踪,实现预定的各种作战功能。雷达有源干扰则是通过主动发射强功率的电磁辐射信号,破坏雷达在强干扰背景下的目标信息获取功能和性能。这种有源干扰方法也存在一些隐患,就像雷达信号也可能成为敌方侦察探测和反辐射攻击的信标一样,有源干扰信号也会成为敌方反对抗和攻击的信标。除了有源干扰以外,也可以采用无源干扰方法产生欺骗和压制性干扰的效果,同样可以破坏和扰乱雷达系统的正常工作,在某些方面甚至可以具有更明显的优势。例如:

　　(1) 宽频谱、通用性。大部分无源干扰措施能够同时干扰各种频率、极化和技术体制的雷达。

　　(2) 制造简单,使用方便,研制周期短,成本低廉。

　　无源干扰技术主要包括:

　　(1) 箔条干扰:采用金属涂敷的丝、带、片,集中或大空域分布使用,形成假目标或大空间的压制性干扰。

　　(2) 反射器:采用角形或球形反射物形成假目标或各种物体的人工电磁伪装。

　　(3) 等离子体/气悬体:形成电磁吸收或反射性的局部空间,改变电磁传播特性。

　　(4) "隐身":综合采用多种技术,尽量减小目标的反射能量,使雷达难以检测。

　　在实战中,有源干扰和无源干扰经常配合使用。

10.1　箔　条　干　扰

10.1.1　箔条干扰的基本原理

　　箔条通常由金属箔切成的条、镀金属的介质丝/带等制成,其中使用最多的是尺寸为半波长的箔条丝,称为半波振子,它对该波长的频率谐振,产生的散射电场最强。

　　目标的雷达截面积可以定义为目标散射总功率 P_2 与入射功率密度 S_1 的比值: $\sigma = P_2/S_1$,如果测得入射波的电场强度 E_1,又在距离 R 处测得散射波的电场强度 E_2,则有

$$S_1 \propto E_1^2, \; S_2 \propto E_2^2, \; P_2 = 4\pi R^2 S_2, \; \sigma = 4\pi R^2 \frac{E_2^2}{E_1^2} \qquad (10-1)$$

　　对半波长箔条,如图 10-1 所示,入射波与箔条的夹角为 θ,产生的感生电流为

$$I_0 = \frac{\lambda E_1}{\pi R_\Sigma}\cos\theta \qquad (10-2)$$

其中, $R_\Sigma = 73 \; \Omega$,为半波振子的辐射电阻。该感应电流在 R 处产生的电场强度为

$$E_2 = \frac{60 I_0}{R} \cos\theta = \frac{60 \lambda E_1}{\pi R R_\Sigma} \cos^2\theta \tag{10-3}$$

综合上述各式,可以得到单根箔条在特定空间夹角 θ 时的雷达截面积为

$$\sigma_\theta = 0.86 \lambda^2 \cos^4\theta \tag{10-4}$$

考虑到箔条在三维空间中均匀分布,其平均雷达截面积应为 σ_θ 在空间立体角中的平均值,

$$\bar{\sigma}_1 = \int_\Omega \sigma_\theta W(\Omega) \mathrm{d}\Omega = \frac{1}{4\pi} \int_0^{2\pi} \mathrm{d}\varphi \int_0^\pi 0.86 \lambda^2 \cos^4\theta \, \sin\theta \mathrm{d}\theta = 0.172 \lambda^2 \tag{10-5}$$

用箔条回波遮盖目标回波时,要求在每个雷达分辨单元中箔条的雷达截面积 $\bar{\sigma}_1 N$ 是目标雷达截面积 σ 的 K_J 倍以上,N 是雷达分辨单元内的箔条平均数,

$$N \geqslant K_\mathrm{J} \frac{\sigma}{\bar{\sigma}_1} \tag{10-6}$$

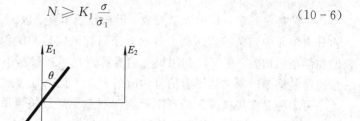

图 10-1 半波振子的雷达截面积

以上计算是在箔条均匀散开后理想情况下的统计计算,实际箔条散开有一个过程,当箔条包刚开始散开时,密度是很大的,箔条间的粘连和遮挡效应严重,其雷达截面积要比理想情况小很多。

半波长箔条的相对带宽只有中心频率的 15%～20%。为了增加频带宽度,可以采用两种方法,一是增大单根箔条的直径或宽度,但是带宽的增加量有限,而且容易带来重量、体积和下降速度过快等问题;二是采用不同长度的箔条混合包装。为了便于生产,每包中箔条长度的种类不宜太多,以 5～8 种为宜。

轻质短箔条在空中投放后,由于受到重力和气流的影响,在空间容易趋于水平取向且旋转地下降。这时箔条对水平极化雷达的回波强,而对垂直极化雷达的反射小。为了使箔条能够干扰垂直极化的雷达,可以在箔条的一端适当配重,使箔条降落时垂直取向,这时下降速度较快,并且在箔条投放一段时间后,箔条云分成两层,上边一层多为水平取向,下边一层多为垂直取向,时间越长,两层间距越大。但在飞机投放的初始时刻,由于受到飞行湍流的影响,箔条的取向可以达到完全随机,可以干扰各种极化的雷达。

长箔条(10 cm 以上)在空中的运动规律可以认为是完全随机的,也可以干扰各种极化的雷达。

箔条云的极化特性还与雷达波束的仰角有关,在 90°仰角时,水平取向的箔条对水平极化和垂直极化雷达的回波差不多,但在低仰角时,箔条对水平极化雷达的回波要比对垂直极化雷达的回波强很多。

箔条云回波是大量箔条的反射信号之和,每根箔条回波信号的振幅和相位是随机的,其功率谱可以认为是高斯谱,

$$G(\omega) = Ae^{-\frac{(\omega-\omega_0)^2}{2\omega_c^2}} \tag{10-7}$$

其谱中心 ω_0 对应于箔条云运动的相对速度；谱宽度 ω_c 主要取决于风速，风速越大，谱宽越宽。

10.1.2 箔条的战术应用

箔条是使用最早的一种无源干扰技术，历次战争都证明其在保护飞机和舰船目标方面具有优越的性能，因此它的广泛应用一直沿袭至今。

箔条干扰各个反射体之间的距离通常比波长大几十倍，因而它并不改变大气的电磁传播特性。箔条的使用方式主要有两种。

一种是在一定空域中大量投放，形成数千米宽、数十千米长的箔条干扰"走廊"，使雷达分辨单元中箔条的雷达截面积远大于目标的雷达截面积，以掩护战斗机群的突防。为了增加箔条的谱宽，还可以利用机上的有源干扰机照射箔条走廊，此时散射到雷达的干扰信号能量是箔条散射雷达照射信号和散射有源干扰信号的叠加。

另一种是在飞机或舰船自卫干扰时投放，箔条快速散开，形成比目标大得多的回波，而目标作机动运动，诱使雷达检测和跟踪箔条，脱离目标。图 10-2 为载机自卫干扰时的箔条投放示意图，在飞机机动前的航线上投放若干个箔条包，每个箔条包散开后形成的雷达截面积均大于载机的雷达截面积，各包之间的间距 d 小于雷达的空间分辨力，其中在径向方向上，

$$d \leqslant \frac{c\tau}{2\cos\alpha} \tag{10-8}$$

其中 α 为飞机飞行方向与径向方向的夹角。在切向方向上

$$d \leqslant \frac{R\theta_{0.5}}{\sin\alpha} \tag{10-9}$$

箔条包在投放后快速散开，一般载机作适当机动，以躲避雷达的探测和跟踪。这种箔条对干扰飞机身后的雷达更为有利，雷达的跟踪波门容易截获和锁定离雷达较近的箔条回波上。

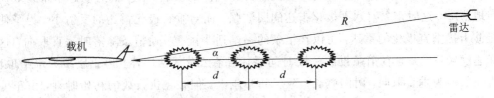

图 10-2 飞机自卫时箔条干扰示意图

由于舰船目标的运动速度低，雷达截面积大，而海上风速也较大，更加适合于使用箔条干扰。一种方法是大面积投放，形成连片的箔条云遮盖舰船目标回波。由于舰船的雷达截面积很大，需要投放的箔条数量也很大，以便将舰船回波隐蔽在强大的箔条干扰背景中。另一种方法也是在舰船航路中投放若干处集中分布的箔条云，当它们距离舰船目标较远时，可以起到假目标欺骗干扰的作用，当它们与舰船目标距离较近时，可以起到质心干扰的作用，然后舰船目标作适当机动运动，迅速躲避雷达的探测和跟踪。

10.2　反　射　器

反射器可以在较宽的频率范围内对入射电磁波产生很强的反射,这种反射信号可以形成假目标干扰,也可以改变其所在处物体的电波散射特性。

一个理想导体的金属板,当其尺寸远大于波长时,可以对板面法线方向入射的电磁波产生强烈的反射,此时其雷达截面积为

$$\sigma_{max} = 4\pi \frac{A^2}{\lambda^2} \tag{10-10}$$

其中 A 为金属板的面积。如果入射波偏离法线方向,则反射波也将偏离入射方向,相应的雷达截面积也将显著减小。因此对反射器的主要要求是:

(1) 以小的尺寸和重量,获得尽可能大的雷达截面积;

(2) 具有尽可能大的入射方向响应。

为此,人们研制了多种性能优越的反射器,主要有角形反射器、双锥反射器、龙伯透镜反射器、万—阿塔反射器等。

10.2.1　角形反射器

角形反射器是利用三个互为垂直的金属板制成的,根据每个金属板面的形状,可以分为三角形角反射器、圆形角反射器和方形角反射器等,如图 10-3(a)、(b)、(c)所示。

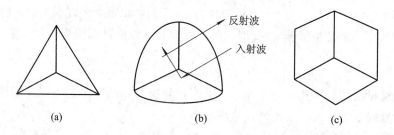

图 10-3　角形反射器

角形反射器可以在较大的入射方向内,通过两次折射,将入射电磁波反射回去;当入射波平行于某一个平面时,又可以通过其它两个平面完成反射,因而具有很大的雷达截面积,如图 10-3(b)所示。角形反射器的最大反射方向为角反射器的中心轴方向,它与三个垂直轴的夹角相等,为 54.75°。边长为 a 的三种角形反射器在该方向时的最大雷达截面积分别为

$$\sigma_{\triangle\,max} = 4.19\frac{a^4}{\lambda^2}, \qquad \sigma_{O\,max} = 15.6\frac{a^4}{\lambda^2}, \qquad \sigma_{\square\,max} = 37.3\frac{a^4}{\lambda^2} \tag{10-11}$$

角形反射器对制造的精度、角度准确度、表面平整程度等要求较高,如果三个夹角不是 90°,或反射面凹凸不平,将引起雷达截面积的显著降低。在 $a \gg \lambda$ 时,角度偏差应在 ±0.5°之内,板面不平度<2 mm。在实际使用中,考虑到制造、保存、安装的难易和坚固、稳定程度,通常采用三角形角反射器。

三角形角反射器水平方向的半功率反射方向图宽度为 40°,在仰角方向的最大反射方

向为 35°，半功率反射方向图宽度为 40°；圆形角反射器水平方向的半功率反射方向图宽度为 30°，在仰角方向的半功率反射方向图宽度为 31°；方形角反射器水平方向的半功率反射方向图宽度为 25°，在仰角方向的半功率反射方向图宽度为 29°。增加方向图宽度的主要方法是采用多格(象限)角反射器，如常用的四格三角形角反射器，可以达到 40°×4 的方位覆盖，主要适用于地、海面。常用的八格角反射器可以达到方位为 40°×4、仰角为 40°×2 的覆盖，主要适用于空中。

根据式(10-11)，角形反射器的雷达截面积与波长密切相关，当雷达采用两个相差较大的频率工作时，它的反射回波强度会形成较大的差异，由此可能被雷达识别出来。为了对抗雷达的双频探测和识别，可以采用内金属板和外金属网复合的角形反射器，当雷达频率较高时，外金属网基本不起作用，只按照内金属板尺寸计算雷达截面积；当雷达频率较低时，金属网相当于金属板，按照外金属网尺寸计算雷达截面积。

10.2.2　龙伯透镜反射器

龙伯透镜反射器是在龙伯透镜的局部表面加上金属反射面而构成的。龙伯透镜是一种介质圆球，其折射率 n 随半径 r 变化，即

$$n = \sqrt{2 - \left(\frac{r}{a}\right)^2} \tag{10-12}$$

式中 a 为透镜的外半径。具有这种折射率的龙伯透镜可以把入射到透镜的平面电磁波汇集到一点，再把这一点源变成平面波辐射出去。

根据所加金属反射面的大小，龙伯透镜有 90°、140°和 180°的反射器，它们的波束宽度也分别为 90°、140°和 180°。当 $a \gg \lambda$ 时，龙伯透镜的有效反射面积为

$$\sigma = 4\pi^3 \frac{a^4}{\lambda^2} = 124 \frac{a^4}{\lambda^2} \tag{10-13}$$

龙伯透镜反射器较多用于空中布设。由于介质损耗和制造工艺不完善等原因，实际龙伯透镜反射器的雷达截面积会比理论值约小 1.5 dB。

龙伯透镜反射器的优点是：体积小，雷达截面积大，在水平和垂直方向都有较宽的方向性；缺点是需要专门的材料和制造工艺，造价高，重量大。

10.3　假目标与雷达诱饵

假目标和雷达诱饵是破坏和扰乱雷达目标检测和识别的重要手段，广泛用于目标伪装和重要目标的自卫保护等。

10.3.1　假目标

一般假目标在电磁散射特性、空间运动特性等方面能够尽可能逼近需要冒充的真目标，它布设的空间位置主要根据作战任务和规划，一般偏离真目标足够远，以防止它们对真目标带来任何不利的影响，因此它与真目标的空间位置差一般是大于雷达空间分辨能力的。

假目标的主要作用是在重要的时间和空间造成雷达检测、识别的虚警，增加雷达处理

的时间和各种资源的消耗，大量的假目标甚至会造成雷达信号处理系统的溢出。随着雷达成像识别技术的发展，许多假目标还具有与真目标类似的几何尺寸和形状。它们不仅具有与真目标相似的电磁散射特性，而且通过各种迷彩设计，具有很好的光学欺骗特性。近年来随着微波/光电复合探测、制导技术的发展，假目标也出现了向微波/光电复合化发展的趋势。这种假目标集电磁散射特性、红外辐射特性、可见光散射特性等于一身，成为对抗复合探测制导武器的一种简便、有效的手段。

根据假目标的空间位置和运动特性，可以将假目标分为固定布设型假目标、空漂/海漂型假目标和机动型假目标等。

1. 固定布设型假目标

这种假目标主要用于地/海面目标伪装，如采用各类反射器和各种表面金属涂敷、充气成型的薄膜材料构成的假车辆、假飞机、假桥梁、假建筑群等，不仅具有十分逼真的目标微波、可见光散射特性，而且要求其布设和撤收迅速、简便。

2. 空漂/海漂型假目标

这种假目标主要用于模拟空中飞机和海面舰船目标的散射特性。空漂型假目标一般为灌注轻质气体定高漂浮的金属涂敷气球，利用高空气流带动其运动，所以在使用时需要准确测定高空气流的方向和速度，以便形成需要的假目标航迹。此外，密集的空漂球还会对高速飞行器的安全形成威胁，为此有些空漂型假目标还带有自毁装置。海漂型假目标一般为充气展开的水面角反射器阵列，利用洋流带动其运动，所以在使用时需要准确测定洋流的方向和速度，以便形成需要的假目标航迹。

3. 机动型假目标

这种假目标主要用于模拟运动中的飞机、舰船、车辆等目标的散射特性，一般由反射器、发动机和运动控制系统共同组成。其中反射器提供假目标的散射特性，发动机提供假目标运动的动力，运动控制系统控制运动的航迹。机动型假目标可以在一定时间内全面、逼真地模拟真目标的散射和运动特性。

10.3.2　雷达诱饵

雷达诱饵与假目标的主要区别在于它主要是布设在飞机、舰船、车辆等重要军事目标附近，通过辐射或散射较强的电磁波，诱骗敌方雷达和微波制导的导弹跟踪雷达诱饵，从而使真正的军事目标得以安全。雷达诱饵可分为有源和无源两种形式。有源雷达诱饵本身为非自卫的欺骗式干扰机，其优点是体积小、功率大、便于施加多种干扰调制，也可以形成较多的假目标，但系统组成较为复杂，需要解决收发隔离的问题，较多采用第 8 章中图8-3 所示的各种转发式干扰资源。无源雷达诱饵则较多采用角形或球形反射器，其瞬时视野和瞬时工作频带都比较宽，使用简便。

雷达诱饵与被保护目标之间具有非常密切的空间位置和运动关系，主要分为固定布设式雷达诱饵、投掷式雷达诱饵、拖曳式雷达诱饵和随行式雷达诱饵等。

1. 固定布设式雷达诱饵

这类雷达诱饵主要用于保护固定目标。因此这类雷达诱饵一般为迎向威胁方向的偏两点或三点布设，如图 10 - 4 所示，其中诱饵与被保护目标的间距 R_{ft} 应不小于威胁武器杀伤半径 r_K 的 3～5 倍，即

$$R_{ft} \geqslant (3 \sim 5)r_K \tag{10-14}$$

诱饵到达威胁雷达的辐射或散射功率也应是目标雷达截面积的 K_J（压制系数）倍以上。

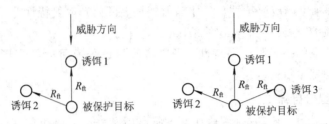

图 10 - 4   雷达诱饵的典型布设

2. 投掷式雷达诱饵

这类雷达诱饵可用于保护固定目标或运动目标。一般采用火箭弹将其发射到预定位置，然后迅速成形、开伞悬吊或充气滞空，形成较大的干扰功率或散射面积。当目标位于诱饵附近时，诱使雷达跟踪诱饵。投掷式诱饵可以根据来袭威胁方向、目标运动方向和当时的风速/风向等灵活选择射程、射高等空间位置，部署和使用方便，得到了广泛应用。

3. 拖曳式雷达诱饵

这类雷达诱饵主要配属于运动目标，并由目标提供动力和运动控制，一般具有与运动目标相同的运动特性。拖曳式诱饵平时保存在目标上，仅在受到雷达威胁时才从目标上施放出来，通过拖缆控制其与目标的间距 R_{ft}（典型间距为 80 m～150 m）；主要采用有源工作方式，由目标平台经过拖缆供电，对威胁雷达实施图 8 - 3 中的转发式干扰。由于诱饵主要处于目标运动的后方，对于迎向来袭的威胁，难以形成图 10 - 4 所示的诱饵导前关系，因此拖曳式雷达诱饵在任务后期一般采取断缆，使诱饵继续迎向威胁方向运动，而目标则迅速实施机动规避。

4. 随行式雷达诱饵

这类雷达诱饵主要配属于运动目标或运动目标群，可以在一定时间内随行目标运动，并且迎向威胁方向配置，自带动力和一定的供电能力，对威胁雷达实施图 8 - 3 中的转发式干扰。随行式雷达诱饵一般采用无人驾驶的运动平台（如无人机），由目标平台携带，需要使用时从目标平台分离投放，完成任务后可回收或进行自毁式攻击。

10.4   目标隐身技术

隐身是一项综合技术，用以尽可能地减小目标的各种可观测特性，使敌方的探测器不能发现目标，或使其探测距离大大缩短。隐身技术主要包括减小目标的雷达截面积、红外辐射特征、可见光散射特征等。对于微波频段的雷达，主要的隐身技术手段有以下 4 种。

（1）合理设计目标的外形，特别是迎向电磁波入射方向的外形。例如对于飞机目标，在满足空气动力学要求的条件下，采用角反射小的翼身混合形体、全埋式座舱、V 形垂尾、发动机半埋式安装、背负式进气口以及取消暴露式外挂武器舱架等。一般来说，表面没有

明显的突变,表面的曲率半径小,都可以使回波功率得到降低。

(2) 选用非金属材料。机体采用反射率低的非金属材料也可以降低回波信号功率。

(3) 采用反雷达涂层。在产生强烈反射的部位,如发动机的进气口、机翼前后沿及突出部位,用吸收涂层加以覆盖。

(4) 利用等离子气悬体,吸收雷达信号,减小信号的散射。

习　题　十

1. 已知雷达的波长 $\lambda = 3$ cm,脉冲宽度 $\tau = 2$ μs,波束宽度 $\theta_\alpha = 2°$、$\theta_\beta = 10°$,波束入射角为 $30°$,如题 1 图所示。要在空中形成一条长度为 50 km、宽度和高度各为 10 km 的箔条干扰走廊掩护飞机突防,压制系数 $K_J = 2$,走廊内飞机的有效反射面积为 $\sigma = 5$ m²。试计算箔条的抛洒密度和总的箔条根数。

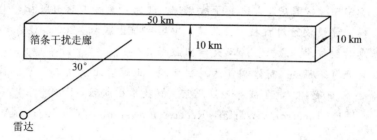

题 1 图

2. 采用反射器保护某地面目标,假设雷达波长 $\lambda = 3$ cm,压制系数 $K_J = 2$,目标有效反射面积 $\sigma = 500$ m²。试分别设计采用三角形、圆形和方形的角反射器的尺寸。

参 考 文 献

[1] Fitts E E, et. al. The Strategy of Electromagnetic Conflict. New York: Peninsula Publishing, 1980.

[2] Schleher D C. Introduction to Electronic Warfare. Norwood, MA: Artech House, 1986.

[3] Rober N Lothes. Radar Vulnerability to Jamming. Artech House Inc, 1990.

[4] Schleher, D C. Electronic Warfare in The Information Age. Artech House Inc, ISBNO - 89006 - 526 - 8.

[5] 张锡祥，刘永坚，王国宏. 和平时期电子战技术与应用——雷达对抗篇. 北京: 电子工业出版社, 2005.

[6] 张永顺，童宁宁，赵国庆. 雷达电子战原理. 北京: 国防工业出版社, 2006.

[7] 陆伟宁，弹道导弹攻防对抗技术. 北京: 中国宇航出版社, 2007.

[8] 栗苹. 信息对抗技术. 北京: 清华大学出版社, 2007.

[9] 张锡祥，肖开奇，顾杰. 新体制雷达对抗导论. 北京: 北京理工大学出版社, 2010.

[10] D. 柯蒂斯·斯莱赫. 电子战导论. 北京: 解放军出版社, 1988.

[11] Vaccaro, D D. Electronic Warfare Receiving Systems. New York: Artech House, 1993.

[12] 赵国庆. 雷达对抗原理. 西安: 西安电子科技大学出版社, 1999.

[13] Baron A R, Davis K P and Hofman C P. Passive Direction Finding and Signal Location. New York: Microwave Journal, September 1982.

[14] Lpsky S E. Microwave Passive Direction Finding. New York: John Wiley & Sons., 1987.

[15] 胡来招. 无源定位. 北京: 国防工业出版社, 2004.

[16] Wepman J A. Analog-to-Digital Converters and Their Applications. IEEE Communications magazine, May 1995.

[17] Lackey R J, and Upmal D W Speakeasy. The Millitary Software Radio. IEEE Communications magazine, May 1995.

[18] Maurice, W L. Airborne Early Warning System Concepts. Boston/London: Artech House, 1992.